高等学校规划教材

化学工程与工艺专业实验

李俊英　马烽　张文郁　主编

化学工业出版社

·北京·

内容简介

《化学工程与工艺专业实验》共七章，分别为实验基础、化工热力学实验、化学反应工程实验、化工分离技术实验、化学工艺实验、化工安全实验和化工综合实验。实验内容涵盖化工实验通用基础知识、化学工程、化学工艺、化工安全、综合等五个方面，实验项目由验证到综合，主要包括化工专业核心课程基础理论知识的验证实验、典型化学工艺的模拟实验以及具有一定综合性的化工产品或过程的开发研究实验。本书在编写中对实验数据处理、实验结果分析讨论以及报告的书写规范提供了指导，旨在帮助学生更好地理解基础理论知识，培养学生的工程意识，同时加强对学生基本科研能力及创新能力的培养。

《化学工程与工艺专业实验》可作为化学工程与工艺及相关专业的实验教材或参考用书。

图书在版编目（CIP）数据

化学工程与工艺专业实验/李俊英，马烽，张文郁主编. —北京：化学工业出版社，2021.11（2023.6 重印）

ISBN 978-7-122-40354-4

Ⅰ. ①化… Ⅱ. ①李…②马…③张… Ⅲ. ①化学工程-化学实验-高等学校-教材 Ⅳ. ①TQ016

中国版本图书馆 CIP 数据核字（2021）第 239889 号

责任编辑：李 琰　　　　文字编辑：公金文 葛文文

责任校对：刘曦阳　　　　装帧设计：韩 飞

出版发行：化学工业出版社（北京市东城区青年湖南街 13 号 邮政编码 100011）

印　　装：北京天宇星印刷厂

787mm×1092mm 1/16 印张 12 字数 292 千字 2023 年 6 月北京第 1 版第 2 次印刷

购书咨询：010-64518888　　　　售后服务：010-64518899

网　　址：http：//www.cip.com.cn

凡购买本书，如有缺损质量问题，本社销售中心负责调换。

定　　价：35.00 元

前 言

化工专业实验是化学工程与工艺专业的必修课，是经过一系列基础实验之后所进行的专业知识综合应用的实验训练，着重培养学生在处理工程及工艺类较复杂实验项目时的设计能力、动手操作能力以及对实验数据的处理及结果分析能力。作为一门重要的专业实践性课程，化工专业实验对培养学生的工程意识、“破界”思维能力以及知行合一的辩证观起着不可替代的作用。

根据教育部化学工程与工艺专业教学指导委员会制订的化学工程与工艺本科专业实验教学的基本要求，通过本课程的学习，学生应具备以下五方面的能力：

(1) 了解专业实验研究的基本方法；

(2) 掌握专业实验的基本技能，学会使用专业实验的主要仪器和设备；

(3) 掌握基本的数据处理软件，学会实验数据的处理与分析方法；

(4) 培养分析问题、解决问题的能力；

(5) 提高独立思考能力和创新能力。

本书在原有讲义的基础上，结合专业发展和设备更新，进行了系统整合。实验项目的设置在基础上有创新，鼓励学生关注科学的本质，掌握扎实的学科基础知识，勤于思考，逐步提高创新能力。全书包括实验基础、化工热力学实验、化学反应工程实验、化工分离实验、化学工艺实验、化工安全实验、化工综合实验等七个部分。实验项目涵盖工程、工艺、安全、综合四个方面，有些实验项目侧重于理论验证，帮助学生更好地理解理论知识，有些实验是对实际生产过程的模拟，使学生对工程和工艺问题有更好的认识，有些实验侧重产品的开发研究，重在强化学生科研基本技能、工程意识及创新能力等综合能力的培养。本书作为化学工程与工艺专业本科生的实验教材，适用学时为80～100学时。

本书中化学工程方面的实验，基本以理论验证实验为主，主要有相平衡数据测定、反应器返混测定、反应器停留时间分布测定、特殊精馏、膜分离等实验。化学工艺方面的实验以实际过程的模拟为主，主要有乙苯脱氢制苯乙烯、煤油裂解制烯烃等工艺类实验。化工安全方面的实验侧重化学品安全的基础数据测定，主要有可燃液体开/闭口闪点测定、氧指数的测定、可燃液体自燃点测定等实验。化工综合实验侧重产品开发研究，使学生对工艺选择、技术路线设计、实验方案实施有整体的认识，培养学生应用所学知识解决实际问题的能力，实验项目有碳酸二甲酯的生产工艺开发、固体碱催化剂的制备及应用、连续流反应过程研究等综合实验。高校可根据自身条件与学时选择部分内容使用。

全书由齐鲁工业大学李俊英、马烽、张文郁任主编，胡静、郭宁任副主编。第一章由郭宁、胡静、张文郁执笔，第二章由李俊英执笔，第三章由张文郁、马烽执笔，第四章由李俊英、宋建军执笔，第五章由李俊英、王泉清执笔，第六章由胡静执笔，第七章由李俊英、杨鹏飞、张文郁执笔。书中部分绘图由齐鲁工业大学化学工程与工艺专业2017级本科生刘禄帅协助完成，实验22为康宁反应器技术有限公司伍辛军博士提供部分资料，全书由李俊英统稿。

本书在编写中借鉴了国内高校相关教材，出版期间获得齐鲁工业大学教材建设基金和化工学院教材建设经费的资助，在此表示感谢。同时还要感谢全体化工专业教师，书稿的完成离不开大家的鼎力支持与协作。

特别感谢刘磊力教授，为齐鲁工业大学化工专业的发展付出了毕生精力，斯人已逝，感怀长存。

感谢出版社编辑的辛勤付出，使教材得以顺利出版。

由于编者水平有限，书中的不足之处，恳请专家和读者批评指正。

编者

2021年　泉城济南

目 录

第1章　实验基础

化工专业实验包括化学工艺学实验、化工热力学实验、化学反应工程实验、分离工程实验、化工安全实验及综合实验等项目。实验涉及的学科范围广泛，用到的实验仪器、仪表及实验耗材的种类繁多，实验中需要测试的数据类型较多，水、电、压力、热等实验条件复杂。因此如何确保实验安全，如何正确选择和使用通用仪器设备，如何判定实验数据的准确性及进行正确的数据处理，是顺利完成实验的必备基础知识。

1.1　实验室安全知识

安全是所有工作的前提，在进行实验前必须做好安全教育，要求所有实验人员严格遵守实验室安全管理制度，确保实验人员安全、实验室安全、实验过程安全。

1.1.1　自我防护

进入实验室人员首先要熟悉实验室及周围环境，熟悉安全通道，了解灭火器材、紧急淋洗装置以及急救药箱的位置和使用方法，做好个人的安全防护。

(1) 手部防护

实验过程中，我们的手经常接触到各种试剂瓶及仪器，若仪器没有清洗干净或试剂有洒漏，则很容易伤害手，对手部进行保护的重要措施就是佩戴防护手套。手套在佩戴前应仔细检查，确保完好，未老化、无破损。实验操作过程中若需接触日常物品（如电话机、门把手、笔等），则应脱下防护手套，以防有毒有害物质污染扩散。

防护手套种类很多，如图1-1所示，使用时要根据接触的化学品性质选择合适的手套类型，化学化工实验室常用的手套有以下几种类型。

① 聚乙烯（PE）一次性手套　具有防水、防油污、防细菌、耐酸碱等功能，常用于处理腐蚀性固体药品和稀酸（如稀硝酸）。但该手套不能用于处理有机溶剂，因为许多有机溶剂可以溶解聚乙烯。

② 聚氯乙烯（PVC）手套　不含过敏原，无粉，发尘量低，离子含量少，有防静电性能，几乎可以防护所有的化学危险品，是实验过程中最常用的手套之一。

③ 橡胶手套　能有效防护碱类、醇类等多种溶液的腐蚀，并能较好地防止醛和酮的腐

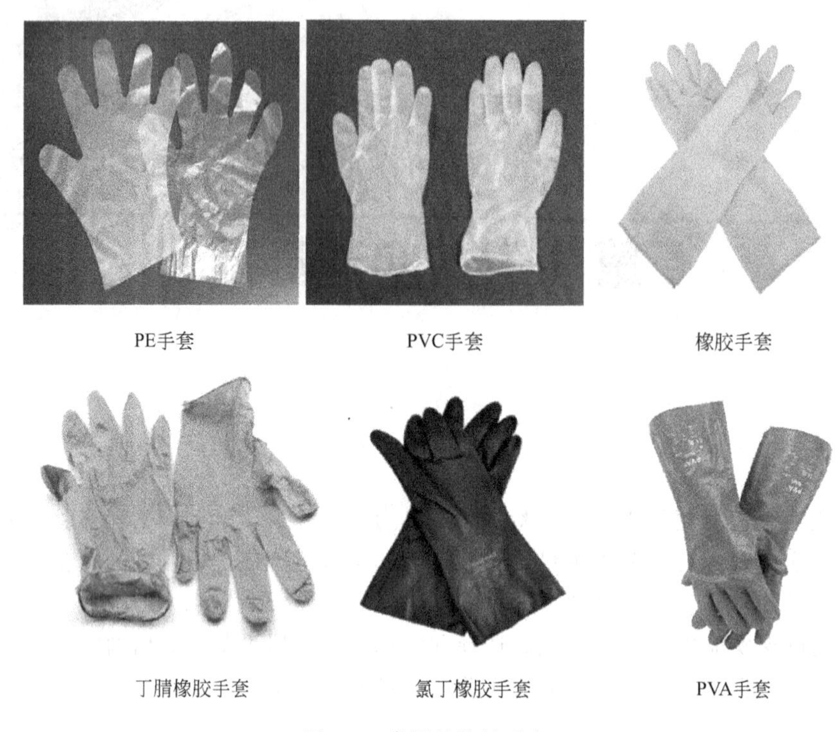

图 1-1 常用的防护手套

蚀，适用于长时间接触化学药品时佩戴。橡胶手套往往较长，可以有效保护手臂，因此也常在实验器皿清洗时佩戴。

④ 丁腈橡胶手套 通常分为一次性手套、中型无衬手套及轻型有衬手套。丁腈手套能防止油脂（包括动物脂肪）、二甲苯以及脂肪族溶剂的侵蚀，还能防止大多数农药伤害。丁腈橡胶手套不含蛋白过敏原，极少产生过敏。制造时经过了防静电处理，可用于严格的无尘室环境。

⑤ 氯丁橡胶手套 佩戴舒适度与天然橡胶相似，氯丁橡胶手套具有耐光照、耐老化、耐挠曲、耐酸碱、耐臭氧、耐燃烧、耐热和耐油性能，适用于酸碱化学品处理、脂类或溶剂加工以及石油化工等化学危害性较大的环境。

⑥ 聚乙烯醇（PVA）手套 PVA 手套抗腐蚀性能优异，对接触多种有机化学品的操作，如接触脂肪族、芳香烃、氯化溶剂、碳氟化合物和大多数酮（丙酮除外）、酯类以及醚类等，可提供高水平的防护，适用于有机化学实验。

（2）面部防护

有些实验需要在较高温度下进行搅拌，为避免面部、脖子和耳朵受高温溅出物或悬浮微粒的伤害，最好使用防护面罩。若实验过程中从事与高真空、高压系统、爆炸危险等相关的工作时也需要按要求佩戴合适的面罩。常见的功能性面罩类型如图 1-2 所示。

（3）眼部防护

眼睛是实验室中最易被伤害的部位，实验人员不经意揉眼、搅拌过程中溅出的药品、有毒气体的刺激、颗粒物的冲击等都会对眼睛造成一定程度的伤害。因此参加实验的所有人员必须佩戴防护眼镜，常见的护目镜如图 1-3 所示。

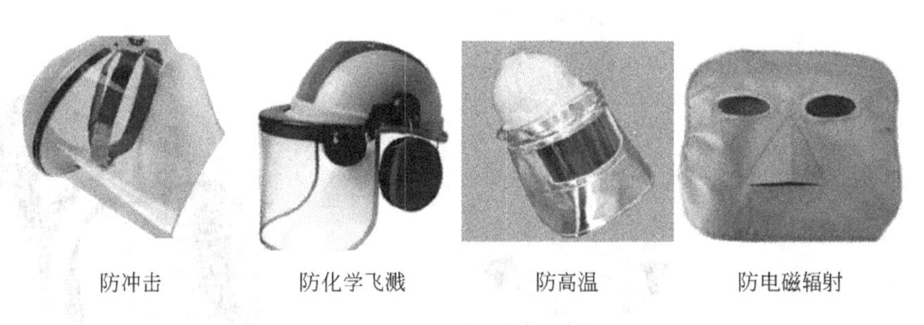

图 1-2　不同功能的面罩

图 1-3　护目镜

普通的视力矫正眼镜起不到可靠的防护作用，实验过程中应在矫正眼镜上另外佩戴防护眼镜，且实验过程中最好不要佩戴隐形眼镜。对于某些易溅、易爆等极易伤害眼部的高危险性实验操作，一般的防护眼镜防护能力不够，最好在实验装置与操作者之间安装透明的防护板或采取其他更安全的防护措施。此外操作各种能量大、对眼睛有害的光线时，则须使用特殊护目镜来保护眼睛。

(4) 躯体防护

躯体防护的最佳措施为穿着防护服，如图 1-4 所示，以防止皮肤受到各种药品的直接伤害，同时保护日常着装不受污染（若着装被化学试剂污染则会产生扩散）。普通的防护服（俗称实验服）一般都是长袖、过膝，多为棉或麻材料。若进行一些对身体伤害较大的危险性实验操作或者处置危险化学品、腐蚀性物质，或进行有毒有害气体、液体事故抢险救援时，必须穿着全封闭防化服。在日常工作中，不可穿着已污染的实验服进入办公室、会议室、食堂等公共场所。实验服应经常清洗，但不应带到普通洗衣店或家中洗涤。

(5) 其他防护

实验过程中身体其他部位的防护也很重要，应根据实验特点选择必要的防护器具。进入实验室应当穿着整洁，禁止穿拖鞋、凉鞋等露脚面的鞋子，必须着长裤并且将长发扎好。若在实验过程中存在粉尘或有毒气体，为防止人体呼吸系统受到伤害，应佩戴防护口罩或防毒面具。其中过滤式防毒面具是实验室最常用的，如图 1-5 所示，它通过滤棉、滤盒等过滤介质，将周围环境中的粉尘、有毒气体等有害物质过滤，给使用者提供可呼吸的洁净空气。

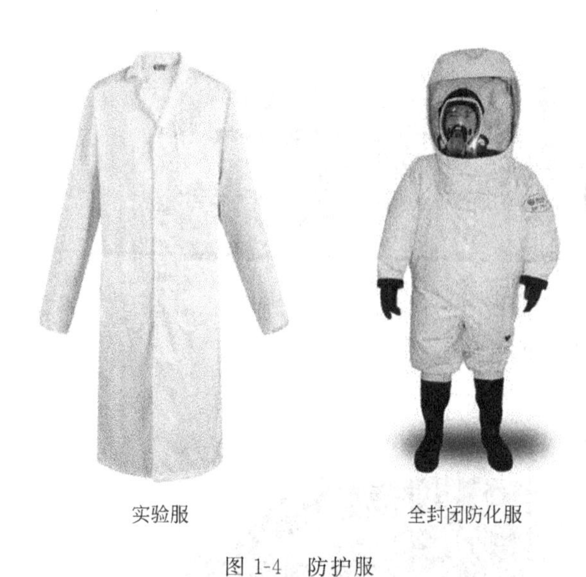

图 1-4　防护服

图 1-5　过滤式防毒面具

1.1.2　试剂使用安全知识

化工实验不可避免地要接触化学试剂，而化学试剂通常具有一定的危险性，比如剧毒、强腐蚀、易燃、易爆等，所以化学试剂的正确使用不仅决定着实验的成败，更直接关系到实验人员及实验室的安全。实验人员必须充分了解化学试剂存放、使用以及回收这一完整过程的安全原则，这既是实验结果准确性的需求，也是实验人员与实验室安全的重要保障。

（1）试剂的分类

化学试剂按性质来分，主要有无机和有机两类。无机化学试剂包括盐及氧化物、碱类（氢氧化钠、氢氧化钾等）和酸类（硫酸、硝酸等）。有机化学试剂包含烃类、醇类、酚类、醛类和酮类等。化学试剂按使用时的危险程度又可分为一般试剂和危险试剂，前者包括不易变质的无机酸、碱、盐，不易挥发和燃点高的有机物；后者则包括易燃易爆品、有毒有害品、强腐蚀品、强氧化剂、其他试剂类五大部分。

化学试剂大多数具有一定的毒性和危险性，贮存必须符合 GB 15603—1995《常用化学危险品贮存通则》、GB 12268—2012《危险货物品名表》等国家标准和有关规定，分类分项、专物专库贮存，严禁混放、混装。试剂应根据其化学组成和毒性、易燃性、腐蚀性和潮解性等特性，在兼顾使用频率和方便管理的基础上进行合理的分类、分区管理。

（2）试剂的存放

对于一般试剂，贮存条件要求不是很高，应置于干燥通风处的防潮防光贮存柜内，无机化学试剂和有机化学试剂要分开存放，并贴明类别标签，登记造册。无机化学试剂根据试剂的字头或阴离子来排列摆放，有机物按官能团分类摆放。特殊试剂如检测试剂、指示剂等，可以按用途归类存放。新补充的靠里摆放，快过期的靠外摆放，以便优先使用。通过分类、分柜排序存放，所有试剂的存放位置一目了然，任何实验人员都能快速准确地找到所需试剂，且有效地防止了试剂因过期变质而造成资源浪费或产生安全隐患。

对于危险试剂，存放的要求比较严格，需要注意的问题也比较多，为避免实验室安全事故的发生，危险试剂的贮存须注明危险标志，如图 1-6 所示，并按下面的要求存放。

图1-6　危险化学品标识

① 易燃类　此类试剂易挥发，遇明火易发生燃烧现象，若挥发的可燃气体浓度达到爆炸极限，则还可能会发生爆炸，所以这类物质应置于阴凉通风处单独保存。

② 易爆类　易爆类试剂有的本身具有爆炸性，如三硝基苯；有的易氧化产生易爆物，如2,4-二硝基酚等酚类。易爆类试剂应存放于阴凉通风且远离火种、热源的环境中，要与氧化剂、碱类、醇类化学品分开存放，切忌混储，尤其不能在其周围堆放其他易燃易爆物品。

③ 有毒类　有毒类化学试剂本身有毒，能引起中毒，或本身无毒或低毒，但能加工成剧毒物品，所以这类物质要置于阴凉通风处，由专人专柜保存。按照国家有关规定，剧毒、易制毒化学品应存放在专用保险柜中，严格执行双人领取、双人保管、双人使用、双本账和双把锁的管理制度。

④ 强腐蚀类　此类试剂对人的皮肤、黏膜、眼、呼吸道和物品等有非常强的腐蚀性，如实验室中常用的浓硫酸、浓硝酸、浓盐酸、氢氟酸、氢氧化钠、氢氧化钾、苯酚等试剂。这些药品存放要求阴凉通风，并与其他药品隔离放置，不要放在高架上，最好置于地面靠墙处，以保证存放安全。同时要求贮存柜是用耐酸水泥或耐酸陶瓷等抗腐蚀性的材料制作

而成。

⑤ 强氧化类　这类试剂主要包括过氧化物和强氧化能力的含氧酸及其盐，如过氧化氢、高氯酸及其盐、过硫酸盐、五氧化二磷等。这类物质易分解并放出氧和热量，有的本身就易燃易爆，对热、震动或摩擦极为敏感。因此，强氧化剂类应在低于30℃的阴凉通风处保存，并与酸类及木屑、炭粉、硫化物等可燃、易燃物隔离，远离火种、热源，防止日光暴晒。

(3) 试剂的使用

试剂若不按正确方法使用，不仅会影响实验数据的准确性，还会有较大的安全隐患。据不完全统计，试剂使用是实验室最容易发生安全事故的环节。

实验者在使用试剂前首先要做的是必须了解试剂的物理化学性质、毒性、使用注意事项、应急处理方法等。实验室应有危险化学试剂的安全技术说明书（包括危险性概述、急救措施、消防措施、泄漏应急处理、操作处理和贮存以及废弃处置等），并确保试剂保管人员及使用人员人手一册，并定期、不定期地进行抽查考核安全技术说明书中的内容。使用试剂前要查看标签是否正常，若标签脱落、信息模糊难以辨认或者超出有效期限，则应停止使用。若为固体药品，还要查看药品是否潮解，若受潮严重甚至液化，也应停止使用。不同种类化学试剂的使用应遵循不同的原则。

① 固体试剂的取用，要按照“只出不回，量用为出”的原则，根据要求选用相应精确度的天平进行精确称量，保证所配试剂的精确性，同时减少试剂的浪费。针对用固体试剂配制的溶液，要注意溶液的时效性，最好现配现用，配好的溶液应贴上标签（有毒、强酸、强碱等要贴红标签），注明名称、浓度、时间、有效期、配制人等信息，并于合适条件下保存。

② 液体试剂的取用，只能倾出，不能直接吸取，取用的试剂不能再放回原试剂瓶中。倾倒液体试剂时应使试剂瓶标签朝向手心，以免试剂污染或腐蚀标签。

③ 易燃液体在常温下有较高的蒸气压，易形成爆炸性混合气体，所以在使用过程中应远离火源，且应在通风柜内进行。易燃液体不可置于广口容器（如烧杯）中直接明火加热，必须用适当的液浴加热，且加热容器不能密封，以防爆炸。开启试剂瓶时，瓶口不得对向人体，如室温过高，须先将瓶体冷却。

④ 在有爆炸性物质的实验中，不要用带磨口塞的磨口仪器。干燥爆炸性物质时禁止关闭烘箱门，有条件时，最好在惰性气体保护下进行，或用真空干燥、干燥剂干燥。加热干燥时应特别注意加热的均匀性和消除局部自燃的可能性。

⑤ 在实验中使用有毒类化学试剂或所做实验会产生易挥发毒物，则应在通风柜内进行，还可设排风扇等强化通风设备，必要时也可用真空泵、水泵连接在发生器上，构成封闭实验系统，减少毒物逸出。

(4) 试剂的用后处理

化工实验中，不可避免地产生一些废气、废液和废渣。其中大部分是有毒有害物质，如果随意排放，不但污染环境，而且威胁人类健康。

教学实验中主要是废液，为了保护环境，维护实验室的环境安全，保护实验人员的身体健康及人身安全，对实验过程中产生的废液必须进行正确处理。实验室放置废液专用回收桶，对实验废液进行分类收集，如分为废酸、废碱、有机溶剂等，并标明其主要成分，贴上标签，然后由学校定期统一收集、处理。

对在实验过程中产生的一般废气，直接连接到通风橱的出口排出，产生的有毒废气采用实验室废气催化转化反应器进行处理。

实验过程中的废渣主要是催化剂，也应专门分类收集，统一上交处理。对于用完的试剂空瓶和已过保质期的废弃试剂，不能随意倾倒或丢弃，应集中妥善保管，定期分类回收。尤其对于剧毒、易制毒等危险化学品，必须有台账记录并严格对账，保证回收时的空试剂瓶数与采购时的满试剂瓶数对等，试剂的回收量与采购量、消耗量相符。

1.1.3 实验室气瓶的安全使用

气瓶作为一种特种设备，具有较大的危险性，若操作不当，极易发生事故。同时气瓶还是实验室的常用压力容器，所以实验者必须熟练气瓶的安全操作过程。实验室常用的气体钢瓶及其特征见表1-1。

表1-1 常用气体钢瓶特征

气体名称	气瓶颜色	标字颜色	装瓶压力/MPa	状态	性质
氮气	黑色	白色	15	气	不燃
氦气	银灰色	深绿色	15	气	不燃
氢气	淡绿色	大红色	15	气	可燃
氧气	淡蓝色	黑色	15	气	助燃
二氧化碳	铝白	黑色	12.5	液	不燃

(1) 气瓶的搬运

这里指实验室之间的气瓶移动。

① 搬运前，操作人员必须仔细阅读瓶体上的标签，了解瓶内气体的名称、性质和搬运注意事项，并配备相应的工具和防护用品。

② 检查所搬气瓶各部件标牌是否完好，阀门是否关紧，确保没有泄漏。

③ 装上防震垫圈，旋紧安全帽，以保护开关阀，防止其意外转动，减少碰撞。用专用气瓶车搬运，或用手平抬或垂直转动，但绝不允许用手执着开关阀移动。

④ 装卸气瓶时应轻装轻卸，禁止采用抛、滑、摔、滚、碰等方式，严防因违规或不当操作引起事故。

⑤ 装车后应采用适当的办法固定，避免途中滚落、碰撞。

(2) 气瓶的使用

① 使用前须仔细阅读瓶体上的标签，首先对气瓶的气体进行确认，然后对气瓶进行安全状况检查，检查易燃气体管道、接头、开关及器具是否有泄漏，凡不符合安全规范要求的严禁使用。

② 实验室内使用的气瓶要进行固定，要有防倾倒措施；空瓶与实瓶应分开放置，并有明显的区分标志。

③ 使用气瓶时，禁止敲击、碰撞，防止气瓶暴晒，禁止使用已报废或超过使用期限的气瓶。

④ 必须使用专用的减压阀，开启时，操作者站在阀口的侧后方，动作要轻缓，尤其是高压气瓶，开阀宜缓，必须经减压阀，不得直接放气。

⑤ 放气时人应站在出气口的侧面。开阀后，观察减压阀高压端压力表指针动作，待至

压力适当后再缓缓开启减压阀，直至低压端压力表指针到需要压力时为止。

⑥ 液化气体气瓶在冬天或瓶内压力降低时，出气缓慢，可用热水加温瓶身，不得用明火烘烤。

⑦ 气瓶不得靠近热源，一般规定距明火热源 10m 以外，如有困难，应有妥善隔热措施，但也不得少于 5m。

⑧ 气瓶必须专瓶专用，不得对气瓶及部件进行修理、拆卸等操作，不得擅自更改气瓶的钢印和颜色标志。

⑨ 气瓶必须与爆炸品、氧化剂、易燃物、自燃物及腐蚀性物品隔离。同时禁止在氧气瓶及其他易燃气瓶附近制造明火或迸发火星。

⑩ 当发现有可燃气体泄漏时，应立即停止使用，关闭阀门。可燃气体在未完全排除前，不准点火，也不得接通电源。

⑪ 气瓶内气体不得用尽，必须留有剩余压力，永久性气体气瓶剩余压力应不小于 0.05MPa（表压），液化气体气瓶应留有不少于 0.5%～1.0%规定充装量的剩余气体。

⑫ 学生自行实验使用气瓶前，指导教师须向其告知潜在的危险因素、后果和应急措施，经指导教师批准，学生方可进行相关实验。实验室责任人必须对气瓶使用者进行安全知识和使用资格确认。

1.1.4 事故的应急处理及救治措施

化工实验室仪器复杂，危险化学品众多，极易发生泄漏、中毒、火灾爆炸事故，从而造成人员的创伤、烫伤、化学灼伤、冻伤、中毒等，因此必须配备必要的安全防护设施，做好泄漏的处理和火灾的初期控制，并及时对受伤人员进行紧急救护，减少伤害。

（1）安全设施

① 实验室配备必要的消防器材，如消防沙、石棉布、灭火毯以及各类灭火器等，消防沙要保持干燥。

② 配备合适和足够的化学品泄漏处理套件。如图 1-7 所示，泄漏套件内包括：适量的吸附、中和、固化各种化学品的通用吸附剂，对所有知名、不知名的化学品都有作用；适量的吸附棉，尤其是吸附索，可以把泄漏的液体围起来形成吸附围栏；要确保盛装泄漏处理废物的防化垃圾袋不会发生二次泄漏；合适的个人防护装备，如通常必须使用的防护手套、护目镜、面罩和适当的呼吸防护器。化学品泄漏处理套件应放置在适当及显眼的位置，方便取用并定期检查，确保在任何时候都保持良好的使用效能。

③ 设有急救箱，箱内备有必需的药剂和用品。如消毒剂：紫药水、75%的酒精、医用双氧水、3.5%的碘酒等；外伤药：消炎粉、止血粉、止血贴、止血剂；烫伤药：烫伤膏、甘油、獾油、万花油、松节油；化学灼伤药：5%碳酸氢钠溶液、5%氨水、饱和硼酸溶液、1%乙酸溶液、2%硫代硫酸钠溶液；其他药剂：1%硝酸银溶液、5%硫酸铜溶液、高锰酸钾晶体、氧化镁、肥皂；治疗用品：消毒纱布、消毒棉、创可贴、绷带、胶带、氧化锌橡皮膏、棉棒、剪刀、镊子等。

④ 安装紧急冲淋和洗眼系统，如图 1-8 所示。当现场作业者的眼睛或者身体接触有毒、有害以及其他腐蚀性化学物质的时候，这些设备可以对眼睛和身体进行紧急冲洗、冲淋，避免化学物质对人体造成进一步伤害。

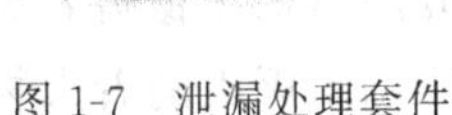

图 1-7 泄漏处理套件

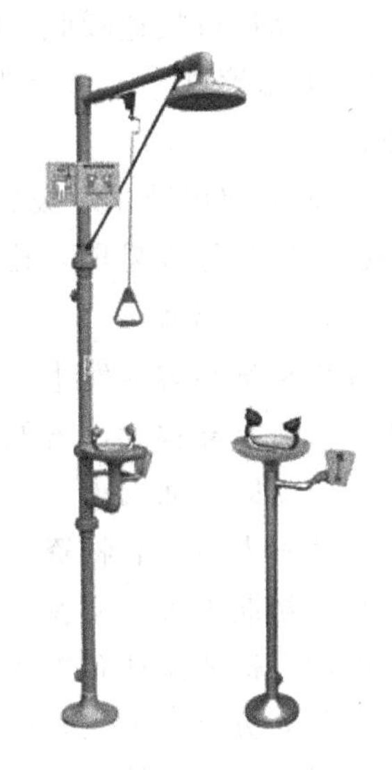

图 1-8 紧急冲淋和洗眼系统

(2) 泄漏处理

化学品泄漏容易引起中毒或引发火灾、爆炸事故，必须及时处理，避免重大事故的发生。要成功控制化学品的泄漏，必须对化学品的化学性质和反应特性有充分的了解，发生化学品泄漏后可按以下程序进行处理：

① 佩戴个人防护装备，加强对个人的保护。

② 在安全情况下确认泄漏的是哪种化学品，并将泄漏情况上报给教师或实验室管理人员。在确保安全的情况下切断泄漏途径，如关闭阀门或扶起歪倒的试剂瓶等。如未能确认泄漏的化学品，切勿冒险尝试清理泄漏化学品，应马上离开现场并立即报告。

③ 维持泄漏区域通风良好。

④ 摒除所有火源及与泄漏物不相容的物质。

⑤ 及时脱下化学品溅染的衣服，如皮肤被化学品溅染，应用清水缓缓地冲洗接触部位最少 15min。

⑥ 使用泄漏处理套件内的围堵物料来阻止泄漏物的扩散，以防止外泄物进入排水道或切断其散至外界的途径。使用吸索剂或中和剂等来清理泄漏化学品。

⑦ 将处理过的泄漏化学品放入适当的容器内盖封，并贴上适当的警告标贴（注意使用吸索剂后，有关的泄漏化学品不会改变化学特性，所以须小心处理）。

⑧ 记录有关泄漏事故的详情，并分析事故原因，做出改善措施，避免事故再次发生。

实验室存储的化学品一般数量较少，若意外出现液体化学品泄漏，也可以按以下基本指南操作：

① 迅速取出防护手套和护目镜戴好。

② 在泄漏液体的流动前锋抛洒吸附剂，并用扫帚等工具翻动搅拌，液体逐渐变黏稠直至变成固体，此时油品或化学品毒性将大大降低。

③ 快速取出吸附条并依次相连将漏油或化学品围住，以防进一步扩散而污染大面积环境。

④ 取出吸附垫，放置到围住的油面和化学品液体表面上，依靠吸附垫的超强吸附力对

油或化学品进行快速吸收，以减少大量油污或化学品长时间暴露在工作环境中而引起危险。

⑤ 取出擦拭纸，对吸附垫、吸附条粗吸收处理后的残留污染物进行最后的完全吸收处理。

⑥ 最后取出防化垃圾袋，将所有用过的吸附片、吸附条、黏稠的液体或固体及其他杂质一起清理到垃圾袋里，扎好袋口，贴上有害废物标签（注明有害废物的名称和产生日期）。

（3）火灾控制

危险化学品容易发生火灾、爆炸事故，但不同的化学品以及在不同情况下发生火灾时，其扑救方法差异很大，若处置不当，不仅不能有效扑灭火灾，反而会使灾情进一步扩大。起火后，要立即一面灭火，一面防止火势蔓延，既要注意人的安全，又要保护财产安全，救护应按照“先人员，后物资，先重点，后一般”的原则进行。

对于初期火灾，应首先熄灭附近的所有火源，切断电源，移走可燃物质。小容器内物质着火可用石棉或湿抹布覆盖灭火，较大的火灾应根据着火物质的性质选用合适的灭火器扑救。实验人员衣服着火，应就地打滚，赶快脱下衣服或用石棉布覆盖着火处。

干燥沙土和石棉毯可隔绝空气灭火，主要用于不能用水灭火的着火物的扑救；二氧化碳灭火器适用于油类及高级仪器、仪表的火灾；干粉灭火器适用于油类、可燃气体、电气设备及精密仪器的着火；1211 灭火器用于扑救电气设备以及贵重精密仪器的火灾。使用水灭火时应采用喷雾水流，少用直流水流，以免冲碎化学品瓶子，增加灭火的难度。钠、钾、碳化物、磷化物起火，一般用干粉灭火器灭火；油浴和有机溶剂着火，禁止用水扑救，防止其随水流散而使火灾蔓延，应该用二氧化碳或干粉灭火器灭火。

（4）受伤急救措施

① 创伤　若是玻璃创伤，应用消毒镊子或消毒纱布把伤口清理干净，并用3.5%的碘酒涂在伤口周围，再用消毒纱布包起来。若出血较多时，可用压迫法止血，同时处理好伤口，扑上止血粉、消炎粉等药，较紧地包扎起来。较大伤口或者动、静脉出血，甚至骨折时，应立即用急救绷带在伤口出血部位上方扎紧止血，用消毒纱布盖住伤口，立即送医务室或医院救治。

② 烫伤　一旦被火焰、蒸汽、温度较高的仪器烫伤之后，立即将伤处用大量水冲淋或浸泡，以迅速降温。若起水泡，不宜挑破，用纱布包扎后送医院治疗。对轻伤，可涂饱和碳酸氢钠溶液或烫伤膏；重伤迅速送医院治疗。

③ 化学灼伤

a. 若试剂进入眼中，切不可用手揉眼，应先用抹布擦去溅在眼外的试剂，再用水冲洗。若是碱性试剂，需再用饱和硼酸溶液或1%乙酸溶液冲洗；若是酸性试剂，需先用碳酸氢钠稀溶液冲洗，再滴入少许蓖麻油。若一时找不到上述溶液而情况危急时，可用大量蒸馏水或自来水冲洗，再送医院治疗。

b. 当皮肤被强酸灼伤时，首先应用大量水冲洗 10～15min，以防止灼伤面积进一步扩大，再用饱和碳酸氢钠溶液或肥皂液进行冲洗。当皮肤被草酸灼伤时，不宜使用饱和碳酸氢钠溶液进行中和，这是因为碳酸氢钠碱性较强，会产生刺激，应当使用镁盐或钙盐进行中和。

c. 当皮肤被强碱灼伤时，尽快用水冲洗至皮肤不滑为止，再用稀乙酸或柠檬汁等进行中和。当皮肤被生石灰灼伤时，则应先用油脂类的物质除去生石灰，再用水进行冲洗。

d. 当皮肤被液溴灼伤时，应立即用2%硫代硫酸钠溶液冲洗至伤处呈白色；或先用酒精冲冲，再涂上甘油。眼睛受到溴蒸气刺激不能睁开时，可对着盛酒精的瓶内注视片刻。

e. 当皮肤被酚类化合物灼伤时，应先用酒精冲洗，再涂上甘油。

④ 冻伤 将冻伤部位浸泡在40℃温水中或饮适量含酒精的饮料暖身。

⑤ 中毒 对于因吸入有毒气体而导致中毒的患者，应先将中毒者转移到室外，解开衣领和纽扣，让患者进行深呼吸，必要时进行人工呼吸，并立即拨打120，等待医生到达治疗。

高校实验室承担着实验教学和科学研究的重要任务，是培养学生实践能力，启发创新能力以及提升综合素质的最佳场所。实验室安全事关教学科研的顺利进行和广大师生的人身安危，因此要求全体实验人员掌握安全知识和防护技术十分重要。

1. 在化学化工实验室中如何做好个人防护？
2. 化学试剂存放和使用的一般原则是什么？
3. 从珍爱生命的角度思考实验室安全的重要性。

1.2 常用分析仪器与测量仪表

实验过程中，对物料组成和浓度的分析需要借助仪器进行，对温度、压力、流量等工艺参数的测量和控制要应用各种仪器仪表。只有充分了解各种分析仪器和测量控制仪表的结构及工作原理，才能合理选择，正确使用，最终获得准确的数据。

1.2.1 组成（浓度）分析仪器

定性及定量分析物料组成，可以采用化学分析法和仪器分析法。仪器分析法基于物质的物理或物理化学性质，通过测量光、电、磁、声、热等物理量而得到分析结果，通常需要比较复杂或特殊的仪器设备。仪器分析除了可以定性、定量分析外，还可用于结构、价态等分析，具有操作简便、分析速度快、易于实现自动化的特点。

1.2.1.1 气相色谱仪

气相色谱适用于易挥发有机化合物的定性、定量分析，具有效能高、灵敏度高、选择性强、分析速度快、操作简便等特点。

(1) 气相色谱分析的基本原理

气相色谱法是利用气体作为流动相的色层分离分析方法，工作原理如图1-9所示。气化的试样被载气（流动相）带入色谱柱中，柱中的固定相与试样中各组分分子作用力不同，使得各组分从色谱柱中流出时间不同，从而实现彼此分离。依据物料特性采用适当的检测和记录系统，可得到各组分在色谱柱运行的结果即色谱图。依据谱图中显示的出峰时间和顺序，可对化合物进行定性分析；根据谱图中各峰的高低和面积大小，可对化合物进行定量分析。

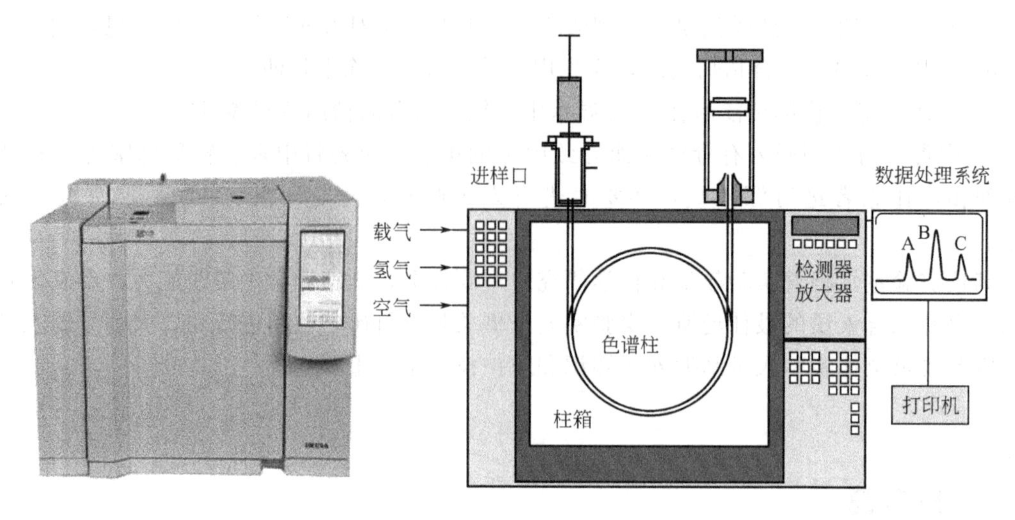

图 1-9　气相色谱工作原理

（2）分析条件的建立

建立分析条件实际上是对某一特定分析要求确定最佳条件的过程。为了满足某一特定的分析要求，可以改变的条件包括进样口温度、进样量及进样方式、检测器类型及工作温度、色谱柱类型和规格、色谱柱温度及其控温程序、载气种类及载气流速等。

① 载气选择与载气流速　典型的载气包括氦气、氮气、氩气、氢气和空气，载气的选择通常取决于检测器的类型。例如，放电离子化检测器（DID）需要氦气作为载气。当对气体样品进行分析的时候，载气有时是根据样品的母体选择的，例如，当对氩气中的混合物进行分析时，最好用氩气作载气，因为这样做可以避免色谱图中出现氩的峰。安全性与可获得性也会影响载气的选择，比如氢气可燃，而高纯度的氦气在某些地区难以获得。此外对载气的纯度也有要求，通常来说，气相色谱中所用的载气纯度应该在 99.995%（4.5 级）以上。用于标识纯度的典型商品名包括零点气级（99.999%），超高纯度（UHP）级（99.998%）等。载气流速也是实现各组分分离的重要因素，载气流速越高，分析速度越快，但是分离度越差。因此，最佳载气流速的选择与柱温的选择一样，需要在分析速度与分离度之间取得平衡。气相色谱仪可通过电路自动测定气体流速，并通过自动控制柱前压来控制流速。因此，载气压力与流速可以在运行过程中根据检测效果进行调整。

② 气相色谱的进样　根据样品存在的形态（液态、气态、吸附态、固态）以及是否需要气化溶剂选择进样方式。通常选用注射器进样，如果样品分散良好，并且性质已知，可以通过冷柱头进样口直接进样。如果需要蒸发除去部分溶剂，就使用分流/不分流进样口。来自气缸的气体样品通常用气体阀进样器进样。被吸附的样品可以通过在线或离线的外部解吸装置（如吹扫-捕集系统）解吸进样，也可以采用固相微萃取技术在分流/不分流进样器中解吸进样。

进样量根据仪器条件来确定，把握的原则是满足分离要求。面积归一不能有平头峰，内、外标法要求需要的组分能很好地分离出来。分析微量成分的，进样量大一些，做纯品的，就相对少些。一般来讲，气相色谱填充柱可接受的单个组分的量是 μg 量级，而毛细管柱只能承受 10ng 量级或更低。

③ 气相色谱柱的温度选择　色谱柱放置于温度由电子电路精确控制的恒温箱内，样品

通过色谱柱的速率与温度正相关，柱温越高，样品通过色谱柱越快，样品与固定相之间的相互作用时间就越少，因此分离效果就越差。通常来说，柱温的选择是综合考虑分离时间与分离度的结果，在充分保证分离度的前提下，可以选择较高的柱温以节省分离时间。柱温的控制有两种方法，即恒温和变温。恒温控制是指在整个分析过程中设定的温度恒定不变；变温控制是指在分析中，设置柱温随过程的进行逐渐上升，这是大部分分析所采用的方法。

变温的升温过程通常由设定的程序进行控制即程序升温，程序升温具有改进分离度、峰形变窄、检测限下降及省时等优点。控温程序包括初温、初温时间、升温速率（单位时间温度的上升值）、末温及末温时间。通常按照组分沸程设置程序，色谱柱温度连续地随时间线性或非线性升高，使柱温与组分的沸点相互对应，以使低沸点组分和高沸点组分在色谱柱中都有适宜的保留，使色谱峰分布均匀且峰形对称。因此，对于沸点范围很宽的混合物，往往采用程序升温法进行分析。

（3）*定量分析方法*

色谱法进行定量计算时，可以选择峰高或峰面积来进行。无论选用哪个参数，样品中组分的含量 c 与此参数 X 都必须符合线性关系，即 $c=kX$ 的关系。根据检测器响应机理和塔板理论，峰高与峰面积都应该满足此关系。对绝大多数检测器来说，都是峰面积 A 与含量 c 成正比。只有在峰形比较细高而且对称性较好的时候，选用峰高计算才比较简易。

根据标准样品在色谱定量过程中的使用情况，色谱定量分析方法可以分为外标法、内标法、归一化法三大类。对于一些特殊样品的分析，可以综合使用其中的两种或三种，形成更复杂的定量方法，如标准加入法等。

① 外标法　外标法分为校正曲线法和外标一点法。外标法不必加内标物，常用于控制分析，分析结果的准确度主要取决于进样的准确性和操作条件的稳定程度。

当能够精确进样量的时候，通常采用外标法进行定量。采用这种方法时，标准物质单独进样分析，从而确定待测组分的校正因子；实际样品进样分析后，依据此校正因子对待测组分色谱峰进行计算得出含量。其特点是标准物质和未知样品分开进样，虽然看上去是二次进样，但实际上未知样品只需要一次进样分析就能得到结果。外标法的优点是操作简单，不需要前处理。缺点是要求精确进样，进样量的差异直接导致分析误差的产生。外标法是最常用的定量方法，其计算过程如式(1-1) 所示：

$$c_i=A_i(c_{si}/A_{si})=A_iF_i \tag{1-1}$$

式中，c_i 是未知样品中组分 i 的含量；c_{si} 是标准样品中组分 i 的含量；A_{si} 是标准样品谱图中组分 i 的峰面积；F_i 为绝对校正因子，由比值 c_{si}/A_{si} 确定。

事实上，要测定样品中所有组分的绝对校正因子很复杂，需要找到所有的标准物质并一一进行测定。而相对校正因子 f_i 是某组分的绝对校正因子与标准物质绝对校正因子的比值，此值较易获得，因此具有更高的实用价值。

相对校正因子 f_i 的计算公式如式(1-2) 所示：

$$f_i=F_i/F_s=\frac{c_i/A_i}{c_s/A_s} \tag{1-2}$$

式中，F_i 是组分 i 的绝对校正因子；F_s 是标准物质的绝对校正因子。相对校正因子可以在相关文献中查找，也可以按以下方法实际测定：准确称取一定量待测组分 i 的纯物质和标准物质的纯物质 s 混合后，取一定量（在检测器的线性范围内）在实验条件下进样，出峰后分别出两峰的面积，由式(1-2) 即可求得相对校正因子 f_i。

② 内标法　选择适宜的物质作为预测组分的参比物，定量加到样品中，依据欲测组分和参比物在检测器上的响应值（峰面积或峰高）之比和参比物加入量进行定量分析的方法叫内标法。其特点是标准物质和未知样品同时一次进样。内标法的优点在于不需要精确控制进样量，由进样量不同造成的误差不会带到结果中，分析结果准确度高，可测定微量组分。缺陷在于内标物很难寻找，需花费大量时间，而且分析操作前需要较多的处理过程，样品的配制也比较烦琐。

一个合适的内标物应该满足以下要求：能够和待测样品互溶；出峰位置不与样品中的组分重叠；易于做到加入浓度与待测组分浓度接近；谱图上内标物的峰和待测组分的峰接近。

内标法的计算公式推导如式(1-3) 所示：

$$c_i=\frac{W_i}{W}\times100\%=\frac{W_i}{W_s}\times\frac{W_s}{W}\times100\%=\frac{A_iF_i}{A_sF_s}\times\frac{W_s}{W}\times100\%$$

$$=\frac{A_i}{A_s}\times f_{i/s}\times\frac{W_s}{W}\times100\% \tag{1-3}$$

式中，c_i 是待测组分 i 的含量；A_i、A_s 分别为待测组分 i 和内标物 s 的峰面积；W_i、W_s、W 分别为样品中待测组分 i 的质量、样品中加入的内标物 s 的质量、样品的总质量；$f_{i/s}$是待测组分 i 对于内标物 s 的相对质量校正因子（此值可自行测定，测定要求不高时也可以由文献中待测组分和内标物组分对苯的相对质量校正因子换算求出）。

③ 归一化法　归一化法有时候也被称为百分法，直接通过峰面积或者峰高进行归一化计算从而得到待测组分的含量。其特点是不需要标准物，一次进样即可完成分析，兼具内标和外标两种方法的优点，不需要精确控制进样量，也不需要样品的前处理。缺点在于要求样品中所有组分都出峰，并且在检测器的响应程度相同，即各组分的绝对校正因子 F_i 都相等。

在各组分的绝对校正因子 F_i 都相等的条件下，归一化法的计算公式如式(1-4) 所示：

$$c_i=\frac{A_i}{\sum_{i=1}^{n}A_i}\times100\% \tag{1-4}$$

事实上，很多时候样品中各组分的绝对校正因子 F_i 并不相同，为了消除检测器对不同组分响应程度的差异，可通过校正因子对不同组分峰面积进行修正后，再进行归一化计算。其计算公式如式(1-5) 所示：

$$c_i=\frac{A_iF_i}{\sum_{i=1}^{n}A_iF_i}\times100\% \tag{1-5}$$

需要注意的是，由于分子分母同时都有校正因子，因此也可以将式(1-5) 中的 F_i 采用统一标准下的相对校正因子 f_i 进行计算。当通过其他方法测定了样品中不出峰组分的总量为 X 时，可以采用部分归一化来测定剩余组分。计算公式如式(1-6) 所示：

$$c_i=\frac{A_if_i}{\sum_{i=1}^{n}A_if_i}\times(100\%-X) \tag{1-6}$$

1.2.1.2 紫外-可见分光光度计

紫外-可见分光光度计主要用于溶液中组成的定性和定量分析，例如检测水和废水中的痕量元素、蛋白质的定量检测等。

(1) 基本原理

紫外-可见分光光度计是利用物质分子对紫外-可见光谱区的辐射吸收来进行检测的一种分析仪器，其工作原理基于分光光度法。

1852年，比尔（Beer）参考了布格（Bouguer）和朗伯（Lambert）的研究论文，提出了分光光度法的基本定律，即液层厚度相等时，溶液颜色的强度与呈色溶液的浓度成比例，这就是著名的朗伯-比尔定律，数学表达式写为 $A=\varepsilon bc$，其中 A 为吸光度，ε 为摩尔吸光系数，b 为吸收层厚度，c 为溶液浓度。据此可对溶液进行定量分析。

分子的紫外-可见吸收光谱是由于分子中的某些基团吸收了紫外-可见辐射光后，发生了电子能级跃迁而产生的。由于各种物质的分子、原子及分子空间结构不同，其吸收光能量的情况也会不同。因此，每种物质都有其特定的吸收光谱曲线，并可根据吸收光谱上的某些特征波长处的吸光度的高低测定该物质的含量，这就是分光光度法定性和定量分析的基础。

紫外-可见分光光度计的工作原理及基本结构如图1-10所示。

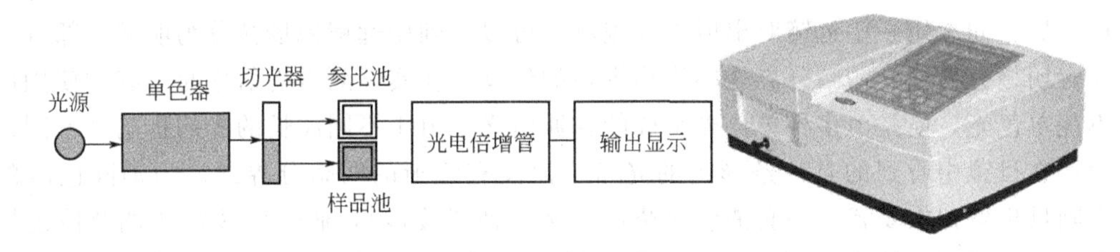

图1-10 紫外-可见分光光度计

(2) 仪器使用方法

启动仪器之前，一定要把样品室内存放的防潮剂拿出。在仪器正常运转检测时，不能开启样品室盖。比色皿中的液体量占总体积的66%～80%为最佳，正常检测时，要确保比色皿干净，外壁上的液滴需使用专业纸进行擦拭，不能让液体外漏腐蚀仪器。

一般的操作方法为：

① 打开电源开关，选择比色皿类型（如石英比色皿、玻璃比色皿），检验成套性。

② 选择工作波长（按设定键，以及增加、减小按钮进行设定），选择测量方式（吸光度模式与透射比模式）。

③ 润洗比色皿，依次装入参比溶液和测量溶液。

④ 将参比溶液置于光路中，调零。

⑤ 吸光度模式下，测定样品溶液的吸光度。

⑥ 检测完毕，及时将比色皿内的液体处理掉，使用蒸馏水将其清理干净，同时倒置进行晾干处理。

⑦ 关闭仪器电源，防潮剂放入样品室内，盖好防尘罩。

1.2.1.3 阿贝折射仪

阿贝折射仪是测定透明、半透明液体或固体（其中以测透明液体为主）的折射率和平均色散的仪器。折射率和平均色散是物质的重要光学常数，能借以了解物质的光学性能、色散大小及纯度等，是石油工业、油脂工业、制药工业、制漆工业、日用化学工业、制糖工业和地质勘察等有关工厂、学校及科研单位不可缺少的常用设备之一。

（1）基本原理

光与物质相互作用可以产生各种光学现象，如光的折射、反射、散射、透射、吸收、旋光以及物质受激辐射等。通过分析研究这些光学现象，可以提供原子、分子及晶体结构等方面的大量信息，用于物质的成分分析、结构测定及光化学反应等方面。折射率 n 是物质的重要光学物理常数之一，等于光在真空中的速度 c 与光在介质中的速度 v 之比，即 $n=c/v$。许多纯物质都具有一定的折射率，如果其中含有杂质则折射率将出现偏差，杂质越多，偏差越大，据此可测定物质的纯度。

测定物质折射率的基本原理为光的折射定律：若光线从光密介质（该介质中光速较小）进入光疏介质（该介质中光速较光密介质大），则入射角小于折射角，当改变入射角使折射角达到90°时则发生全反射现象，此时的入射角称为临界角 θ_0，测定折射率就是基于测定临界角的原理，由式(1-7) 可得：

$$n=n_{\text{prism}}\sin\theta_0 \tag{1-7}$$

式中，n 为被测样品的折射率；n_{prism} 为棱镜的折射率；θ_0 为临界角。

测定物质折射率的仪器即为折射仪，主要部分为一组棱镜，在两棱镜间放入待测液体。光线进入后，如果用一望远镜对出射光线视察，可以看到望远镜视场被分为明暗两部分，二者之间有明显分界线，明暗分界处即为临界角的位置。在实际测量折射率时，我们使用的入射光不是单色光，而是由多种单色光组成的普通白光，由于不同波长的光的折射率不同而产生色散，在目镜中看到的是一条彩色的光带，而没有清晰的明暗分界线。为消除色散的影响，在阿贝折射仪中安置了一套消色散棱镜（又叫补偿棱镜），通过此棱镜的调节使色散为零，在视场中呈现出清晰的明暗界面，将此界面调至十字线的交点，可看到半明半暗的视场，此时即可读出被测介质的折射率，如图 1-11 所示。

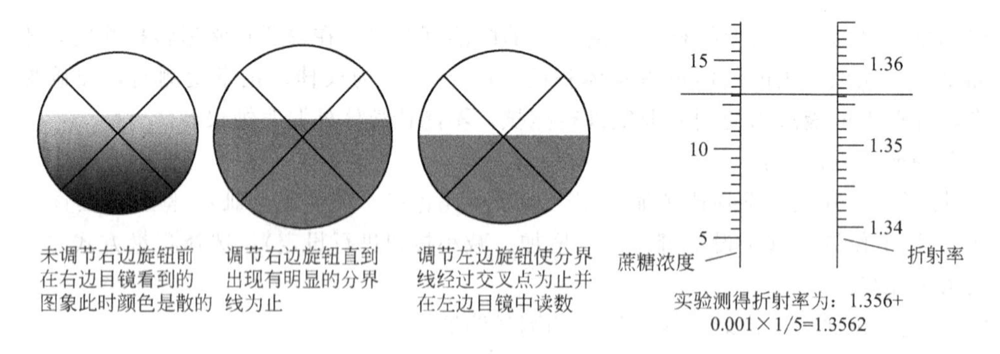

图 1-11　目镜中看到的视场及读数

常用的阿贝折射仪由光学系统、观察和显示系统组成，其工作原理及仪器结构如图 1-12～图 1-14 所示。

（2）阿贝折射仪使用方法

① 仪器安装　将阿贝折射仪安放在光亮处，但应避免阳光的直接照射，以免液体试样受热迅速蒸发。用超级恒温槽将恒温水通入棱镜夹套内，检查棱镜上温度计的读数是否符合

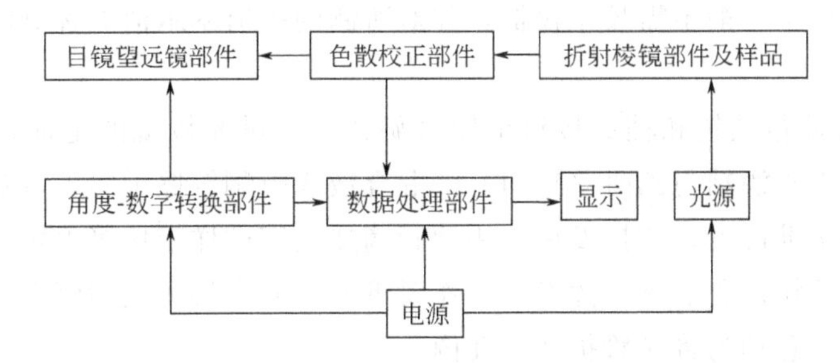

图 1-12　阿贝折射仪工作原理

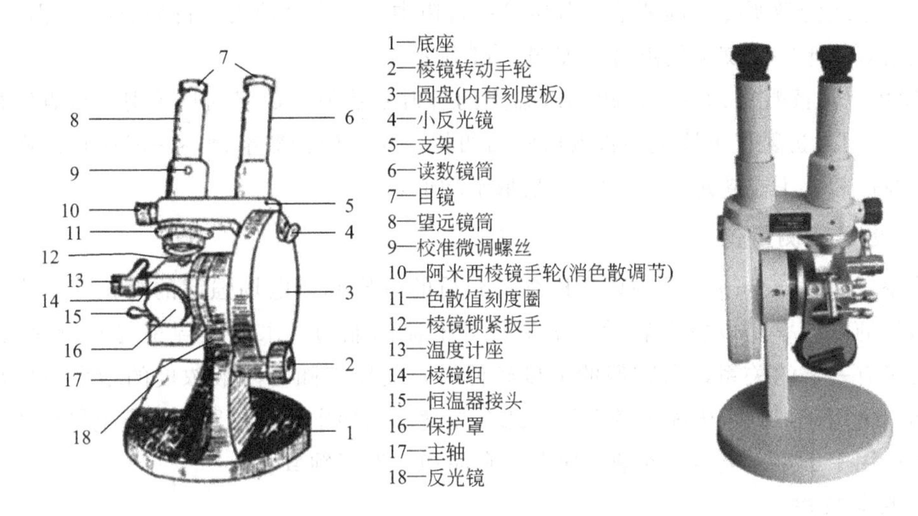

图 1-13　双目阿贝折射仪结构

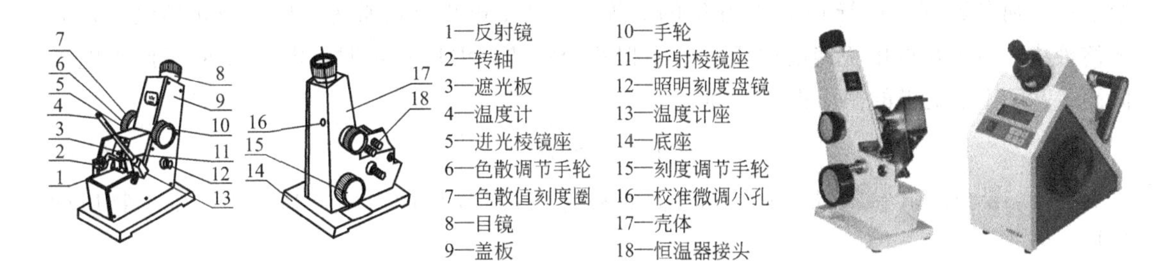

图 1-14　单目阿贝折射仪结构

要求［一般选用（20.0±0.1)℃或（25.0±0.1)℃］。

② 仪器校准　测定开始前，首先用蒸馏水或用标准试样校对读数。用标准试样校准时，必须将进光棱镜的毛面、折射棱镜的抛光面及标准试样的抛光面，用脱脂棉花蘸取无水酒精与乙醚（1∶1）的混合液或丙酮轻擦干净，待挥发后，在折射棱镜的抛光面加 1～2 滴溴代萘，将标准试样的抛光面贴于棱镜，当读数视场指示标准试样的折射率值时，观察望远镜内明暗分界线是否在十字线中间，若有偏差则用螺丝刀微量旋转校准微调小孔内的螺钉（如图 1-13 中 9 所示位置，图 1-14 中 16 所示的位置），使分界线像位移至十字线中心。通过反复地观察与校正，使示值的起始误差降至最小（包括操作者的瞄准误差）。校正完毕后，在以后的测定过程中不允许再随意动此部位。

日常的测量工作中一般不需校正仪器，如对所测的折射率示值有怀疑时，可按上述方法进行检验。

③ 加样　旋开测量棱镜和辅助棱镜的闭合旋钮，将进光棱镜的毛面、折射棱镜的抛光面，用脱脂棉蘸取无水酒精与乙醚（1∶1）的混合液或丙酮轻擦干净，以免留有其他物质影响成像清晰度和测量准确度。待挥发后，用滴管滴加数滴试样于棱镜毛镜面上，迅速合上辅助棱镜，旋紧闭合旋钮。若液体易挥发，动作要迅速，或先将两棱镜闭合，然后用滴管从加液孔中注入试样（注意切勿将滴管折断在孔内）。

④ 调光　转动镜筒使之垂直，调节反射镜使入射光进入棱镜，同时调节目镜的焦距，使目镜中十字线清晰明亮。调节消色散棱镜使目镜中彩色光带消失。再调节读数螺旋，使明暗的界面恰好同十字线交叉处重合，如图 1-11 所示。

⑤ 读数　从读数望远镜中读出刻度盘上的折射率数值（数字阿贝折射仪可直接显示数值）。常用的阿贝折射仪可读至小数点后的第四位，为了使读数准确，一般应将试样重复测量三次，每次相差不能超过 0.0002，然后取平均值。

1.2.1.4 电导率测量仪

电导率（conductivity）是物理学概念，介质的电导率与电场强度的乘积等于传导电流密度。溶液的电导率是以数字表示的溶液传导电流的能力。水的电导率与其所含无机酸、碱、盐的量有一定的关系，当它们的浓度较低时，电导率随着溶液浓度的增大而增加，因此，该指标常用于推测水中离子的总浓度或含盐量。电导率测量仪即为测定电导率的专业仪器，广泛应用于工业、电力、农业、医药、食品和环保等领域。

（1）基本原理

电导率的测量基于电导的测定，测量需要两方面信息，一个是溶液的电导 G，另一个是溶液的几何参数 K。电导 G 是电阻 R 的倒数。将两个电极（通常为铂电极或铂黑电极）插入溶液中，可测出两电极间的电阻 R。根据欧姆定律，温度一定时，电阻值 R 正比于电极间距 S，反比于电极的截面积 A，即

$$R=\rho(S/A) \tag{1-8}$$

其中，ρ 为电阻率，即长度 1cm，截面积为 $1cm^2$ 导体的电阻，其大小决定于物质的性质。

由此可得导体的电导 G：

$$G=1/R=(1/\rho)(A/S)=L(1/K) \tag{1-9}$$

式中，$L=1/\rho$，称为电导率；$K=S/A$，称为电极常数。

电导可以通过电流、电压的测量得到，由此可得电导率 L 的值为：

$$L=GK \tag{1-10}$$

电导率仪的测量原理及常用的溶液电导率测量仪如图 1-15、图 1-16 所示。测量时，将相互平行且距离是固定值 S 的两块极板（或圆柱电极）放到被测溶液中，在极板的两端加上一定的电势（为了避免溶液电解，通常为正弦波电压，频率 1～3kHz），然后通过电导率仪测量极板间电导。测量电解质溶液的电导率一般采用交流信号作用于电导池的两电极板，由测量到的电极常数 K 和两电极板之间的电导 G 求得电导率 L。

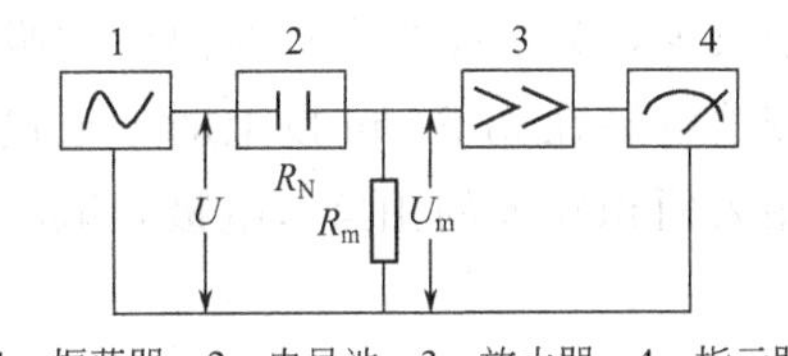

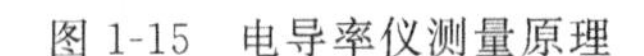
1—振荡器；2—电导池；3—放大器；4—指示器

图 1-15　电导率仪测量原理

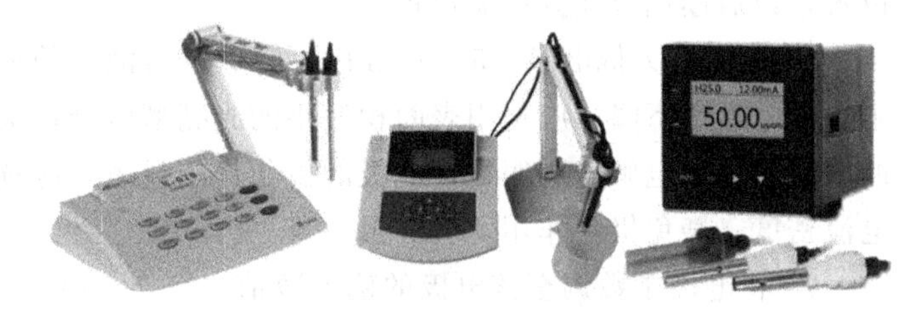

图 1-16　电导率测量仪

测量用电极的电极常数 K 可通过几何尺寸算出。当两个面积为 $1cm^2$ 的方形极板相隔 1cm 组成电极时，此电极的常数 $K=1cm^{-1}$，若用这样一对电极测得电导值 $L=1000\mu S$，则被测溶液的电导率 $L=1000\mu S/cm$。电极常数通常用标准溶液进行确定，一般使用 KCl 溶液作标准溶液，这是因为 KCl 的电导率在不同的温度和浓度下非常稳定，如 0.1mol/L 的 KCl 溶液在 25℃时电导率为 12.88mS/cm。

由于测量溶液的浓度和温度不同，以及测量仪器的精度和频率也不同，电极常数 K 有时会出现较大的误差，使用一段时间后，电极常数 K 也可能会有变化。因此，新购的电导电极，以及使用一段时间后的电导电极，电极常数应重新测量标定，此时应注意以下几点：

① 测量时应采用电极配套的电导率仪。

② 测量电极常数时，KCl 溶液的温度最好接近实际被测溶液的温度。

③ 测量电极常数时，KCl 溶液的浓度最好接近实际被测溶液的浓度。

此外，电导率测量与温度有关，温度对电导率的影响程度依溶液的不同而不同，可通过式(1-11) 得到测定温度下的电导率值：

$$L_t=L_{t_{标}}[1+\alpha(t-t_{标})] \tag{1-11}$$

式中，L_t 为某温度 t 下的电导率；$L_{t_{标}}$ 为标准温度 $t_{标}$ 下的电导率；α 为温度校正系数，常用溶液的 α 值见表 1-2。

表 1-2　常用溶液的温度校正系数 α

溶液(25℃)	溶液浓度(质量分数)/%	α 值/(%/℃)
盐酸	10	1.56
氯化钾溶液	10	1.88
硫酸	50	1.93
氯化钠溶液	10	2.14
氢氟酸	1.5	7.20
乙酸	10	1.69

大多数固定温度补偿的电导率仪的 α 调节为 2%/℃（近似等于 25℃时氯化钠溶液的 α）。可调节温度补偿的电导率仪可以把 α 调节到更加接近所测溶液的 α。

(2) 仪器的使用

电导率仪应在干燥的环境中使用，如果使用环境比较潮湿，很容易引起仪器的漏电，从而导致测量误差。

① 开启电源开关，预热后即可工作。

② 将范围选择器扳到所需的测量范围，如被测值的量程大小未知，应先调至最大量程

位置，以后逐挡改变到所需量程。

③ 被测液为低电导（5μS/cm 以下）时，溶液中的离子较少，为了减少电极对离子的吸附造成电导率下降，应选用表面积较小的光亮型电极；被测液电导在 5μS/cm 以上时，通过的电流较大，电解作用明显，电极的极化作用显著，应选用表面积较大的铂黑型电极，减小电流密度，避免极化作用。

④ 将电极常数调至该电极的确定数值。

⑤ 如需温度补偿，将温度补偿调至被测溶液的温度。

⑥ 电极在使用前应清洗干净，清洗过程中应该选择中性清洗剂，清洗完毕后用纯水冲洗干净，保持电极的清洁，保障其测量精准度。

⑦ 测量时用被测溶液润洗电极，然后将电极垂直放入溶液中，保证测量电极全部浸入溶液，读取电导率数值。测量完毕及时将电极清洗干净。

电导率仪在使用过程中，要注意对其进行定期保养以确保其测量精确。使用时，尽量保持仪器的完整性，不可改变电极形状和尺寸，也不可用强酸、强碱及机械方法清洗，以免改变电极常数，影响测量精度。

1.2.2 工艺参数测量及控制仪表

化工工艺过程各参数的检测是了解和控制工业生产的基本手段，也是化工专业实验操作的重要内容。在专业实验中通常会涉及流量、温度、压力等工艺参数的测量、显示、记录或控制，了解和掌握相关仪器仪表的原理和使用方法，以确保实验安全顺利进行。

1.2.2.1 转子流量计

转子流量计又称为浮子流量计，利用节流原理测量流体的流量。测量过程中，通过改变流体的流通面积来反映流量的大小，而节流元件前后的差压值基本恒定不变，故也称为变流通面积恒压差流量计。

转子流量计通常由一段自下而上逐渐扩大的垂直锥管和一只可以在其中随流量大小自由上下移动的浮子构成，当流体自下而上流经锥管时，流体的动能在浮子上产生的推力 S 和流体的浮力 A 使浮子上升。随着锥管内壁与浮子之间的环形流通面积增大，流体动能在浮子上产生的推力 S 随之下降。当推力 S 与浮力 A 之和等于浮子自身重力 G 时，浮子处于平衡，并稳定在某一高度上，该高度位置对应的刻度即指示了流过流量计的流量，如图 1-17 所示。

转子流量计结构简单，量程比宽（10∶1），压力损失小，对直管段的要求不高，安装维护方便，可用于复杂恶劣环境及各种介质条件，特别适用于中小管径和低雷诺数的中小流量测量。转子流量计一般有玻璃和金属两类材质。玻璃转子流量计主要用于腐蚀性介质如强酸、强碱、氧化剂、强氧化性酸、有机溶剂和其他具有腐蚀性气体或液体介质的流量检测。受被测介质密度、黏度、温度、压力等因素的影响，测量精度一般在 1.5 级左右。

1.2.2.2 湿式气体流量计

湿式气体流量计约于十九世纪初诞生于英国，是一种典型的容积式流量计，当气体流过湿式流量计时，内部机械运动件在气体动力作用下，重复不断地充满和排空气体，通过机械或电子测量技术记录其循环次数，即可得到一定时间段内气体的累积流量。

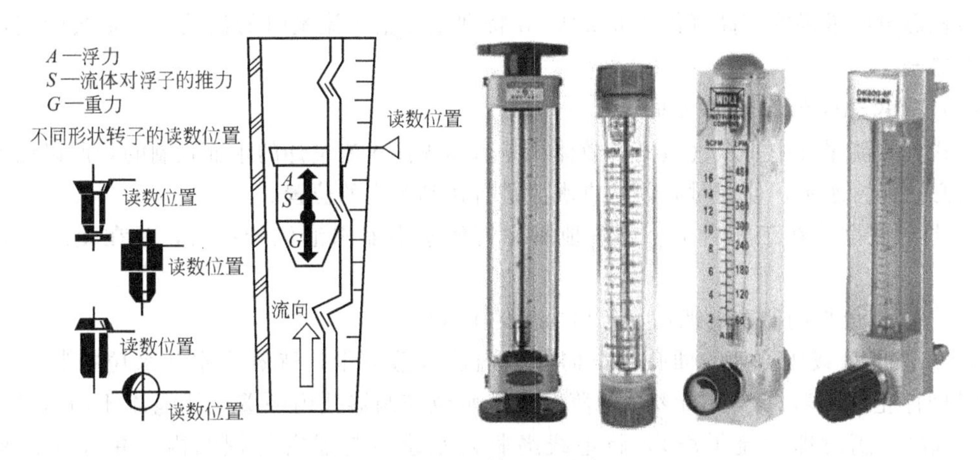

图 1-17　转子流量计

（1）湿式气体流量计的基本工作原理

湿式气体流量计主要由圆鼓形壳体、转鼓及传动计数机构所组成，如图 1-18 所示。在封闭的圆筒形外壳内装有一个能绕中心轴自由旋转的转筒，转筒由圆筒及四个弯曲形状的叶片构成，四个叶片将圆筒分成四个体积相等的气室，每个气室的内侧壁与外侧壁都有直缝开口（内侧壁开口为计量室进气口，外侧壁开口为计量室出气口）。

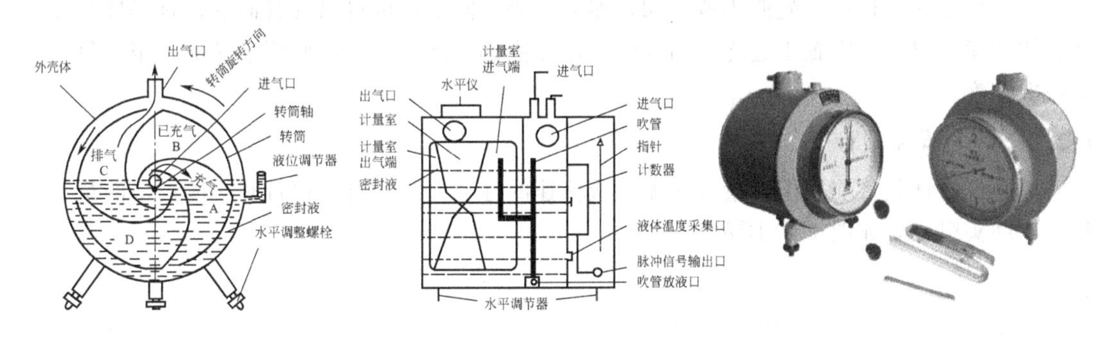

图 1-18　湿式气体流量计工作原理及结构

工作时，流量计壳体内盛有约一半容积的水或低黏度油作为密封液体，充液量由液位器指示，如图 1-18 所示。转筒的一半浸于密封液中，此时 B 气室内充满气体，其进出口都被液面密封，形成封闭的“斗”空间，即计量室；A 气室的进气口露出液面，与流量计进口（图 1-18 中液面中心的进口处）相通，进入流量计的气体，先进入转筒内的气室 A，A 室开始充气；C 气室的出气口是露出液面的，开始向流量计出口排气。随着气体不断充入气室 A，在进气压力的推动下，转筒绕中心轴向指示的逆时针方向旋转，气室 B 的出气口离开液面开始向流量计出口排气，气室 C 中的气体将全部排出。当气室 C 全部浸入液体中时，气室 D 将开始充气，气室 A 将形成封闭的计量室。然后依次是气室 D、气室 C 形成封闭的计量室。转筒旋转一周，就有相当于 4 倍计量室空间的气体体积通过流量计。将转筒的旋转次数通过齿轮机构传递，由指针或机械计数器计数，也可以转换为电信号进行远传显示。

湿式气体流量计可直接用于测量气体流量，如用于测定人工煤气、天然气、液化石油气和其他无腐蚀性气体的流量，也可用来作为标准仪器检定其他流量计。

湿式气体流量计受被测气体密度和动力黏度的影响较小，量程比很宽（100∶1），测量气体体积总量的准确度较高（优于0.2级），特别是测量小流量时的误差小，是实验室常用的仪表之一。

（2）湿式气体流量计的使用

湿式气体流量计中每个气室的有效体积是由预先注入流量计的水面控制的，所以在安装时仪表必须保持水平，使用时必须检查水面是否达到预定的位置。

① 将仪表摆放在工作台上，调整地脚螺钉使水准器水泡位于中心，并在使用中长期保持。

② 打开水位控制器密封螺帽，拉出内部的毛线绳。

③ 在温度计或压力计的插孔内，向仪表内注入蒸馏水，待蒸馏水从水位控制器孔内流出时即停止注入蒸馏水，当多余的蒸馏水从水位控制器孔内顺着毛线绳流干净（约5～10min流出一滴时即为流干净），将毛线绳收入水位控制器密封螺帽内，并且拧紧密封螺帽。

④ 装好温度计和压力计（每一小格10Pa）。

⑤ 按进出气方向连接好气路，并且保持密封。

⑥ 测量时最好在仪表指针运转数周后再进行读数。

湿式气体流量计在使用时要特别注意密封液体与被检测气体有无化学物理反应，如气体易溶解于水，或者易与水发生化学反应的都不能以水作为密封液体。仪表长期不用时，要将密封液体放干净，排放时先使用放水阀，然后将表头向下，再将出气管向下，这样反复几次将液体放净。仪表不宜置于过冷室内安装，以免内部结冰。在正常使用情况下，至少每年检验一次精度。

1.2.2.3 皂膜流量计

皂膜流量计是目前用于测量气体流量或流速的标准方法，由一根带有气体进口的量气管和橡皮滴头组成，如图1-19所示。

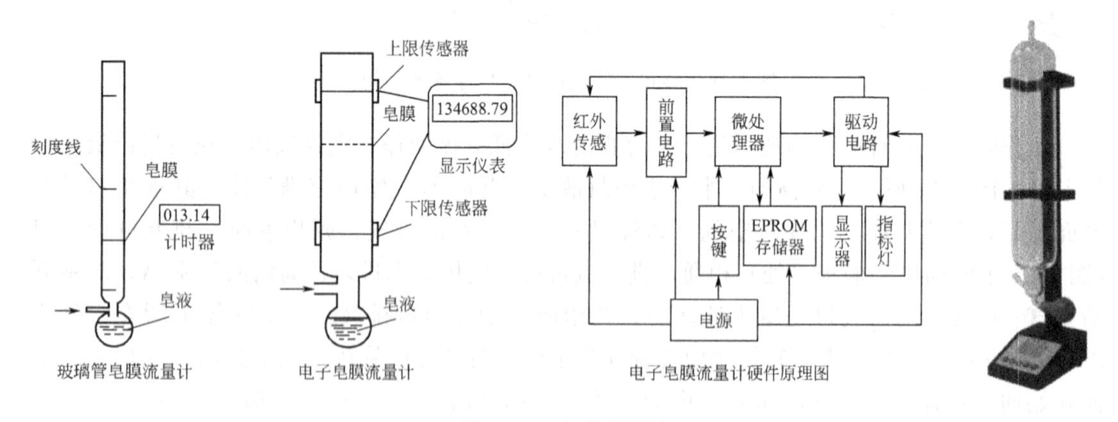

图1-19　皂膜流量计

使用时先向橡皮滴头中注入肥皂水，挤压橡皮滴头使皂膜进入量气管，气体自流量计底部进入后顶着皂膜沿管壁自下而上移动，用秒表测出皂膜移动一定体积所需的时间就可以算出气体流量（mL/min）。也可以通过敏感元件与微处理器相结合，最终计算出流量，并直观地显示出来，如图1-19所示。

皂膜流量计结构简单、成本低、使用方便且准确度高，可用于转子流量计、孔口流量计等工作计量器具的检定和校准，也可直接用于微小气体流量的计量，在工业生产、理化分析和科学实验等各个领域有着广泛的应用。

1.2.2.4　温度测量控制仪

温度测量仪表（也称温控仪）是测量物体冷热程度的自动化仪表，由感温元件、温度传感器和记录显示仪组成。化工专业实验中，这类仪表的使用很普遍。

温度的感知借助于物体的某些性质随温度变化的原理来实现，如利用物体的膨胀、压力、电阻、热电势和辐射性质随温度变化的原理可分别制成膨胀式温度计、压力式温度计、电阻温度计、热电偶高温计和辐射高温计等，图1-20为常用的温度测量装置。温度传感器是指能感受温度并转换成可用输出信号的传感器，是温度测量仪表的核心部分。按感温元件是否直接接触被测温度场（或介质），将测温仪分成接触式温度测量仪表（膨胀式温度计、压力式温度计、电阻温度计和热电偶高温计等）和非接触式温度测量仪表（如辐射式高温计）两类。

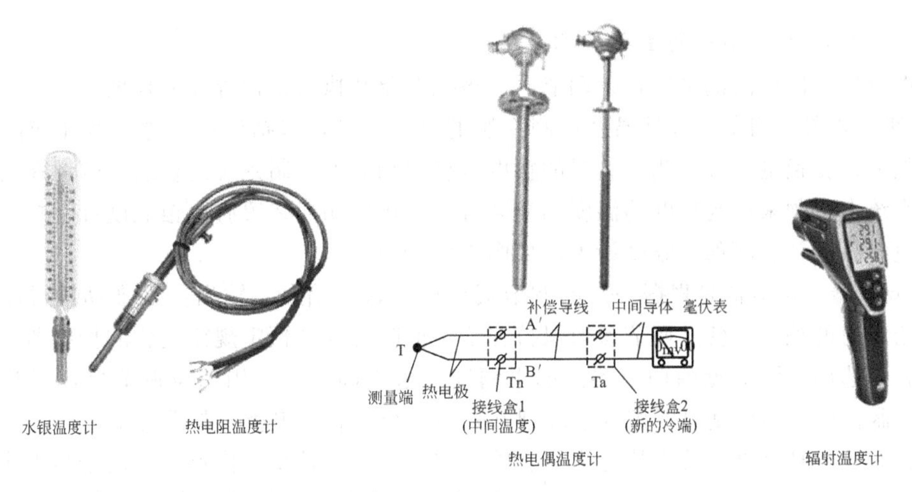

图1-20　温度测量装置

如果只需要随时检测温度或掌握温度的变化趋势，具有指示或记录功能的温度测量仪即可满足要求。如果温度变化对安全或产品质量有重大影响，需要选择具有报警功能的温度测量仪表。如需对温度参数进行实时调节时，温度测量控制仪必不可少。

（1）温度测量控制仪基本原理

温度控制系统是以温度作为被控制量的反馈控制系统，用来保持温度恒定或者使温度按照某种规定的程序变化，实现这一功能的仪表称为温度测量控制仪，即温控仪（thermostat）。其控制模式有机械式和电子式两种。机械式采用两层热膨胀系数不同的金属压在一起，温度改变时，金属的弯曲度会发生改变，当弯曲到某个程度时，接通（或断开）回路以控制加热（或冷却）。电子式通过热电偶、铂电阻等温度传感装置，把温度信号变换成电信号，通过单片机、PLC等电路控制继电器使加热（或制冷）设备工作（或停止）。此外，还有水银温度计型的，如电接点水银温度计，温度到设定值就会有触点和水银接通。

温控仪一般采用全数字化集成设计，具有温度曲线可编程或定点恒温控制、多重PID（比例、积分、微分）调节、输出功率限幅曲线编程、手动/自动切换、软启动、报警开关量输出、实时数据查询、与计算机通信等功能。其经典的控制原理如图1-21所示，电源接入

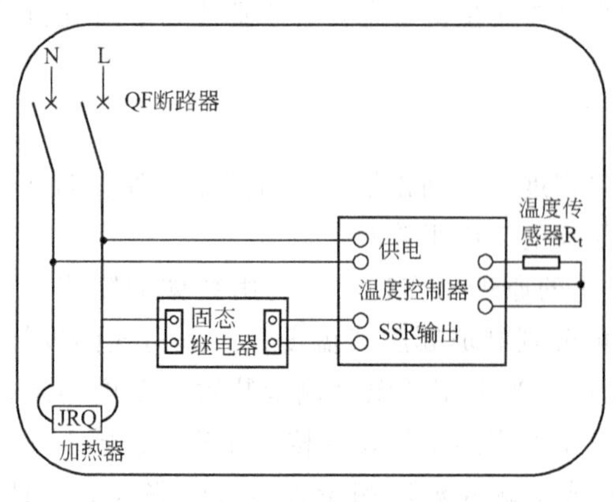

图 1-21 温度控制原理

温控仪，温控仪外接温度传感器，传感器得到温度探头或热电偶反馈的电信号并将其转化成温度值，不加输出的话，可以当作温度显示器来使用，增加固态输出，从温控仪输出电流信号给固态继电器，固态继电器根据设定的温度值控制后端加热器电源的通断，从而起到控制温度的作用。通常会在温控仪上设定一个温度范围，温控仪根据电信号转换出的温度值，达到设定的上限值时，温控仪会断开控制加热器的电路电源，加热器停止加热；当温度值下降到温控仪设定的下限值时，温控仪就会接通控制加热器的电路电源，加热器开始加热。只要温控器不断电，这个过程就会周而复始地循环下去。

（2）温度测量控制仪的主要结构

温度测量控制仪由测量装置、调节器、被控对象和执行机构等部分构成。

① 测量装置 测量装置是温度控制系统的重要部件，包括温度传感器和相应的辅助部分，如放大、变换电路等。测量装置的精度直接影响温度控制系统的精度，因此在高精度温度控制系统中必须采用高精度的温度测量装置。常用的测温装置有水银温度计、热电偶温度计、热电阻温度计、辐射式温度计等，如图 1-20 所示。

② 调节器 调节器是根据一定的调节规律产生输出信号，输出信号推动执行器消除测量值与给定值的偏差，使被调节参数保持在给定值附近或按预定规律变化的控制器。根据精度要求，可选用不同类型的调节器。如果精度要求不高，可采用两位调节器，通常多采用 PID 调节器。对于高精度温度控制系统则常采用串级控制。串级控制系统由主、副两个回路构成，具有控制精度高、抗干扰能力强、响应快、动态偏差小等优点，常用于强干扰且温度要求精确的生产过程，如化工生产中反应器的温度控制。严格讲，在大多数温度控制系统中，被控对象进行热交换时的温度变化过程，既是一个时间过程，也是一个沿空间传播的过程，需要用偏微分方程来描述各点的温度变化规律，因此温度控制系统本质上是一个分布参数系统。

③ 被控对象 被控对象是一个装置或一个过程，它的温度是被控制量。测量装置对被控对象的温度进行测量，并将测量值与给定值比较，若存在偏差，便由调节器对偏差信号进行处理，再输送给执行机构来增加或减少供给被控对象的热量，将被控对象的温度调节到整定值。

④ 执行机构 温度控制系统的执行机构大多采用可控热交换器。

根据调节器送来的校正偏差信号，执行机构（通常是热交换器）调节供给被控对象的热载体（液体或气体）的流量，以达到调节温度的目的。在一些简单的温度控制系统中，常采用电加热器作为执行机构，对被控对象直接加热，通过调节电压（或电流）改变供给的热量。

（3）温控仪的使用

常见的温控仪面板如图 1-22 所示，面板上主要区域有：

① 上显示窗（PV 表示实际测量值）。

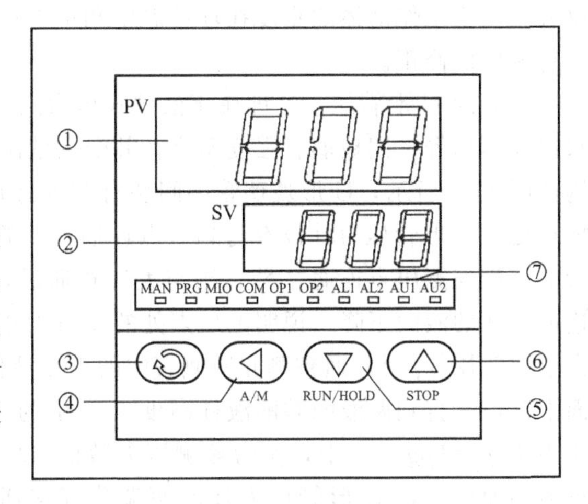

图 1-22　仪表面板图

② 下显示窗（SV 表示设定值）。

③ 设置键。

④ 数据移位（兼手动/自动切换）。

⑤ 数据减少键。

⑥ 数据增加键。

⑦ 10 个 LED 指示灯，其中 MAN 灯灭表示自动控制状态，亮表示手动输出状态；PRG 表示仪表处于程序控制状态；MIO、OP1、OP2、AL1、AL2、AU1、AU2 等分别对应模块输入、输出动作；COM 灯亮表示正与上位机进行通信。

基本的操作如下：

① 显示切换　按(设置)键可以切换不同的显示状态。

② 修改数据　需要设置给定值时，可将仪表切换到 SV 显示状态，即可通过按(◁)、(▽)或(△)键来修改给定值。仪表同时具备数据快速增减法和小数点移位法，按(▽)键减小数据，按(△)键增加数据，可修改数值位的小数点同时闪动（如同光标）。按键并保持不放，可以快速地增加/减少数值，并且速度会随小数点右移自动加快（3 级速度）。而按(◁)键则可直接移动修改数据的位置（光标），操作快捷。

③ 设置参数　在基本状态下按(设置)键并保持约 2s，即进入参数设置状态。在参数设置状态下按(设置)键，仪表将依次显示各参数，例如上、下限报警值 HIAL、LOAL 等等。用(◁)、(▽)、(△)等键可修改参数值。按(◁)键并保持不放，可返回显示上一参数。先按(◁)键不放接着再按(设置)键可退出设置参数状态。如果没有按键操作，约 30s 后会自动退出设置参数状态。图 1-23 为参数设置示意图。

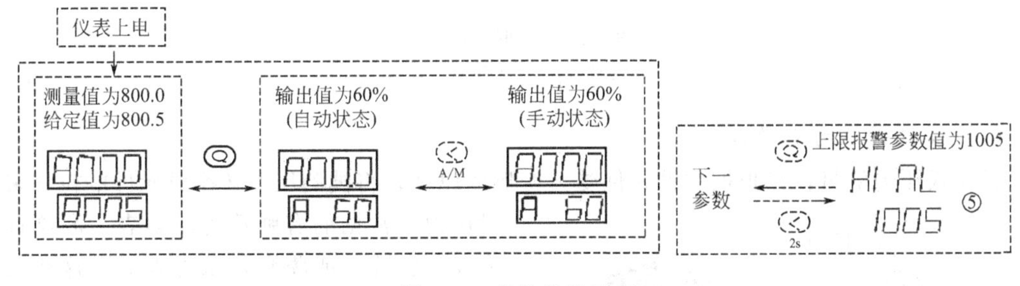

图 1-23　参数设置示意

1.2.2.5　压力测量仪

压力测量仪表是用来测量气体或液体压力的自动化仪表，又称压力表或压力计。压力测量仪表按工作原理分为液柱式、弹性式、负荷式和电测式等类型，用于不同场合的压力测量。以下主要介绍液柱式、弹性式和电测式。

（1）液柱式压力测量仪

液柱式压力测量仪依据一定高度的液柱所产生的压力与被测压力相平衡的原理进行测量。液柱式压力测量仪灵敏度较高，主要用作实验室中压力测量，以及校验工作用压力测量仪表。由于工作液体的重度在环境温度和重力加速度改变时会发生变化，因此需对测量结果进行相应的修正。

常见的U形管压力计即属于液柱式压力测量仪，U形玻璃管中充以工作液体如蒸馏水、水银和酒精等。因玻璃管强度不高，并受读数限制，因此所测压力一般不超过0.3MPa。结构如图1-24所示，U形玻璃管中间装有刻度标尺，读数的零点在标尺中央，管内充液体到零点处。U形管压力计没有与测压点连通前，管内两侧的液面在零刻度线处相平。当U形管的一端与测压点连通，另一端与大气相通后，U形管内的液面会发生变化。若与测压点连通一侧的液面下降，说明测压点处的压力为正压，反之则为负压。当被测介质的压力 p_x 大于大气压 p_d 时，通被测介质侧管中的工作液体液面下降，通大气压侧管中的工作液体液面上升，一直到两液面差的液柱高度 h 产生的压力与被测压力相平衡时为止。此时测得的压力为 $p=h\rho g$，式中，p 为被测压力数值；h 为两侧的液面差；ρ 为工作液体密度；g 为重力加速度。若U形管压力计的两端分别连通两个测压点，即可测量两个测压点之间的压差。

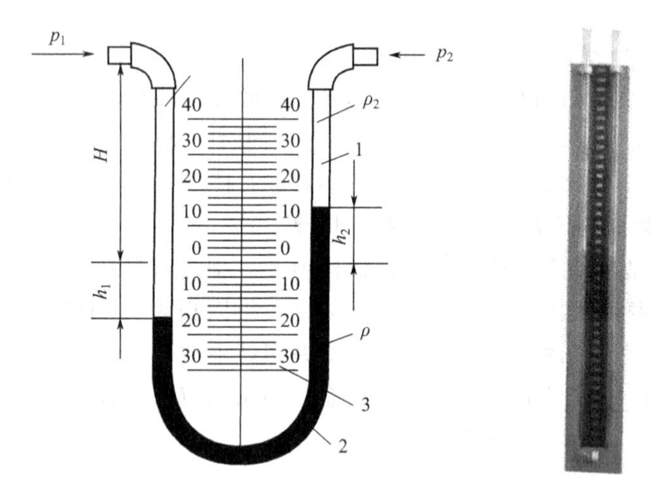

图1-24 U形管压力计

1—U形玻璃管；2—工作液；3—刻度尺

(2) 弹性式压力测量仪

弹性式压力测量仪是根据弹性元件受力变形的原理，将被测压力转换成元件的位移来测量压力。常见的有弹簧管压力表、波纹管压力表、膜片（或膜盒）压力表等。这类仪表结构简单、结实耐用、测量范围宽，是压力测量仪表中应用最多的一种。弹性式压力表的测量精度不是很高，多数采用机械指针输出，当需要信号远传时，需配附加装置。

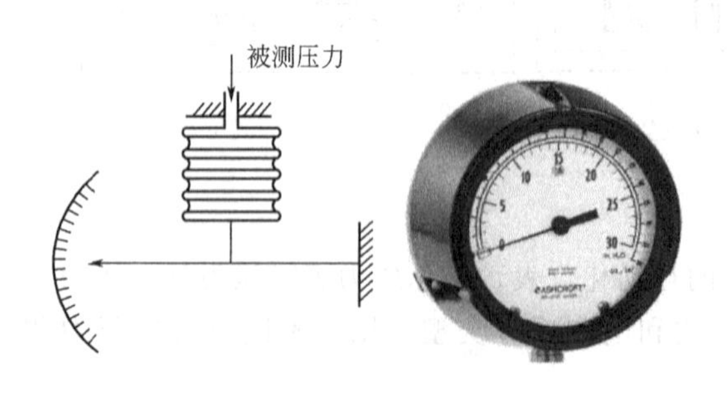

图1-25 波纹管压力计

如图1-25所示的波纹管压力计是以波纹管作为受压敏感元件的压力计。将波纹管开口的一个端面焊接于固定的基座上，压力由此传至管内。在压力差的作用下，波纹管伸长或压缩直到压力与弹性力平衡时为止，波纹管的自由端产生的位移与所测压力成正比，此位移经传动放大机构后由指针转动显示数值。由于波纹管在轴向容易变形，所以灵敏度较高。

波纹管可以分成单层和多层两种。在总厚度相同的条件下，多层波纹管的内部应力小，能承受更高的压力，耐久性也有所增加。

弹簧管压力计又称布尔登压力计，如图1-26所示，主要组成部分为一弯成圆弧形的弹簧管5，管的横切面为椭圆形。作为测量元件的弹簧管一端固定，通过接头1与被测介质相连，另一端为封闭的自由端，自由端借连杆7与传动放大装置6（由扇形齿轮和机芯齿轮咬合组成）相连。当被测压的流体引入弹簧管时，管壁受压力作用使弹簧管伸张，管的自由端移动产生位移，其移动距离与压力大小成正比，位移经传动放大后带动指针4指示被测压力数值。

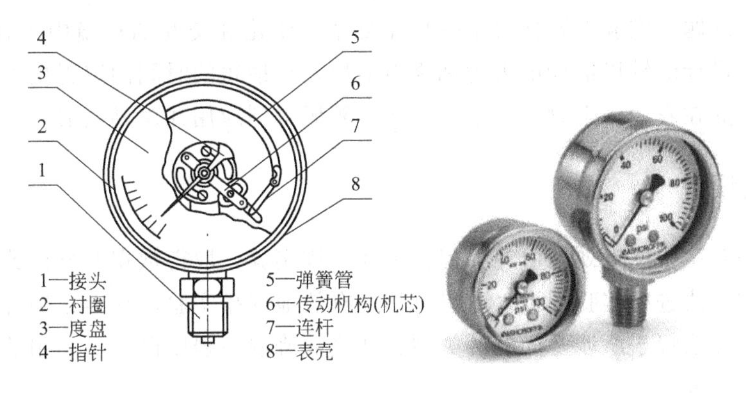

图1-26　弹簧管压力计

(3) 电测式压力测量仪

电测式压力测量仪是一种能将压力转换成电信号进行传输及显示的仪表。一般由压力传感器、测量电路和信号处理装置（包括指示仪、记录仪、控制器、微处理机等）组成。压力传感器的作用是把压力信号检测出来，并转换成电信号输出。当输出的电信号能够被进一步转换为标准信号时，压力传感器又称为压力变送器。压力信号的检测转换有两种方式：一是利用金属或半导体的物理特性，直接将压力转换为电压、电流或频率信号输出；二是通过电阻应变片等，将弹性体的形变转换为电压、电流信号输出。

霍尔式压力计是利用霍尔效应制成的电测式压力测量仪表，其原理如图1-27所示，被

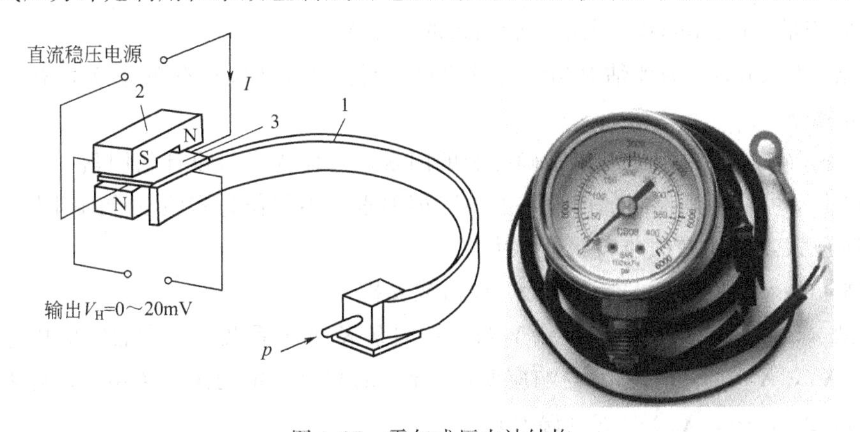

图1-27　霍尔式压力计结构

1—弹簧管；2—磁钢；3—霍尔片

测压力由弹簧管1的固定端引入，弹簧管自由端与霍尔片3相连接，在霍尔片的上下垂直安放着两对磁极，使霍尔片处于两对磁极所形成的非均匀线性磁场中。霍尔片的四个端面引出四根导线，其中与磁钢2相平行的两根导线与直流稳压电源相连接，另两根用来输出信号。当被测压力引入后，弹簧管自由端产生位移，从而带动霍尔片移动，改变了施加在霍尔片上的磁感应强度，依据霍尔效应进而转换成与位移成比例的霍尔电势，实现压力—位移—霍尔电势的转换，从而实现压力的测量。

1.3 实验设计与数据处理

自然科学的研究离不开实验，如何进行实验设计、如何分析和处理实验数据是每个实验人员需要解决的问题。实验设计代表了一种在复杂、变化和交互的环境中进行选择的方法，科学合理的实验设计能够以最少的人力和物力消耗，在最短的时间内取得更多、更好的生产和科研成果，因此在农业、生物、医学、工业等领域得到应用并蓬勃发展。

1.3.1 实验设计

实验设计是对实验的策划，研究如何合理地安排实验，取得数据并分析数据。运用数学上的优化理论和方法进行实验设计，可以科学、有效地安排实验，获得正确合理的结论。具体实验方案的选择依赖于所涉及问题的类型、结论的普遍性程度以及可利用的资源（实验材料、人员与时间）等。

经过恰当设计和实施的实验，会带来相对简明的统计分析和对结果的解释，优良的实验设计应具有如下的特点：

① 有明确的实验目的、正确的因素及其水平的选择。

② 遵循实验设计基本原则，控制实验误差，确保实验设计可以实现实验目标及所需的精度。

③ 明确实验处理的安排及其次序，以最少的精力处理相关信息，避免实验过程中的误解。

1.3.1.1 实验设计中的基本术语

① 响应变量（response） 表示实验结果的变量Y。

② 因素（factors） 为评估对响应变量的效应而在实验中需变化的量X，有可控因素和不可控因素之分。

可控因素指在实验过程中可以精确控制的因素，可作为实验设计的因素。不可控因素指在实验过程中不可以精确控制的因素，亦称噪声因素，不能作为实验设计的因素。可控因素对Y的影响愈大，则潜在的改善机会愈大。

③ 水平（level） 因素可能的设置、取值或安排。

④ 模型（model） 关于响应变量Y与可控因素X的关系及其附带假定的描述。也就是可控因素（X_1，X_2，…，X_n）与响应变量（Y）的某个确定的函数关系f，可表达为$Y=f(X_1, X_2, X_3, \cdots, X_k)+E$（误差）。

⑤ 处理（treatment） 每个因素的特定水平或不同因素水平的组合。按照设定因素水平

的组合，可以进行一次实验并得到一次响应变量的值。

⑥ 主效应（main effect）　单个因素对响应变量均值的影响。

⑦ 交互效应（interaction effect）　一个因素对响应变量的影响依赖于其他一个或多个因素的效应。

⑧ 残差（residual）　响应变量的观测值与相应的基于假定模型的预测值之差。

1.3.1.2　常用的实验设计方法

（1）全因素实验

又称析因实验，包含两个或多个因素，每个因素考虑两个或多个水平所有可能处理的实验。

从析因实验中可估计所有交互效应和主效应。析因实验从符号上通常表示为每个因素水平数的乘积，该乘积表示处理数。当析因实验中的 k 个因素有相同的水平数时，通常记为水平数的 k 次幂。如有两个因素，每个因素有三个水平的实验记为 3^2 析因实验（$k=2$），它需要 9 个用于安排不同处理的实验单元。

（2）正交实验设计

正交实验法是应用正交表安排多因素优化实验的一种科学研究方法，可以用最少的实验次数优选出各因素的较优参数或条件组合。

正交表是根据正交原理设计的、已规范化的表格，其符号是 $L_n(m^k)$，其中 L 表示正交表；n 是正交表的横行数，表示可安排的实验次数；k 是正交表的纵列数，表示最多可以安排的实验因素个数；m 表示各实验因素的水平（位级）数。水平数不同的正交表称为混合水平正交表，其符号为 $L_n(m_1^{k_1} \times m_2^{k_2})$。

正交实验最优化方法的优点不仅表现在实验的设计上，更表现在对实验结果的处理上。由于正交实验的整齐可比性，可以用数理统计方法对实验结果进行处理。

（3）均匀实验设计

均匀实验设计通过均匀设计表来进行实验设计，着重考虑实验点在实验范围内均匀散布，而不考虑“整齐可比”，以求通过最少的实验来获取最多的信息。每个因素的每个水平做一次且仅做一次实验，因此均匀实验次数比正交实验次数明显减少。例如，当实验中有 m 个因素，每个因素有 p 个水平时，如果进行正交实验，至少需要做 p^2 个实验，而均匀实验只有 p 个实验。从经济和优化两个角度衡量，均匀实验的优越性都非常突出，特别适合于多因素多水平实验。

均匀实验设计的基本工具是规格化的均匀设计表，仿照正交表以 $U_n(p^m)$ 或 $U_n^*(p^m)$ 表示。其中 U 是均匀设计表号；n 表示横行数即实验次数；p 表示每个因素的水平数；m 表示该表的纵列数即最多可能安排的因素数，且有 $p=n$。U 的右上角加“*”的均匀设计表有更好的均匀性，应优先选用。

（4）混料设计

混料设计也称配方设计，是在预测变量之和等于固定常数的约束下构造的实验设计。因素为反应过程中不同组分物质的量分数的混料设计是典型的例子，其设计空间必须满足所有组分物质的量分数之和为 1 的约束条件。如果还有进一步的约束条件，比如关于反应过程中不凝组分要满足亨利定律，则可得到特殊的混料设计。

(5) 序贯实验设计

以上 4 种实验设计方法都是在实验之前设计好因素的水平，再做实验，而序贯实验设计则不同，它是一个边实验、边分析、边修正的设计过程。序贯实验设计是以概率论、数理统计和信息学等知识为基础的一种确定实验点位置的工作方法，逐步排除实验的不肯定性。实验过程的不肯定性下降，则肯定性增加，实验的信息量逐步增加。序贯实验设计主要用于几个竞争模型的鉴别和模型参数的估计。

1.3.1.3 正交实验设计基本步骤

正交实验是比较常用的实验设计方法，为求得最优或较优的水平组合，通常需要经过以下步骤实现：

(1) 明确实验目的，确定实验指标

理清实验目的，根据实验目的来选定衡量或考核实验效果的指标，也就是确定响应变量。实验指标分为定量指标和定性指标两类。

定量指标可以用数量表示，如质量、硬度、pH 值、吸光度、浓度、温度、转化率、收率、产品纯度等。

定性指标一般不能用数量表示，如外观、色泽、气味、手感等。有时可按评定结果打分或者评出等级，用数量表示，称为定性指标的定量化。

当响应变量为两项或多项时，可采用综合评分法，将多项变量转化为单项变量，进行综合评价。

(2) 选定因素，确定水平

因素和水平的确定需要一定的专业知识和实践经验。选择因素时，先把可能影响实验考核指标的各种因素进行分类，然后根据经验从中选出可能具有显著影响的可控因子作为实验因素。实验因素一般以 3～7 个为宜，过多的因素会加大无效实验工作量。若第一轮实验后达不到预期目的，可在第一轮实验的基础上，调整实验因素，再进行实验。

每个因素的水平数不宜多取，一般 2～4 个为宜。各因素的水平数可以相同，也可以不同，对重要因素可多取一些水平数，各水平的数值应适当拉开，以利于对实验结果的分析。

在多因素实验中，不仅各因素对实验指标有影响，而且因素之间的联合搭配也会对指标产生影响。这种因素间的联合搭配对实验指标产生的影响称为交互作用，交互作用是客观存在的普遍现象，只是程度不同而已。当交互作用很小时，可不考虑；若交互作用显著，在实验设计时需高度重视。

在实验设计中，表示因素 A、B 间的交互作用记作 $A \times B$，称为一级交互作用；表示因素 A、B、C 之间的交互作用记作 $A \times B \times C$，称为二级交互作用；依次类推，还有三级、四级交互作用等。通常把交互作用作为一个独立的因素，安排到一个专门的列上，与其他因素一起讨论。在考虑交互作用时，要有选择地考察一级交互作用，通常只考察那些作用效果较明显的，或实验要求必须考察的。在实验允许的条件下，实验因素尽量取 2 水平。

(3) 选用正交表

科研和生产实际中使用的正交表类型比较多，可分为规则表和不规则表。

① 规则表　各因素均具有相同的水平数，如 $L_4(2^3)$、$L_8(2^7)$、$L_9(3^4)$、$L_9(3^{13})$、$L_{12}(2^{11})$、$L_{15}(4^5)$、$L_{16}(2^{15})$、$L_{25}(5^6)$。规则表的实验安排和数据处理比较简单，易于掌握。

② 不规则表　若对实验的因素有区别对待时，需要选择不规则表，即混合水平表。每

个因素的水平数不再严格相等，如$L_8(4^1\times2^4)$、$L_{16}(4^1\times2^{12})$、$L_{16}(4^2\times2^9)$。

正交表的选择是正交实验设计的首要问题。确定了因素及其水平后，根据因素、水平及需要考察的交互作用的多少来选择合适的正交表。正交表的选择原则是在能够安排好实验因素和交互作用的前提下，尽可能选用较小的正交表，以减少实验次数。

一般情况下，实验因素的水平数应等于正交表中的水平数；因素个数（包括交互作用）应不大于正交表的列数；各因素及交互作用的自由度之和小于所选正交表的总自由度，以便估计实验误差。若各因素及交互作用的自由度之和等于所选正交表总自由度，则可采用重复正交实验来估计实验误差。

对于有交互作用的实验设计，将交互作用一律作为因素看待，这是处理交互作用问题的总原则。作为因素，各级交互作用都可以安排在能考察交互作用的正交表的相应列上，它们对实验指标的影响情况都可以分析清楚，而且计算简单。

(4) 表头设计

正交表选定后，就要进行表头设计，把每个因素分别置于不同的列上。当实验因素数等于正交表的列数时，优先将水平改变较困难的因素放在第1列，水平变换容易的因素放到最后一列，其余因素可任意安排。当实验因素数少于正交表的列数，表中有空列时，若不考虑交互作用，空列可作为误差列，其位置一般放在中间或靠后。当考虑因素间交互作用时，交互作用的安排按正交表来确定。交互作用一般不与因素安排在同一列，以免产生混杂。

分配实验条件就是根据正交表的水平序号，安排各实验因素的每一水平取值或状态。为了消除人为的系统误差，在安排实验因素的每一水平值或状态时，可采用随机的方法来确定。

根据考核指标项目的多少和对实验结果采用的分析方法，在正交表的右边和下边分别画出考核指标和计算数据的记录栏目。

下面以一个实例来说明正交实验的设计。

例1-1 一生产企业要提高某化工产品的转化率，已知影响转化率有3个关键因素：反应温度（A），反应时间（B），用碱量（C）。各因素的水平范围分别为反应温度A：80～90℃；反应时间B：90～150min；用碱量C：5%～7%。请进行正交实验设计。

由题目可见，实验需考虑3个因素，水平的选择在满足考察的前提下尽可能少，由此确定为3因素3水平的实验。如果所有水平因素都考虑，即进行全因素实验，则需要$3^3=27$次实验；如果进行正交实验设计，采用如表1-3所示的$L_9(3^4)$表，则只需要做9次实验。

表1-3 $L_9(3^4)$实验

实验号	列号			
	1	2	3	4
1	1	1	1	1
2	1	2	2	2
3	1	3	3	3
4	2	1	2	3
5	2	2	3	1
6	2	3	1	2
7	3	1	3	2
8	3	2	1	3
9	3	3	2	1

其中，L 表示正交表；9 是行数，表示实验的次数；4 是列数，表示可以安排的因素的最多个数；3 表示每一因素可以取的水平数。

本实验的目的是研究反应温度（A），反应时间（B），用碱量（C）对转化率的影响，则实验指标（或响应值）为转化率，根据各因素给出的水平条件，确定出因素-水平表，如表 1-4 所示。

表 1-4　因素-水平表

水平	因素		
	A 反应温度/℃	B 反应时间/min	C 用碱量/%
1	80(A1)	90(B1)	5(C1)
2	85(A2)	120(B2)	6(C2)
3	90(A3)	150(B3)	7(C3)

将确定好的因素、水平，填入正交表中，得到实验方案，如表 1-5 所示。

表 1-5　正交实验方案

实验号	1	2	3	4	转化率
	A 反应温度/℃	B 反应时间/min	C 用碱量/%		
1	1(80)	1(90)	1(5)	1	
2	1(80)	2(120)	2(6)	2	
3	1(80)	3(150)	3(7)	3	
4	2(85)	1(90)	2(6)	3	
5	2(85)	2(120)	3(7)	1	
6	2(85)	3(150)	1(5)	2	
7	3(90)	1(90)	3(7)	2	
8	3(90)	2(120)	1(5)	3	
9	3(90)	3(150)	2(6)	1	

（5）按方案进行实验，记录实验结果

表头设计好后，实验方案就完全确定了。在进行实验时，必须严格按各实验条件执行，不能随意改变。如 5 号实验的条件是反应温度 85℃，反应时间 120min，碱量为 7%，实验时不能随意更改其中的任何一个条件。各实验进行的先后顺序可自行安排，不要求一定按表中的顺序。在实验中要严格按正交表的实验序号正确地把每一实验结果数值记入相应的考核指标栏内，如表 1-6 所示。

表 1-6　正交实验数据记录

实验号	1	2	3	4	转化率/%
	A 反应温度/℃	B 反应时间/min	C 用碱量/%		
1	1(80)	1(90)	1(5)	1	31
2	1(80)	2(120)	2(6)	2	54

续表

实验号	1 A 反应温度/℃	2 B 反应时间/min	3 C 用碱量/%	4	转化率/%
3	1(80)	3(150)	3(7)	3	38
4	2(85)	1(90)	2(6)	3	53
5	2(85)	2(120)	3(7)	1	49
6	2(85)	3(150)	1(5)	2	42
7	3(90)	1(90)	3(7)	2	57
8	3(90)	2(120)	1(5)	3	62
9	3(90)	3(150)	2(6)	1	64

(6) 结果分析

全部实验完成后才能对数据进行处理。首先将所得数据填入表中，其次选择合适的数据处理方案，最后经过运算，得到数据分析结果。

1.3.2　实验数据分析

由于实验方法、测量技术和仪器设备等条件的限制，实验数据与被测量的真实值之间不可避免地存在差异。科学地分析实验数据，能够获得实验测量值和真实值之间的关系，检验实验数据的可靠性，得到规律性的信息并进行预测和优化，因此实验数据的分析处理是科学研究必不可少的组成部分。

1.3.2.1　实验数据的记录

实验数据的记录一般有手动记录和自动记录。自动记录主要采用与计算机联用技术实时记录数据，大多数的仪器分析均有自动记录功能。实验数据无论手动记录还是自动记录，都要真实、客观和完整。

① 原始实验数据应及时记录在实验记录本上，不要仅仅记录计算后的数据结果。例如减量法的加料量，要记录加料之前的质量和加料之后的质量。

② 原始实验数据可用钢笔或签字笔填写，不要用铅笔填写。

③ 实验数据应准确、清晰记录，不得随意涂改，有效数字的修约和计算单位要按国家标准规定书写。若看错刻度或读错数据，需要修正时，应先用删除线将被修改的内容划去，删除线是从左下方向右上方划一斜杠，然后在其右上角写上完整的正确内容，要保留原始数据备查。绝对不许编造、拼凑实验数据。

④ 不需要填写的栏目，应画上一根长横杠线，或用文字说明。

⑤ 有些实验与实验条件有关，如温度、大气压、湿度、仪器等，要在实验记录本上记录清楚。记录实验数据时还应注明实验内容（标题）及所用单位、实验人员姓名、实验时间等，对一些重要实验现象也要及时记录。

⑥ 原始实验数据的修改应不超过整个记录的五分之一，超出规定限度的应重新整理，并将原始记录附后。

1.3.2.2　实验测量值与误差

严格来讲，由于实验仪器、测量方法、实验人员的操作等存在偏差，因此无法获得绝对的真实值，只能用相对的真实值来近似。对于工程实验来讲，实验次数有限，得到的测量数据也是有限的，只能用平均值来代替，得到近似的真实值。

将实验值 x_i 与真实值 X 之间的差定义为绝对误差，即

$$\Delta x_i = x_i - X \tag{1-12}$$

为了对比不同实验值之间的精度，又引入了相对误差 r，由式(1-13) 可得：

$$r_i = \frac{|\Delta x_i|}{X} \times 100\% \tag{1-13}$$

这里的真实值 X 用平均值 $\overline{x}$ 来代替，如式(1-14) 所示，其中 n 为实验次数。

$$X = \overline{x} = \frac{x_1 + x_2 + x_3 + \cdots + x_n}{n} = \frac{1}{n}\sum_{i=1}^{n} x_i \tag{1-14}$$

根据误差的来源，可以把误差分为系统误差、随机误差和过失误差。

(1) 系统误差

系统误差是指由仪器、试剂或方法等系统原因引起的误差，这种误差无法通过多次测量消除，只能通过标准化实验、对照实验和空白实验等方法进行评估和修正。

(2) 随机误差

随机误差也称为偶然误差，由不稳定的随机因素引起，它的大小和正负都不固定，但多次测量就会发现，绝对值相同的正负随机误差出现的概率大致相等，因此它们之间常能互相抵消，所以可以通过增加平行测定次数取平均值的办法减小随机误差。

(3) 过失误差

过失误差也叫失误，是由实验人员的粗心大意或操作失误造成与实际结果严重不符的实验值。在原因清楚的情况下，应及时消除。若原因不明，应根据统计学的准则进行判别和取舍。

1.3.2.3 准确度与精密度

准确度表示分析结果与真实值接近的程度。误差越小，分析结果的准确度越高。精密度表示各次分析结果相互接近的程度，有时也用重复性（外部环境完全相同时的平行实验）或再现性（不同外部环境下的平行实验）表示。精密度的大小与测量的可信赖度有关，精密度越高，测量的可信赖度就越高。精密度是保证准确度的先决条件，精密度低说明所测结果本身就不可靠，准确度也就不高，但精密度高不一定准确度就高，因为有可能存在较大的系统误差。

准确度的高低可以用误差的大小说明。实验结果的重复性、分散程度的评估一般采用偏差来表示。偏差可分为以下几类：

(1) 平均偏差

平均偏差是单次测量误差绝对值的平均值，由式(1-15) 计算可得。

$$\delta = \frac{\sum_{i=1}^{n} |\Delta x_i|}{n} = \frac{\sum_{i=1}^{n} |x_i - \overline{x}|}{n} \tag{1-15}$$

平均偏差的缺点是不能表达各次测量值之间彼此符合的情况。

(2) 标准偏差

在实验中，所得测量值一般都是有限的，很难取得绝对真实值，通常只能采用样本的标准偏差 s 来衡量该组数据的分散程度，由式(1-16) 计算。

$$s=\sqrt{\frac{\sum_{i=1}^{n}(x_i-\overline{x})^2}{n-1}} \tag{1-16}$$

标准偏差对一组数据中的较大误差和较小误差比较敏感，能够更好地反映实验数据的离散程度，在化工专业实验中被广泛采用。

下面以一组测试数据为例，分析测试结果的准确度和精密度。

例 1-2 甲、乙、丙三人用相同的方法测定某矿石中铜的含量（真实含量 54.36%），测定结果及分析见表 1-7，判断结果的准确度与精密度。

表 1-7 铜含量分析测定结果

实验序号	分析者		
	甲	乙	丙
1	54.30	54.40	54.36
2	54.30	54.30	54.35
3	54.28	54.25	54.34
4	54.27	54.23	54.33
平均值 $\overline{x}$	54.29	54.30	54.35
平均偏差 δ	0.013	0.055	0.010
标准偏差 s	0.015	0.076	0.014

以甲的数据为例，计算平均值为：

$$\overline{x}=\frac{54.30+54.30+54.28+54.27}{4}=54.29$$

平均偏差为：

$$\delta=\frac{|54.30-54.29|+|54.30-54.29|+|54.28-54.29|+|54.27-54.29|}{4}=0.013$$

标准偏差为：

$$s=\sqrt{\frac{(54.30-54.29)^2+(54.30-54.29)^2+(54.28-54.29)^2+(54.27-54.29)^2}{4-1}}=0.015$$

甲、乙、丙三人的数据分析结果列于表 1-7 中，由分析结果可见，甲的分析结果的精密度很高，但平均值与真实值相差较大，说明准确度低，分析结果有较大的系统误差。乙的分析结果精密度不高，说明所测结果本身就不可靠，失去了衡量准确度的前提。丙的分析结果则可看出精密度和准确度都较高。

1.3.2.4 误差的传递

很多情况下，被测量值 y 不能直接测得，而是由 n 个其他可直接测量的值 x_1，x_2，…，x_n 通过函数关系 f 来确定，即 $y=f(x_1,x_2,\cdots,x_n)$。由于直接测量值存在误差，因此间接测量值也必然存在由直接测量值传递的误差。误差传递的基本关系式为：

$$\Delta y=\frac{\partial y}{\partial x_1}\Delta x_1+\frac{\partial y}{\partial x_2}\Delta x_2+\cdots+\frac{\partial y}{\partial x_n}\Delta x_n \tag{1-17}$$

式中，Δy 为 y 的绝对误差；Δx_i 为直接测量值的绝对误差；$\frac{\partial y}{\partial x_i}$ 为误差传递系数。间接测量值 y 的最大绝对误差为：

$$\Delta y=\sum_{i=1}^{n}\left|\frac{\partial y}{\partial x_i}\Delta x_i\right| \tag{1-18}$$

间接测量值 y 的最大相对误差为：

$$\frac{\Delta y}{y}=\sum_{i=1}^{n}\left|\frac{\partial y}{\partial x_i}\times\frac{\Delta x_i}{y}\right| \tag{1-19}$$

1.3.3 实验数据处理

对所得实验数据进行整理，然后借助科学的数理统计方法综合分析，从而尽快获得最优生产方案，是工程学领域中改进生产制造过程非常重要的手段，在新产品开发中也发挥着重要的作用。

1.3.3.1 实验结果的分析方法

（1）图方法

图方法是基于实验结果的图示性描述的分析，简单的图能够对实验的结果提供初步而有效的评价。常见图有主效应图和交互效应图，此外还有效应分位图和残差图。

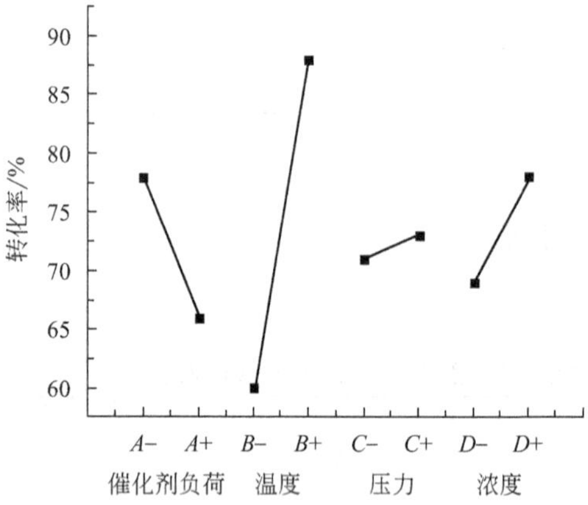

① 主效应图　表示单个因素在不同水平下的平均响应图。如图 1-28 是一个化学反应实验结果的主效应图。响应变量是转化率，因素分别是催化剂用量（A）、温度（B）、压力（C）和浓度（D）。每个因素有两个水平，其中“－”表示低水平，“＋”表示高水平。做了 2^4 个析因实验。从图中可以看出，温度显然对转化率起本质的作用，催化剂用量次之，其他两个因素的作用相当。

图 1-28　主效应图

主效应图给出每个因素在不同水平下的平均响应，每个因素对响应所起的作用及其大小从图中可清楚地表达出来，不过交互作用的存在可能掩盖了因素的主效应。

② 交互效应图　表示两个不同因素水平下的平均响应图。交互效应表明一个因素对响应的主效应依赖于另一个因素水平表现出来的不一致性。图 1-29 表示了几种交互效应现象。

交互效应图提供了一种检测交互效应是否存在的图示工具，若图中的线段不平行则表明存在交互效应。

③ 效应分位图　在完全或部分析因设计下，标准正态分布的分位数对应于估计效应的图。对无重复的实验，此图说明可能存在支配效应（即那些远离由图中主要点所形成的主线的左端或右端的点），如图 1-30 所示。

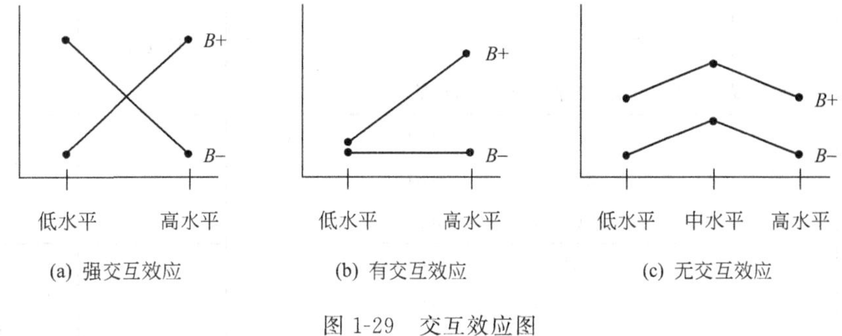

图 1-29　交互效应图

④ 残差图　残差对应于相应的预测值或特定因素水平的图，如图 1-31 所示。

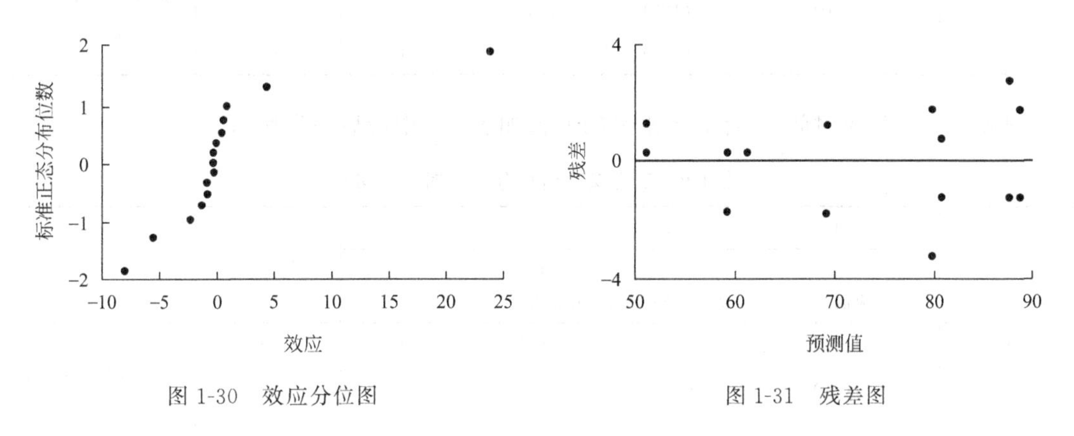

图 1-30　效应分位图

图 1-31　残差图

（2）极差分析

极差分析法又称为直观分析法，分析各个因素的 k 值和极差，由此得到各因素对实验指标影响的大小及顺序，帮助选择对指标有利的因素水平。极差分析法简单、直观、易懂，应用比较普遍。

直观分析法在考虑因素 A 时，认为其他因素对结果的影响是均衡的，从而认为因素 A 各水平的差异是由因素 A 本身引起的。用极差分析法分析正交实验，一般会得到以下几个结论：①在实验范围内，各因素对实验指标的影响从大到小排列。某因素的极差越大，则对实验指标的影响越大，各列极差数值从大到小排列就是因素对实验指标影响大小的顺序。②实验指标随各因素的变化趋势。③使实验指标选择最好的适宜的操作条件，即适宜的因素水平搭配。④对所得结论和进一步研究方向的讨论。

极差分析法的数据处理过程如下：

① 以因素的各水平为单位，把与各因素有关的结果相加填入表中。

② 每个因素不同水平下的和或平均值求极差，填入表中。

③ 水平确定及最优方案确定。

根据具体情况，取和最大或最小为最优。考虑因素的影响和经济、方便、操作难易等方面，对主要因素严格控制，在此基础上对所得结果进一步验证。

以例 1-1 的实验为例，正交实验的分析见表 1-8。

对因素 A（反应温度），计算各水平的 k 值，如表 1-8 中最后一列所示。

表 1-8　正交实验结果分析（对因素 *A*）

实验号	1 *A* 反应温度/℃	2 *B* 反应时间/min	3 *C* 用碱量/%	4	转化率/%	*k* 值
1		1(90)	1(5)	1	31	
2	1(80)	2(120)	2(6)	2	54	$k_1^A=31+54+38=123$
3		3(150)	3(7)	3	38	
4		1(90)	2(6)	3	53	
5	2(85)	2(120)	3(7)	1	49	$k_2^A=53+49+42=144$
6		3(150)	1(5)	2	42	
7		1(90)	3(7)	2	57	
8	3(90)	2(120)	1(5)	3	62	$k_3^A=57+62+64=183$
9		3(150)	2(6)	1	64	

对因素 *B*（反应时间），计算各水平的 *k* 值如表 1-9 中最后一列所示。

表 1-9　正交实验结果分析（对因子 *B*）

实验号	1 *A* 反应温度/℃	2 *B* 反应时间/min	3 *C* 用碱量/%	4	转化率/%	*k* 值
1	1(80)		1(5)	1	31	
4	2(85)	1(90)	2(6)	3	53	$k_1^B=31+53+57=141$
7	3(90)		3(7)	2	57	
2	1(80)		2(6)	2	54	
5	2(85)	2(120)	3(7)	1	49	$k_2^B=54+49+62=165$
8	3(90)		1(5)	3	62	
3	1(80)		3(7)	3	38	
6	2(85)	3(150)	1(5)	2	42	$k_3^B=38+42+64=144$
9	3(90)		2(6)	1	64	

相同的方法计算因素 *C*（用碱量）各水平的 *k* 值，得：

$$k_1^C=31+42+62=135$$

$$k_2^C=54+53+64=171$$

$$k_3^C=38+49+57=144$$

每个因素的 k_1、k_2、k_3 中最大值与最小值之差为极差 *R*，计算得：

第一列（因素 *A*）$=k_3^A-k_1^A=183-123=60$

第二列（因素 *B*）$=k_2^B-k_1^B=165-141=24$

第三列（因素 *C*）$=k_2^C-k_1^C=171-135=36$

计算出各因素的极差值 *R*，将全部计算结果列于表 1-10 中。

表 1-10　正交实验结果分析（总）

实验号	1	2	3	4	转化率/%
	A 反应温度/℃	*B* 反应时间/min	*C* 用碱量/%		
1	1(80)	1(90)	1(5)	1	31
2	1(80)	2(120)	2(6)	2	54
3	1(80)	3(150)	3(7)	3	38
4	2(85)	1(90)	2(6)	3	53
5	2(85)	2(120)	3(7)	1	49
6	2(85)	3(150)	1(5)	2	42
7	3(90)	1(90)	3(7)	2	57
8	3(90)	2(120)	1(5)	3	62
9	3(90)	3(150)	2(6)	1	64
k_1	123	141	135		
k_2	141	165	171		
k_3	183	144	144		
R	60	24	36		

极差的大小反映各因素对指标影响的大小，由此可直观看出，一个因素对实验结果的影响大，就是主要因素。在本例中，因素主次为 $A>C>B$。

由计算结果选取组合的原则：

① 对主要因素，选用使指标最好的那个水平　对此实验的指标转化率来说，转化率的数值越大越好，因此在选取主要因素的水平时，应该选取指标最大的水平，即 k_1、k_2、k_3 最大的那个水平。于是本例中 A 选 $A3$，C 选 $C2$。

② 对次要因素，以节约方便原则选取水平　本例中 B 可选 $B2$ 或者 $B1$。

各因素对指标的影响也可画图表示，如图 1-32 所示。由图可见随着 A 的增加，指标还有向上的趋势。进一步讨论可知，虽然经过极差分析得出了较优的实验方案，某些因素的水平继续增大或减小的结果未知，因此还需对方案继续优化验证。

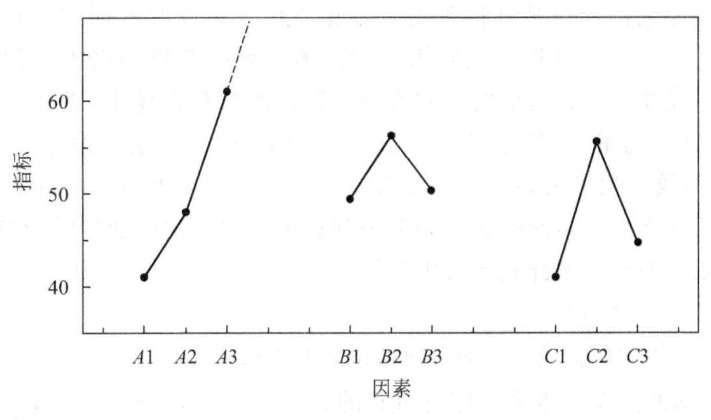

图 1-32　指标-因素图

(3) *方差分析*

正交实验设计的极差分析简单、直观、易懂，但极差分析不能区分实验过程中实验条件的改变（因素水平的改变）所引起的数据波动与实验误差所引起的数据波动，也无法对因素影响的重要程度（显著性）给出精确的定量估计。为弥补极差分析的不足，可使用方差分析。

方差分析是研究与实验有关的各个因素对实验结果的影响及影响的程度，即对实验结果有无显著性影响的问题。方差分析把全部数据关于总平均值的方差分解成几个部分，每一部分表示方差的一种来源，将各种来源的方差进行比较，从而判断实验各有关因素对实验结果的影响大小。若方差分析中考察的因素只有一个时，称为单因素方差分析；若同时针对多个因素进行，则称为多因素方差分析。若考虑两个因素的交互作用对实验结果的影响，称为有交互作用的双因素方差分析。

方差分析的基本思路：

① 明确实验指标和因素，分析指标的方差。方差分析认为指标的变动受控制变量和随机变量两方面的影响。

② 数据中的总离差平方和分解为组内离差平方和、组间离差平方和，用数学形式表述为：$SST=SSA+SSE$。

③ 用组间离差平方和与组内离差平方和在一定意义下进行比较，如两者相差不大，说明因素水平的变化对指标影响不大；如果组间离差平方和所占比例较大，说明因素水平的变化对指标影响很大，不可忽视；如果组间离差平方和所占比例小，则说明因素水平的变化对指标影响不显著，观测变量值的变动是由随机变量因素引起的。

④ 单因素方差分析采用的检验统计量是 F 统计量，即 F 值检验。多因素方差分析对各因素不同水平下响应变量的均值是否存在显著性差异进行比较，有多重比较检验和对比检验。多重比较检验的方法与单因素方差分析类似。对比检验采用单样本 t 检验法，将控制变量不同水平下的观测变量值看作来自不同总体的样本，并依次检验这些总体的均值是否与某个指定的检验值存在显著性差异。

⑤ 选择较好的工艺条件或进一步的实验方向。

（4）回归分析

方差分析可以确定响应变量与因素之间是否存在着显著的影响关系，但不能说明它们之间究竟存在什么样的关系。回归分析是利用数理统计原理，以响应变量与某些自变量的相互关系的已有观察值为基础，在某种精确度下，建立相关性较好的回归方程，即函数表达式 $y=f(x_1,x_2,\cdots,x_k)+\varepsilon_i$，并用于预测未知量的值。响应变量与因素之间的模型分为两大类：线性模型和非线性模型，对应的回归就分为线性回归和非线性回归。

① 多元线性回归分析　多元线性回归分析是研究一个响应量 y 与多个因素（x_1，x_2，…，x_k）之间线性相关关系的统计分析方法。事实上，大量科学实验和社会经济现象总是多个因素作用的结果，多元线性回归考虑到多个因素对响应变量的影响，能够更真实地反映现象之间的相互关系，因此在实践中应用更广。

回归模型的基本假设如下：

假设 1：误差项的期望值为 0，即对所有的 i 有 $E(\varepsilon_i)=0$。

假设 2：误差项的方差为常数，即对所有的 i 有 $Var(\varepsilon_i)=E(\varepsilon_i^2)=\sigma^2$。

假设 3：误差项之间不存在自相关关系，其协方差为 0，即当 $i\neq j$ 时，有 $Cov(\varepsilon_i,\varepsilon_j)=0$。

假设 4：因素的水平是给定的量，与随机误差项线性无关。

假设 5：随机误差项服从正态分布，即 $\varepsilon_i\sim N(0,\sigma^2)$。

以上这些基本假设是德国数学家高斯最早提出的，故也称为高斯假定或标准假定。

多元线性回归模型可表示为：

$$y=\beta_0+\beta_1 x_1+\cdots+\beta_k x_k+\varepsilon_i[\varepsilon_i \sim N(0,\sigma^2)] \tag{1-20}$$

由回归模型可以看出：

y 是 x_i 的线性函数部分加上随机误差项 ε_i，线性部分反映了由 x_i 的变化而引起的 y 的变化；误差项 ε_i 是随机变量（未纳入模型但对 y 有影响的诸多因素的综合影响），反映了除 x_i 和 y 之间的线性关系之外的随机因素对 y 的影响，是不能由 x 和 y 之间的线性关系所解释的变异性。

β_0 为常数项，表示当所有自变量为0时，因变量 y 的总体平均值的估计值；β_i 为偏回归系数，表示除 x_i 以外的其他自变量固定不变的情况下，每改变一个 x_i 测量单位时所引起的因变量 y 的平均改变量。

求偏回归系数 β_i 及 β_0 采用的方法为最小二乘法，通过将观测值与假定模型的预测值的差值的平方和最小化，进行参数估计。

如果有 n 组实验（x_{1j}，x_{2j}，…，x_{kj}），$j=1$，2，…，n，代入回归模型得：

$$\hat{y}_j=\hat{\beta}_0+\hat{\beta}_1 x_{1j}+\hat{\beta}_2 x_{2j}+\cdots+\hat{\beta}_k x_{kj} \tag{1-21}$$

$\hat{y}_j$ 为响应变量的估计值，$\hat{\beta}_i$ 为 β_i 的估计值，模型回归的残差平方和为：

$$Q=\sum_{j=1}^{n}(y_j-\hat{y}_j)^2=\sum_{j=1}^{n}(y_j-\hat{\beta}_0-\hat{\beta}_1 x_{1j}-\hat{\beta}_2 x_{2j}-\cdots-\hat{\beta}_k x_{kj})^2 \tag{1-22}$$

根据最小二乘法原理，要使残差平方和最小。由此，可以通过对残差平方和分别求偏导的办法建立标准方程组：

$$\begin{cases}\dfrac{\partial Q}{\partial \hat{\beta}_0}=0\\[2ex]\dfrac{\partial Q}{\partial \hat{\beta}_i}=0 \quad (i=1,2,\cdots,k)\end{cases} \tag{1-23}$$

求解该方程组，就可以求得对应的参数。

多元回归方程的拟合优度可以根据多重判定系数、估计标准误差等统计量来评价。

需要说明的是，多元线性回归关系显著并不排斥有更合理的多元非线性回归关系的存在，这正如直线回归显著并不排斥有更合理的曲线回归方程存在是一样的。

② 非线性回归模型　非线性回归在科学研究中有着广泛的应用。有一些非线性回归模型可以通过直接代换或间接代换转化为线性回归模型，但也有一些非线性回归模型无法通过代换转化为线性回归模型。

对于幂函数模型（也称作全对数模型），比如化学反应动力学模型：

$$r_A=-\frac{dc_A}{dt}=k_0 e^{-\frac{E_a}{RT}} c_A^{\alpha} c_B^{\beta} \tag{1-24}$$

其中 k_0、E_a、α、β 均为未知参数，通过测定不同温度时物质浓度对时间的关系，可计算出 dc_A/dt，对式(1-24) 的动力学方程两边求对数得：

$$\ln\left(-\frac{dc_A}{dt}\right)=\ln k_0-\frac{E_a}{RT}+\alpha\ln c_A+\beta\ln c_B \tag{1-25}$$

如此将方程转化为 $\ln\left(-\frac{dc_A}{dt}\right)$ 对 $1/T$、$\ln c_A$ 和 $\ln c_B$ 的线性方程，就可以用线性回归分析方法了。

对于其他特殊类型的函数，可以采用变量替换的方法化为线性函数，表 1-11 中列举了其中的几种。

表 1-11　特殊类型函数的线性变换

函数类型	方程	替换变量	转化为线性方程
对数型	$y=a+b\ln x$	$X=\ln x$	$y=a+bX$
双曲线型	$\frac{1}{y}=a+\frac{b}{x}$	$Y=\frac{1}{y},X=\frac{1}{x}$	$Y=a+bX$
多项式	$y=a_0+a_1x+a_2x^2$	$X=x^2$	$y=a_0+a_1x+a_2X$

对于无法通过代换转化为线性的一些非线性回归模型方程，参数估计有两种基本方法：最大似然估计和最小二乘估计。但是最小二乘估计得到的方程组是非线性的，无法通过解析的方法求解，而必须用某种搜索法或迭代算法获得参数的最小二乘估计。

1.3.3.2　实验数据表达

实验数据经过分析处理后，需要以一定的方式将各变量之间的关系表达出来，供研究者参考。常用的表现形式有列表、图示、数学模型等。

(1) *列表法*

列表法是将实验数据按自变量与因变量一一对应列表，也可把相应计算结果填入表格中。列表法是记录和处理实验数据最常用的方法，简单清楚、形式紧凑、数据表达直接，同一个表内可以同时表示几个变量间的变化关系而不混乱，易于参考比较。

列表也通常是整理数据的第一步，有原始数据记录表和实验结果记录表两类。原始数据记录表根据实验的具体内容而设计，在实验前预先制定，记录的内容是未经任何运算处理的原始数据。如记录减量法称量前后两次的数据，记录滴定前后两次的数据等。实验结果记录表的内容是经过运算和整理得出的主要实验结果，直接反映实验指标和操作参数之间的关系。

数据记录表格的设计要求简单明了、对应关系清楚、有利于发现相关量之间的关系，此外还要求在标题栏中注明各参数的名称、符号、数量级和单位等。根据需要还可以列出除原始数据以外的计算栏目和统计栏目等。最后还要求写明表格名称，主要测量仪器的型号、量程和准确度等级，有关环境条件参数如大气压力、环境温度、湿度等。

一个完整的实验列表通常由以下几个部分构成，如表 1-12 所示。

表 1-12　反渗透膜分离实验结果整理表 ——→ 表号、表题

姓名：　　班级：　　实验时间：
膜分离装置型号：　　膜面积A/m²：
——→ 表注

序号	时间t/h	水通量 J_w/[L/(m²·h)]	脱盐率 R/%	回收率 Y/%	浓缩倍数 C
1					
2					
⋮					

——→ 表头
——→ 数据

① 表号和表题　根据实验的内容和需要测量的数据，正确写出表格的名称。名称一般说明测定的是什么实验数据，是哪一类表格，如“表 1　乙醇-水二元溶液折射率测定原始数据记录表”“表 2　CO_2 p-V-T 测定实验数据整理表”。表题一般放在表格的正上方位置。

② 表注　实验者的姓名、班级（单位），实验时间、地点，所用仪器设备的型号及主要参数等，如果环境对实验的影响较大，还应写明必要的环境条件，如大气压力、环境温度、湿度等，一般列在表题之下。如果对表中数据有特殊说明或注解，写在表格下部。

③ 表格　表格应简单明了，行、列的设置须满足记录和计算的要求。表格第一行为表头，由左端开始，写清楚测量的每个物理量的名称（符号）和计量单位，实验所得数据对应表头所列的物理量依次填入表格中，计量单位不宜混在数字之中，以免分辨不清。

（2）图示法

图示法是将整理得到的实验数据或结果在合适的坐标系中标绘成因变量随自变量变化的关系图线，具有简单、形象、直观的特点，是科学研究中常用的数据处理方法。

作图可以醒目地表达物理量间的变化关系，能够直观得到极值点、转折点等，还可以从图线上求出实验需要的某些结果（如直线的斜率和截距等），读出没有直接观测的对应点（内插法），或在一定条件下从图线的延伸部分读到测量范围以外的对应点（外推法），在数学表达式不确定的情况下也可以进行微积分的运算。此外，还可以把某些复杂的函数关系，通过一定的变换用直线图表示出来。如速率常数的测定中，反应速率与反应物浓度的关系式 $r_A=-\frac{dc_A}{dt}=kc_A^{\alpha}$，取对数后以 $\ln r_A$ 为纵轴，以 $\ln c_A$ 为横轴作图，则为一条直线，同时由所得直线的斜率和截距还可分别得到反应级数 α 和速率常数 k 的值。

为了使图线能够清晰地反映实验规律，准确表达实验结果，须遵循以下基本的作图规则：

① 根据函数关系选择适当的坐标系（直角坐标系、对数坐标系、三角坐标系等）和比例，画出坐标轴，标明物理量符号、单位和刻度值。

② 坐标原点不一定是变量的零点，可根据测试范围加以选择。坐标分格最好使最低数字的一个单位可靠数与坐标最小分格相当。纵横坐标比例要恰当，以使图线大体能充满全图，使布局美观、合理。

③ 函数对应的实验数据点要准确标绘在坐标系中相应的位置，一张图上画几条实验曲线时，数据点应用不同的标记如“+”“△”“○”等区分，连线时要顾及到数据点，使曲线光滑，个别偏离过大的点要重新审核，属于过失误差的删去。

④ 在图纸下方标注图号和图名，图名中一般将纵坐标代表的物理量写在前面，横轴代表的物理量写在后面，中间用“-”连接。有时还需要附上简单的说明，如作者、作图日期、实验条件、图中特殊符号的说明等。

⑤ 将图纸贴在实验报告的适当位置，便于教师批阅。

（3）数学模型（公式）法

除了表格和图形外，还可以把实验数据整理成数学公式，利用符号、函数关系将实验所得的响应变量和因素的关系定量地表达出来。数学公式可以真实、系统、完整地表达变量之间的普遍规律，具有代表性和外推性。将实验结果以数学模型的形式来表达也是科学研究的重要方法。

数学模型建立的步骤：

① 确定模型方程　一种方法是根据理论知识、实践经验或前人的类似工作选定可能性较大的方程形式，还有一种方法是将实验数据绘制成曲线，然后与已知的函数关系曲线对照选择。

② 用实验数据确定模型常数　方程形式确定后，应用实验数据通过图解或回归分析的方法确定函数式中的各种常数，最终得到完整的数学表达式。所得函数关系式是否能准确反映实验数据之间的关系，还需要通过检验加以确认。

实验数据的回归可以借助于计算机，应用相应的软件来完成。

1.3.4 实验设计与数据分析软件

实验数据的处理常常需要进行大量、复杂的分析计算，人工计算往往费时费力，数据处理软件的出现，让计算变得高效而精确。常用的数据处理软件有 Matlab、Minitab 等，这些软件功能强大，可满足科技工作中许多数据处理的需要。有些软件在使用时需要一定的计算机编程知识和矩阵知识，有些使用起来就比较简单，如 Excel、Origin 等，只需点击鼠标，选择菜单命令就可以完成大部分工作，获得满意的数据处理结果。

这里介绍两种在化工实验中常用的数据处理软件，Origin 和 Minitab。

1.3.4.1 Origin 在数据记录和分析中的应用

Origin 是 OriginLab 公司出品的较流行的专业函数绘图软件，是公认的简单易学、操作灵活、功能强大的软件，既可以满足一般用户的制图需要，也可以满足高级用户数据分析、函数拟合的需要。

本书以 OriginPro 8.0 版本的使用为例，介绍 Origin 的绘图功能和函数拟合功能，有关数据分析可以参考其他书籍。

打开 Origin 会出现如图 1-33 所示的界面。

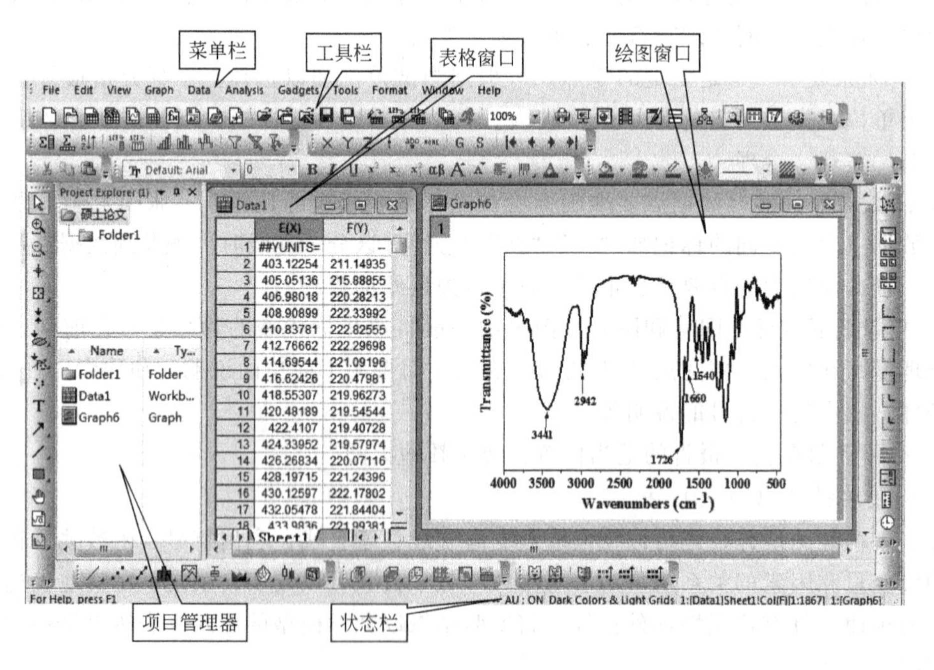

图 1-33　Origin 的工作界面

Origin 的工作区与 Excel 有点类似，不过还是有不同之处。Origin 的主文档是以工程文件形式存放的，一个工程文件可以存放若干个子文件夹，每个文件夹下可以放不同的文件，就像 Windows 的目录和子目录一样。

(1) Origin 的项目管理

如果要处理很多数据和图形，比如撰写论文时，每章每节都有大量的图形和数据，如果每个图形都存为一个 Origin 文件，那么在使用时要一个一个打开，并且查找时也不方便。这时可以使用 Origin 的项目管理工具，把所有的图形和数据都保存在一个 Origin 工程里，每一章建一个文件夹，再在章文件夹下建立每个图形的文件夹，这样在使用或修改图形时就非常方便。

当打开 Origin 时，会自动打开一个未命名的工程文件（UNTITLED），可以把这个文件另存为自己的工程文件，比如“硕士论文”。当工程文件存好后，在工程浏览器中的根目录就会变成所存的文件名，在根目录上右键单击鼠标，就会出现一个快捷菜单，见图 1-34。在快捷菜单上，可以选择查找文件、添加项目、另存工程、显示或隐藏所有窗口、新建窗口文件、新建文件夹、查看窗口和文件夹属性等功能，可以根据需要进行使用。

新建的工程文件中会有一个默认的子文件夹 Folder1，在子文件夹上右键单击鼠标，就会出现一个子文件夹快捷菜单，如图 1-35 所示。子文件夹菜单比根目录的快捷菜单多了两项：删除子目录和重命名。当选择重命名时，就可以对子文件夹重命名。可以建若干个子文件夹，并重命名，见图 1-36。当选择新窗口时，就会出现要新建文档的类型，见图 1-37。

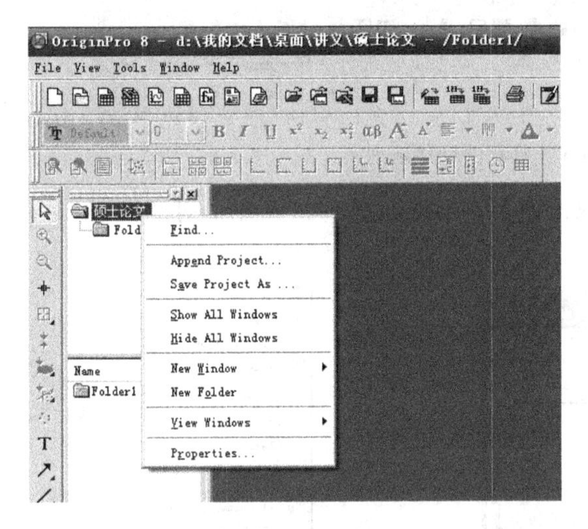

图 1-34 保存的工程文件和根目录的快捷菜单

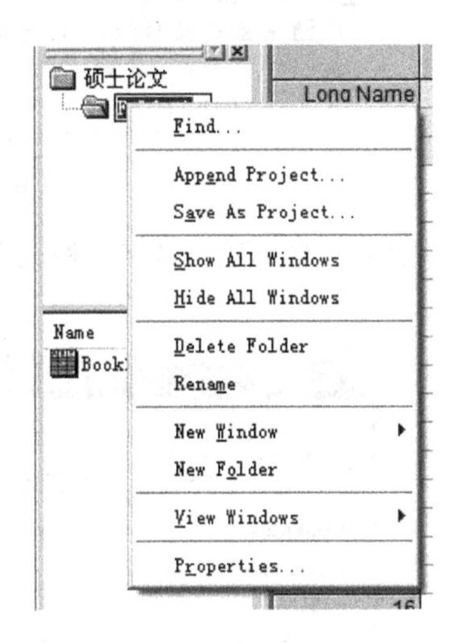

图 1-35 子文件夹快捷菜单

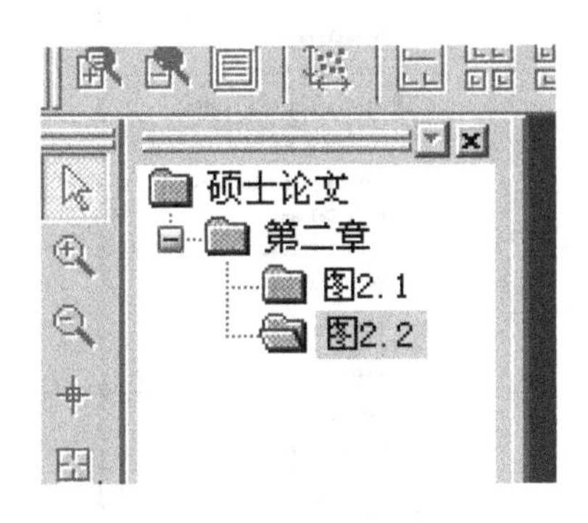

图 1-36 建好的子文件夹

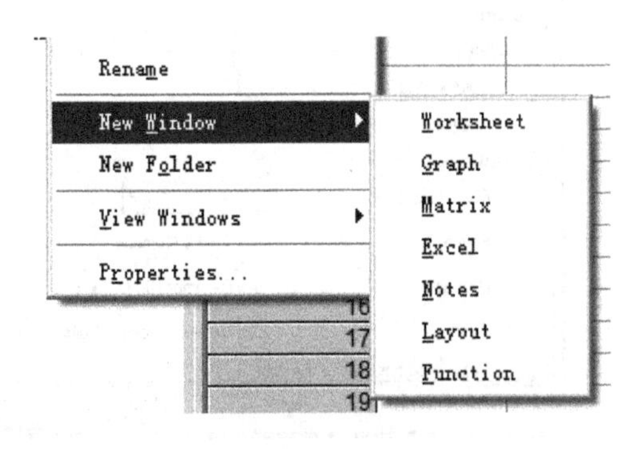

图 1-37 新建文档的类型选项

各种文档类型说明如下：

工作表（worksheet）：用于输入和编辑数据。

图形文件（graph）：用于绘制、编辑图表和图形。

矩阵文件（matrix）：以矩阵形式存储的文件，矩阵只包含一个 z 变量，矩阵的列为 x 变量，行为 y 变量。

Excel 文件（excel）：用于与 Office Excel 进行交换的文件。

注释文件（notes）：用于添加注释、说明，以便交流；记录分析过程；记录从其他应用程序中粘贴过来的文本信息。

布局文件（layout）：把多个图形文件和数据文件编辑在一起用于输出和打印。

函数文件（function）：用于编辑函数文件，绘制函数图形。

（2）工作表的编辑和修改

工作表是 Origin 中十分重要的工作窗口，其重要功能是保存、组织和编辑数据，也可以进行数据处理、检验和分析。

打开一个新的工作表时，缺省的列为两列，如果要增加列数，可以使用工具栏中的增加新列，如图 1-38 所示。

图 1-38　Origin 工具栏的增加新列

如果要改变列的名字、格式等，可以双击列名，出现如图 1-39 所示的对话框。

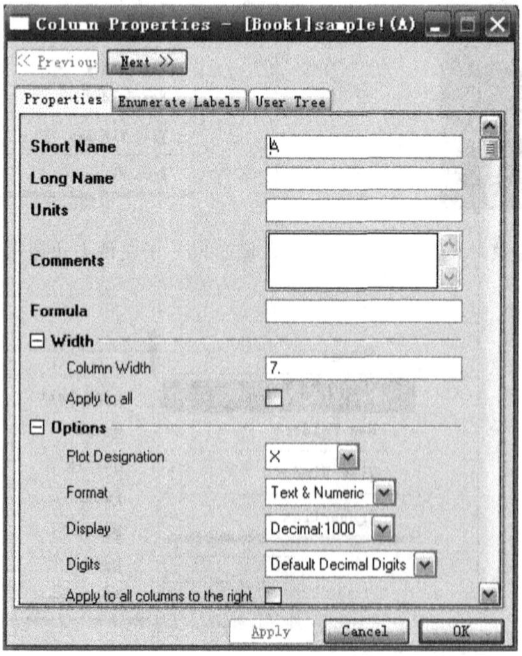

图 1-39　列属性对话框

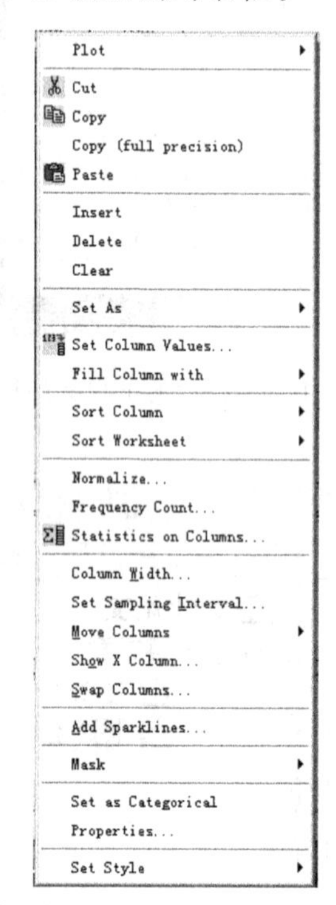

图 1-40　列快捷菜单

可以在对话框中输入列的缩写名字、完整名字、单位、简要介绍以及计算公式；可以设置列宽；可以在 Options 栏设置坐标轴、文字类型、显示方式和数值位数等。如果要改变列的坐标轴，可以直接选择“Plot Designation”后的下拉菜单中的选项。Origin 中可以设置多个 X 列和 Y 列，如果要绘制三维图形，可以设置 Z 列；要绘制误差图，可以设置误差列(X Error 和 Y Error)。

如果要从已有的数据文件中提取数据到 Origin 中，可以使用导入工具栏中的工具，它们分别对应的是导入向导导入、单个 ASCII 文件导入、多个 ASCII 文件导入。很多仪器产生的数据文件是 ASCII 文件，可以直接使用 ASCII 文件导入工具导入。点击导入按钮时会提示选择文件，直接选择文件，点击确定就可以把文件导入到 Origin 中了。如果是其他类型的文件，可以使用导入向导导入数据文件。

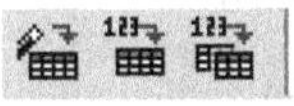

如果要对一列进行操作，点击列名，右键单击鼠标，就会出现列快捷菜单，见图 1-40，选择对应的项就可以对列进行编辑和设置操作。

若想使 Origin 自动生成列数据，可以使用快捷菜单中的填充功能。比如要使 A 列的数据自动填充行号，可以使用快捷菜单中的“Fill Column with”→“Row Numbers”，见图 1-41，也可以使用随机数来填充列。

图 1-41　列填充菜单

如果要使 B 列的数据是 A 列的余弦值，可以点击“Set Column Values…”，就会出现如图 1-42 所示的对话框，在“Col(B)=”下面的输入框中输入“cos(col(A))”，见图 1-43，点击“OK”，B 列就会自动出现 A 列的余弦值，如图 1-44 所示。也可以在公式中直接插入系统的内部函数，方法是点击对话框中的“F(x)”菜单选择，如图 1-45 所示。

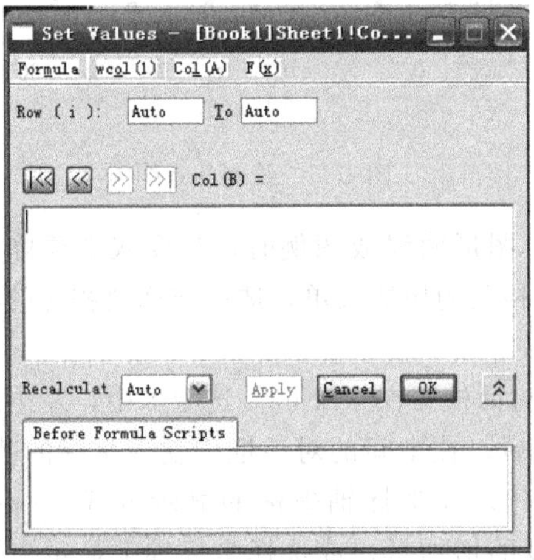

图 1-42　列值设置对话框

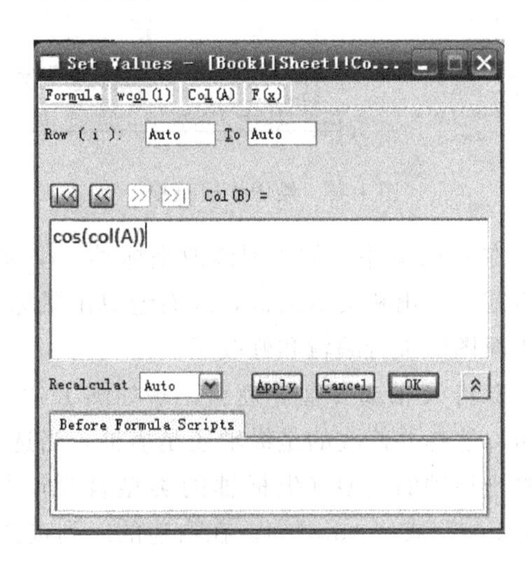

图 1-43　输入的 B 列计算公式

	A(X)	B(Y)
Long Name		
Units		
Comments		
1	1	0.5403
2	2	-0.41615
3	3	-0.98999
4	4	-0.65364
5	5	0.28366
6	6	0.96017
7	7	0.7539
8	8	-0.1455
9	9	-0.91113
10	10	-0.83907
11	11	0.00443
12	12	0.84385
13	13	0.90745

图 1-44　计算好的 B 列值

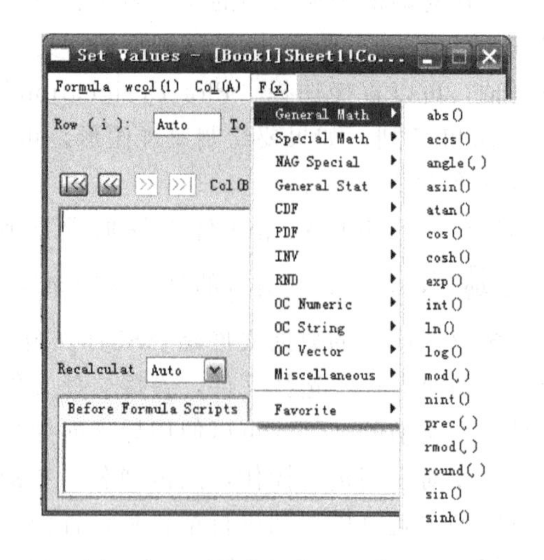

图 1-45　系统内部定义函数的选择

(3) 二维图形的绘制和编辑

要绘制一个二维图形，可以先选中要绘制图形的列，在列名上右键单击鼠标，在出现的列快捷菜单中选“plot”，见图 1-46，选中需要的绘图类型，比如“Line + Symbol”，在出现的三级菜单中选“Line + Symbol”，绘制的图形见图 1-47。

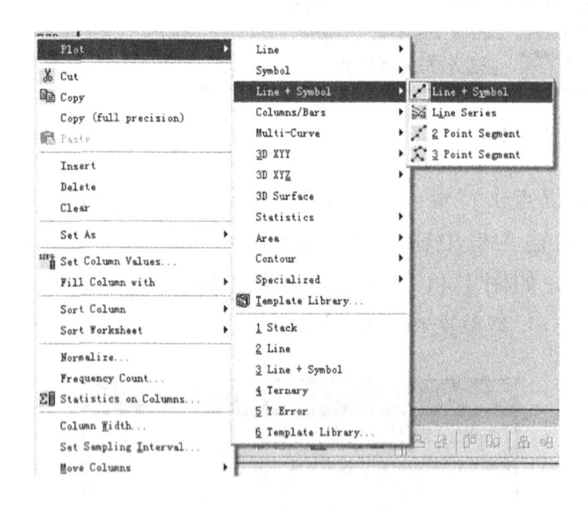

图 1-46　绘图快捷菜单

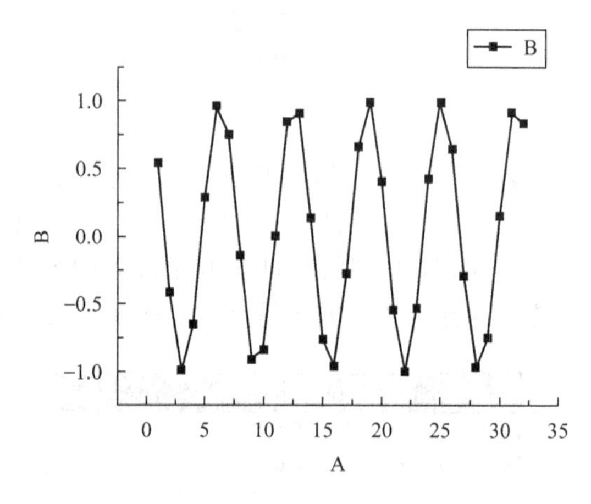

图 1-47　绘制的点线图

在 Origin 中，如果要修改坐标轴、坐标标注、图形曲线或图例时，只要双击要修改的地方就会弹出相关对话框，或右键单击鼠标，弹出相关的快捷菜单，选择或修改相应的项就可以对图形进行编辑和修改了。

双击 X 轴或 Y 轴，就会出现如图 1-48 所示的对话框。在“Scale”选项卡中，左边的方框可以选择要修改的是纵轴还是横轴，当选择好以后，在中间的对话框中输入坐标的范围，选择坐标轴的类型（坐标轴的类型及说明见图 1-49）和坐标轴坐标的显示方式（一般选“Normal”或“Auto”）。在右边的一列选择主刻度的增加量，或选择坐标轴上显示多少个坐标，两个主坐标之间显示几个次刻度，第一个显示的坐标。

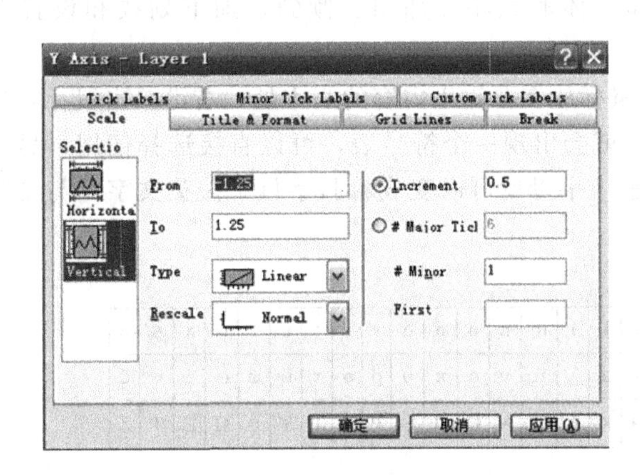

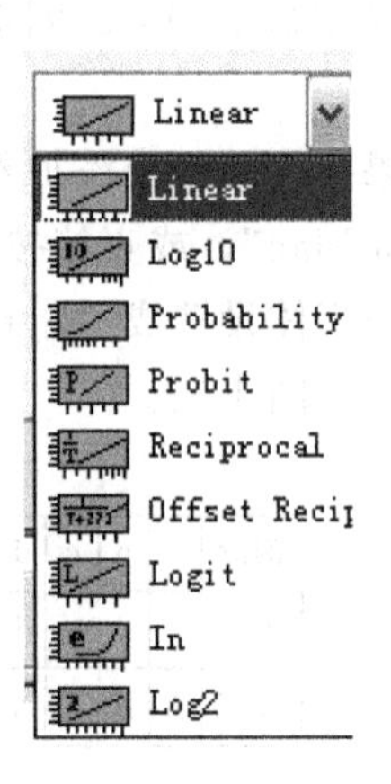

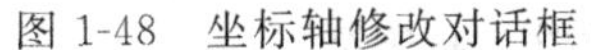

图 1-48　坐标轴修改对话框　　　　图 1-49　坐标轴类型和说明

在“Title & Format”选项卡中可以输入坐标的名称、字体的大小，选择刻度显示的方式（In 代表显示在坐标轴上靠图形的一边，Out 代表显示在坐标轴上离开图形的一边）等。在“Grid Lines”选项卡，可以选择在图形中绘制水平线和竖直线的线形和粗细。在“Break”选项卡中选择坐标轴的打断范围。在“Tick Labels”选项卡中选择主坐标刻度的显示类型、字体、大小和颜色等。在“Minor Tick Labels”和“Custom Tick Labels”选项卡中可以选择次刻度的显示方式和自己定义刻度的显示。

先修改坐标范围，使 X 轴的范围为 0 到 33，主刻度增量为 6，主刻度中显示 2 个次坐标。Y 的范围为−1 到 1，主刻度增量为 0.2，主刻度中显示 1 个次坐标，同时把上边框和右边框加上。具体方法是在“Title & Format”选项卡中分别选择“Bottom”和“left”坐标轴，选中“Show Axis & Ticks”，把主刻度和次刻度都选为“None”，见图 1-50，同时在“Bottom”和“Left”的“Title”中分别输入“序列”和“余弦值”，点击确定，就可以得到图 1-51。

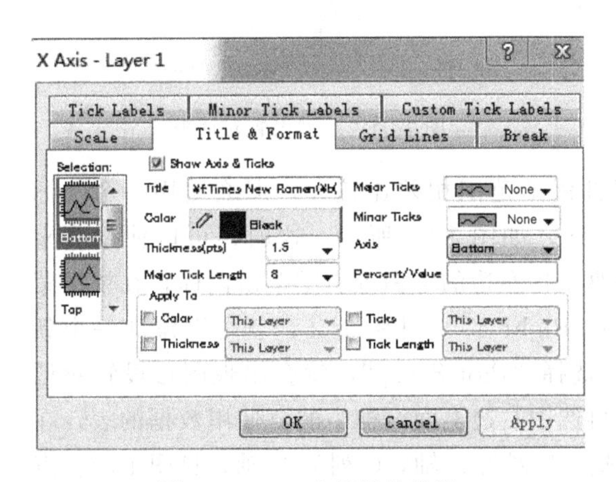

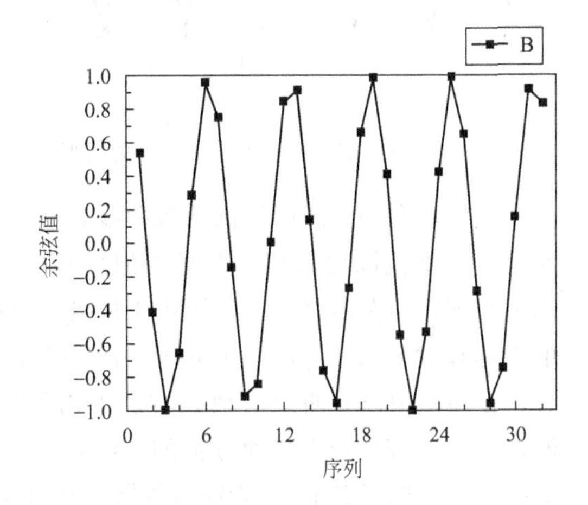

图 1-50　Top 坐标轴的设置　　　　图 1-51　设置好的图形

如果把图粘贴到 Word 中后发现坐标名称显示为“??”，这是因为在 Origin 中所有的缺省字体均为“Arial”，中文的这个字体在 word 中不能正常显示，需要把中文的字体改为“宋体”，方法是选中文字，在工具栏中选择字体为“宋体”。注意如果选择带“@”的字体会使文字旋转 90°，同时也可以选择字体的大小、加粗、倾斜、加下划线和设置上下标等。

如果要在图形中添加希腊字母，把鼠标放在要输入内容的文本处，右键单击鼠标，选择“Symbol Map”，或直接按“Ctrl＋M”，就会出现一个符号表，可以直接选择使用；另一种方法是把字体设置成“Symbol”，直接输入字母就可以变成希腊字母了。英文字母与希腊字母的转换见图 1-52。

键盘	a	b	c	d	e	f	g	h	i	j	k	l	m	n	o	p	q	r	s	t	u	v	w	x	y	z
小写	α	β	χ	δ	ε	ϕ	γ	η	ι	φ	κ	λ	μ	ν	ο	π	θ	ρ	σ	τ	υ	ϖ	ω	ξ	ψ	ζ
大写	A	B	X	Δ	E	Φ	Γ	H	I	ϑ	K	Λ	M	N	O	Π	Θ	P	Σ	T	Y	ς	Ω	Ξ	Ψ	Z

图 1-52　英文字母与希腊字母转换表

设置好字体和输入希腊字母的图形见图 1-53。如果想改变图形的类型，可以双击数据曲线，就会出现如图 1-54 所示的对话框。可以选择修改曲线类型、线的特性、曲线上点的属性等。

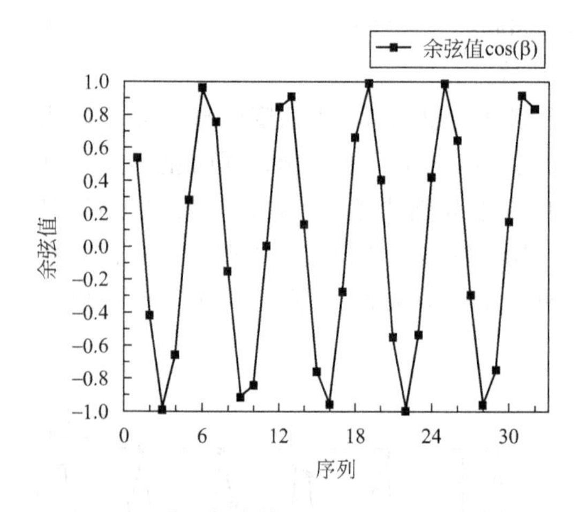

图 1-53　设置好字体和输入希腊字母的图形

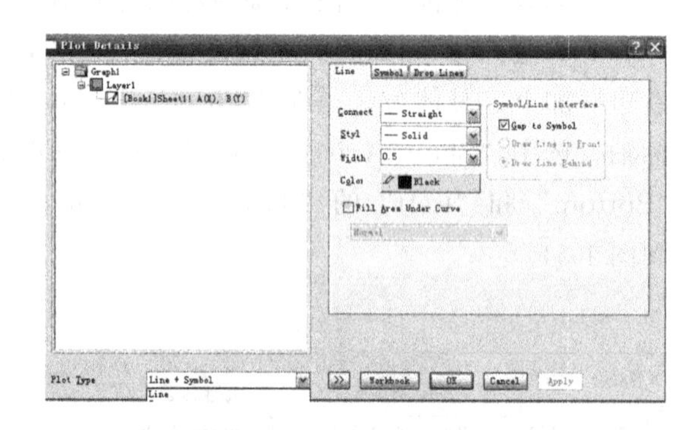

图 1-54　线型设置对话框

如果要在一张图中绘制两条曲线，而两条曲线的范围相差比较大，那么使用一个坐标就会使差别范围比较小的曲线近似变成一条直线，如图 1-55 所示。这时，可以使用双坐标系绘图。首先按图 1-47 绘制 B 曲线，再在纵坐标左边的空白处右键单击鼠标，在快捷菜单中选择“New Layer（Axes）”中“（Linked）Right Y”，见图 1-56，就可以添加一个新层，在图形中没有曲线的地方右键单击鼠标，选择“Plot Setup”，就会出现图形设置对话框，见图 1-57。选中下面方框的“Layer 2”，再选中右边上面方框中的要使用数据的表，在中间的方框选择 X 轴和 Y 轴的数据，在这里选择 A 列为 X 轴，C 列为 Y 轴，见图 1-57。点击“Add”按钮，就会在第二层上添加一条曲线，再点“OK”，就可以绘制出新的曲线，再按照上面的方法修改坐标轴，添加文字，绘好的图形见图 1-58。

如果在一张图中绘制多个类似的曲线，可以使用“Plot”菜单中“Multi-Curve”，然后选择“Stack Lines by Y Offsets”，如图 1-59 所示，生成如图 1-60 所示的图形。

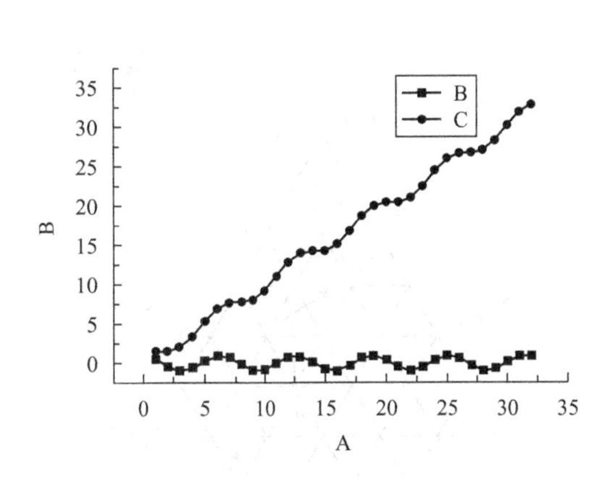

图 1-55　不同数值范围的两条曲线

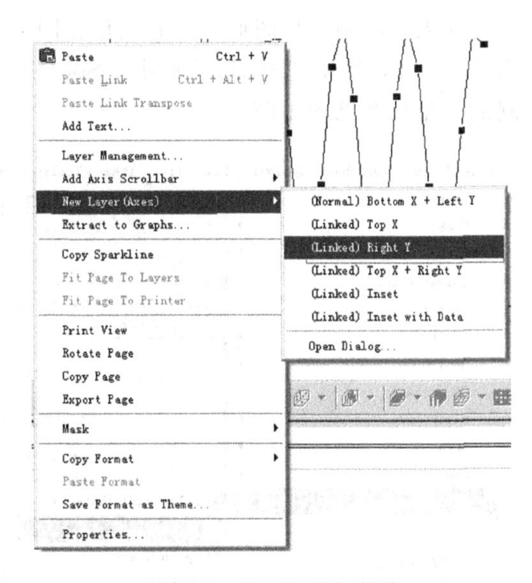

图 1-56　新层的添加菜单

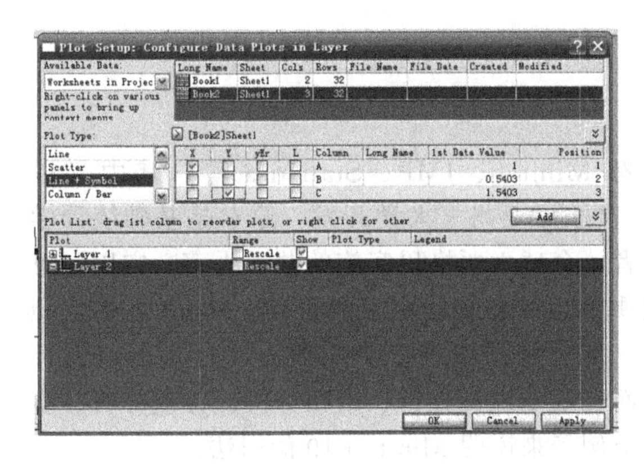

图 1-57　图形设置对话框

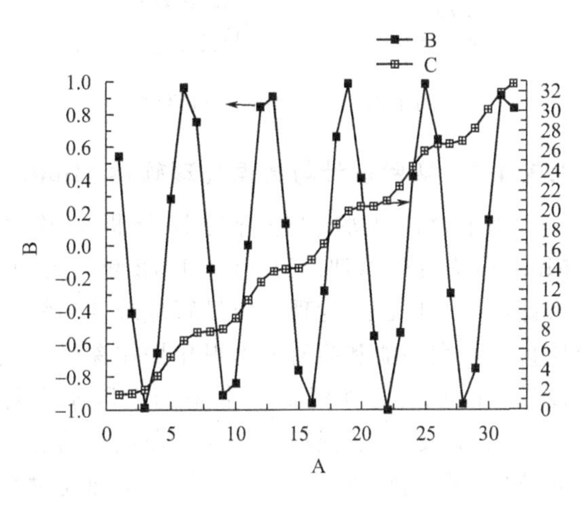

图 1-58　绘制好的双层图

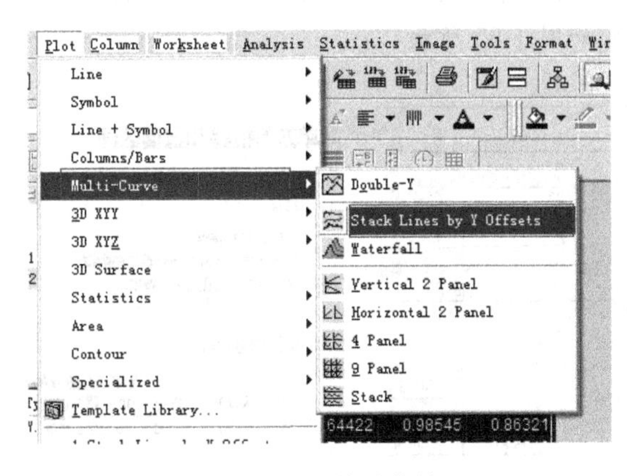

图 1-59　Y 偏移菜单

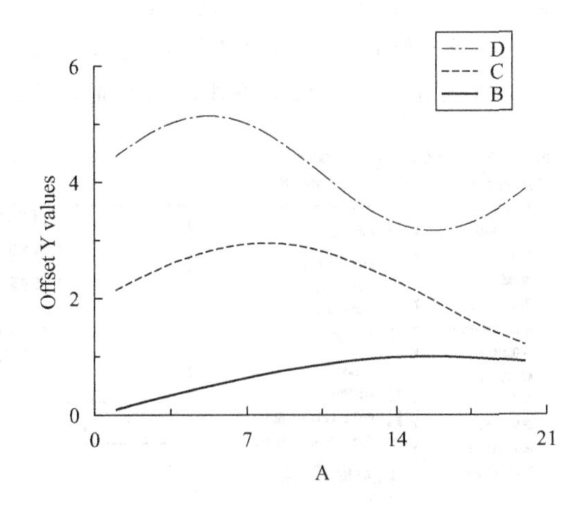

图 1-60　Y 偏移曲线图

如果要绘制三角图形，比如三角相图，设置好 X、Y、Z 轴，并使对应的三个坐标加和为 1 或 100，使用“Plot”菜单中“Specialized”，然后选择“Ternary”，如图 1-61 所示，绘制的三角相图见图 1-62。

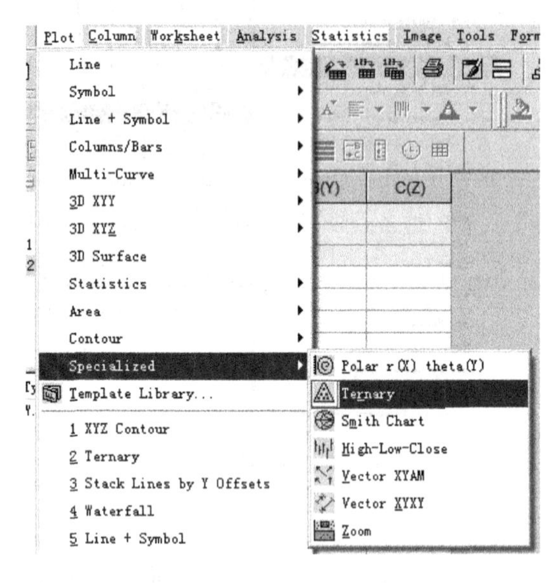

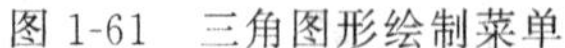
图 1-61　三角图形绘制菜单

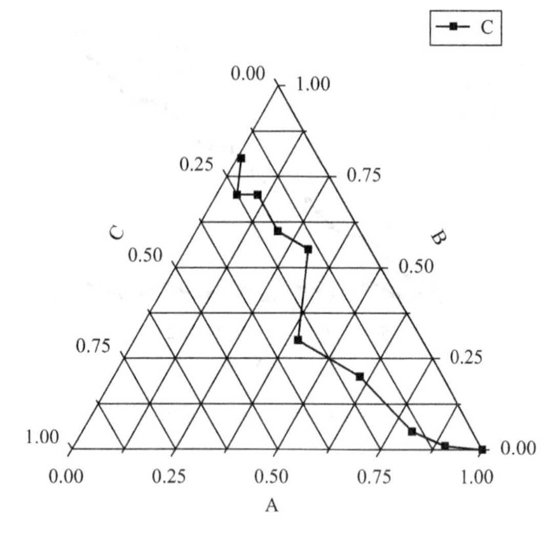

图 1-62　绘制的三角相图

1.3.4.2　实验设计与数据处理软件 Minitab

用于设计实验和进行统计分析的软件有 Minitab、JMP、Statistica 等。其中又以 Minitab 尤为受欢迎。Minitab 1972 年由美国宾夕法尼亚州立大学开发，原本是基础统计学讲课所用，现已成为现代质量管理统计的领先者，全球六西格玛实施的共同语言，它以无可比拟的强大功能和简易的可视化操作深受广大质量学者和统计专家的青睐。Minitab 在实验设计（DOE）方面涵盖了常用的全因子设计、部分因子设计、响应曲面设计、田口设计（正交实验设计）、混料设计等，在统计功能方面有基本统计分析、回归分析、方差分析、多元分析、绘制高质量三维图形等。下面通过几个例子来说明 Minitab 19 的用法。

例 1-3　（区间估计）岩石密度的测量误差服从正态分布，随机抽测 12 个样品，得标准差 $s=0.2$，求 σ^2 的置信区间（$\alpha=0.1$）。

选择“统计”菜单的“单方差”，如图 1-63 所示。在下拉菜单中选“样本标准差”，如图 1-64 所示，输入已知条件，点确定，得到结果如图 1-65 所示。

图 1-63　“单方差”菜单

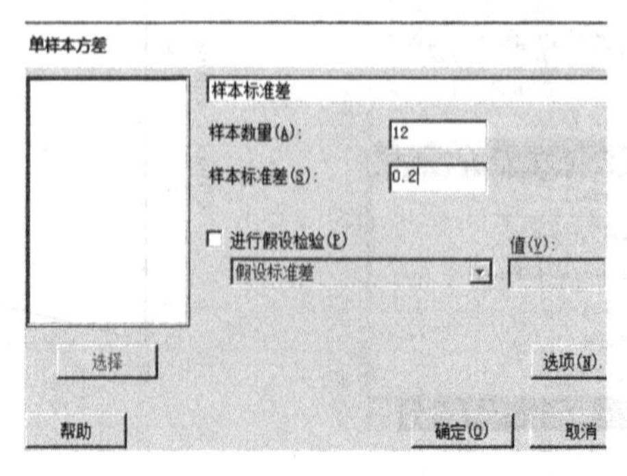

图 1-64　输入数据

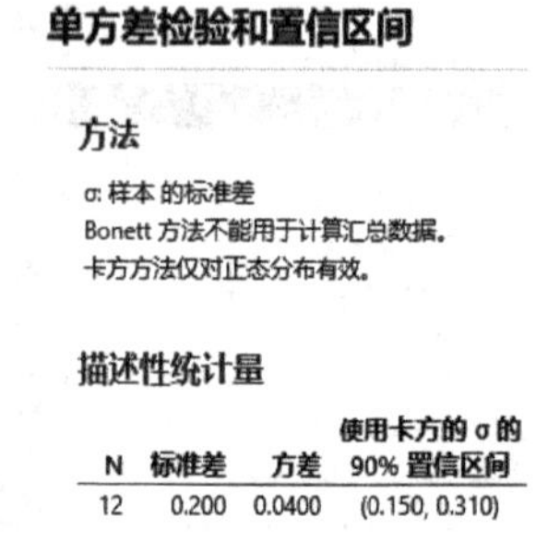
单方差检验和置信区间

方法

σ: 样本 的标准差
Bonett 方法不能用于计算汇总数据。
卡方方法仅对正态分布有效。

描述性统计量

N	标准差	方差	使用卡方的 σ 的 90% 置信区间
12	0.200	0.0400	(0.150, 0.310)

图 1-65　单方差分析结果

例 1-4 (假设检验)设某一次考试考生的成绩服从正态分布，从中随机抽取了 36 位考生的成绩，算得平均成绩 $\overline{x}=66.5$ 分，标准差 15 分，问在显著性水平 0.05 下，是否可以认为这次考试全体考生的平均成绩为 70 分？

选择“统计”菜单的“单样本 t(1)”，在下拉菜单中选“汇总数据”，输入已知条件，点确定，如图 1-66 所示，结果显示如图 1-67 所示。

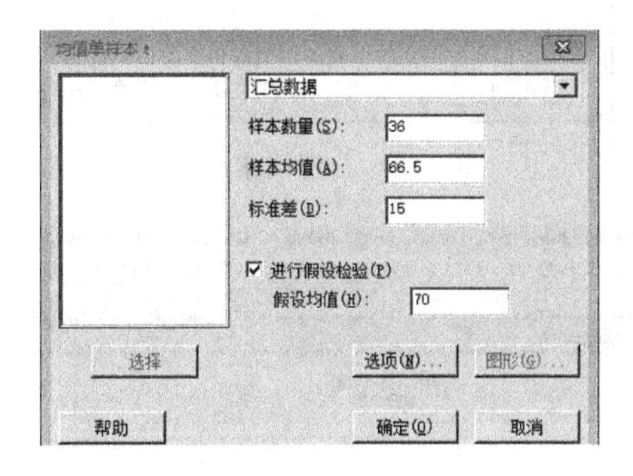

图 1-66 单样本数据

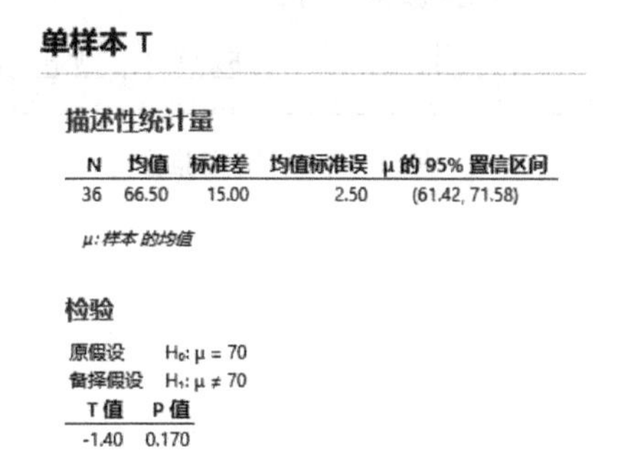

图 1-67 单样本 t(1) 分析结果

可以看到，计算的 $T=-1.40$，对应的概率 $P=0.170>0.05$，接受原假设，可以认为这次考试全体考生的平均成绩为 70 分。

例 1-5 (实验设计)在研究某一显色反应时，为选择合适的显色温度、酸浓度和显色完全的时间，确定以下指标和水平：

显色温度：25℃，30℃，35℃(温度以 A 表示)；

酸浓度：0.4mol/L，0.5mol/L，0.6mol/L(酸度以 B 表示)；

显色时间：10min，20min，30min(时间以 C 表示)；

请设计正交实验。

选择“统计”菜单的“DOE”→“田口”→“创建田口设计”，如图 1-68 所示。选择“3 水平设计”，因子数选 3，点“设计”，如图 1-69 所示。

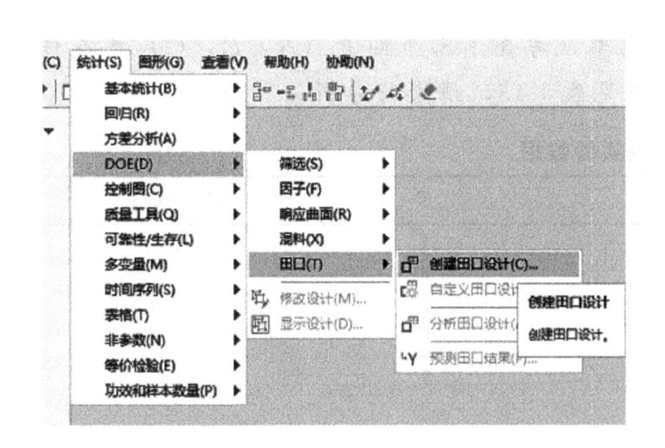

图 1-68 DOE 菜单

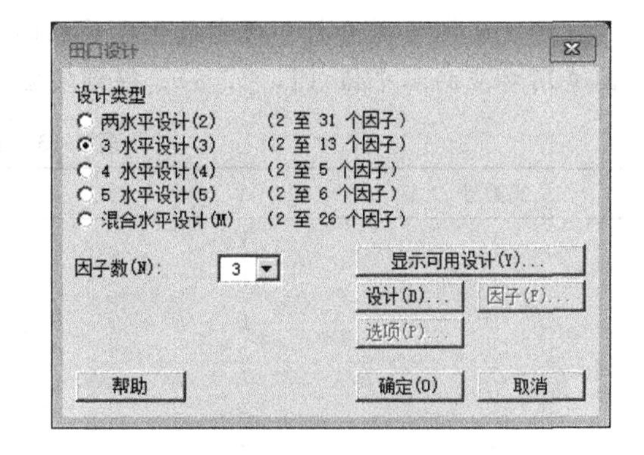

图 1-69 田口设计类型选择

选“L9”，点确定，如图 1-70 所示。点“因子”，输入因素名称和水平值，如图 1-71 所示。点“确定”，就可以看到实验设计的表格，如图 1-72 所示。

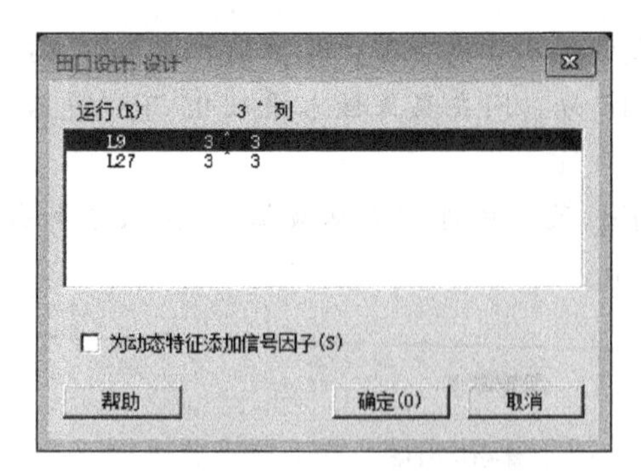

图 1-70　确定实验数

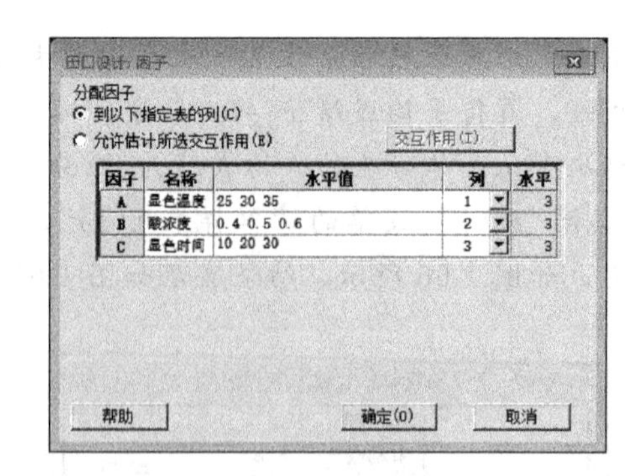

图 1-71　分配因素水平

↓	C1 显色温度	C2 酸浓度	C3 显色时间
1	25	0.4	10
2	25	0.5	20
3	25	0.6	30
4	30	0.4	20
5	30	0.5	30
6	30	0.6	10
7	35	0.4	30
8	35	0.5	10
9	35	0.6	20
10			

图 1-72　正交实验设计结果

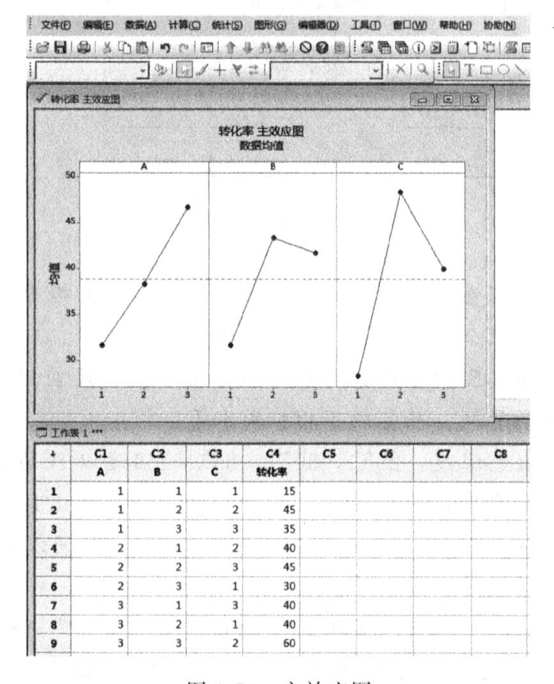

图 1-73　主效应图

例 1-6 （方差分析）研究某化学反应的转化率，考查了三个因素（A，B，C）及各种因素所对应的水平值（1，2，3）。得到实验结果见表 1-13，请进行分析。

表 1-13　正交实验数据

实验号	A	B	C	转化率/%
1	1	1	1	15
2	1	2	2	45
3	1	3	3	35
4	2	1	2	40
5	2	2	3	45
6	2	3	1	30
7	3	1	3	40
8	3	2	1	40
9	3	3	2	60

把数据输入软件中，选择“统计”→“方差分析”→“主效应图”，结果如图 1-73 所示。

由图中可以看出各因子的最佳水平为：$A3$，$B2$，$C2$。

选择“统计”→“方差分析”→“一般线性模型”→“拟合一般线性模型”，结果显示方差分析简单表，如图 1-74 所示。点“确定”后，即可得到方差分析结果，见图 1-75。从图 1-75 中可以看出各因素的 F 统计量对应的概率 P 均小于 0.05，说明它们的影响是显著的。

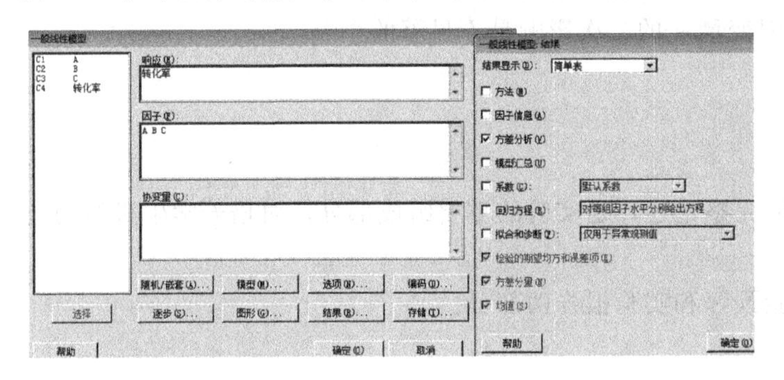

图 1-74　一般线性模型方差分析

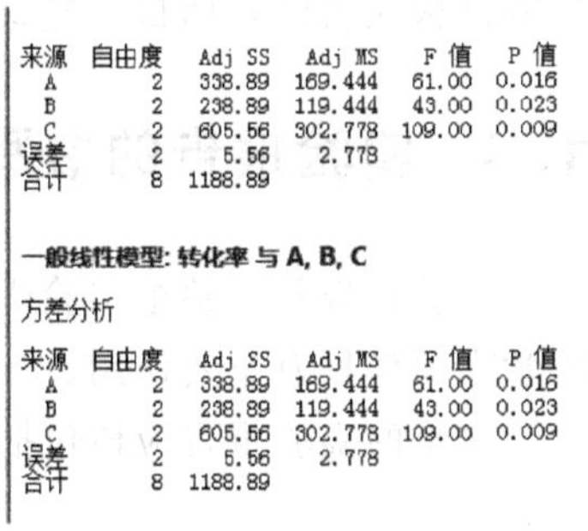

来源	自由度	Adj SS	Adj MS	F 值	P 值
A	2	338.89	169.444	61.00	0.016
B	2	238.89	119.444	43.00	0.023
C	2	605.56	302.778	109.00	0.009
误差	2	5.56	2.778		
合计	8	1188.89			

一般线性模型: 转化率 与 A, B, C

方差分析

来源	自由度	Adj SS	Adj MS	F 值	P 值
A	2	338.89	169.444	61.00	0.016
B	2	238.89	119.444	43.00	0.023
C	2	605.56	302.778	109.00	0.009
误差	2	5.56	2.778		
合计	8	1188.89			

图 1-75　方差分析结果

例 1-7　（曲线拟合）请用二次多项式函数拟合表 1-14 中一组数据。

表 1-14　函数拟合数据表

序号	1	2	3	4	5	6	7
x	−3	−2	−1	0	1	2	3
y	4	2	3	0	−1	−2	−5

把数据输入到软件的表格中，如图 1-76 所示，选择“统计”→“回归”→“拟合线图”，输入相关参数，点确定，如图 1-77 所示，就可以得到拟合的结果和相应的分析，如图 1-78、图 1-79 所示。

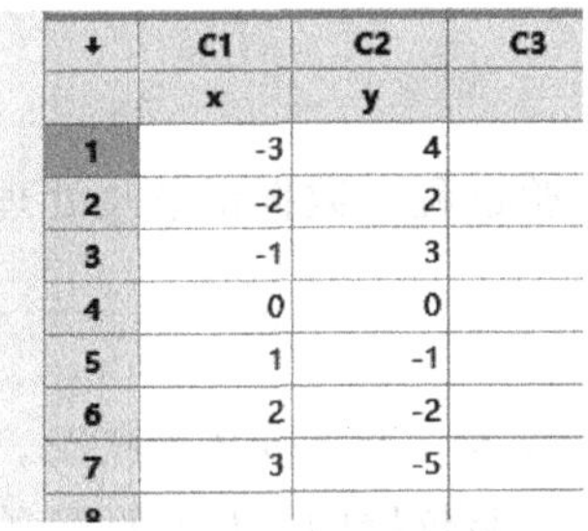

↓	C1	C2	C3
	x	y	
1	-3	4	
2	-2	2	
3	-1	3	
4	0	0	
5	1	-1	
6	2	-2	
7	3	-5	

图 1-76　数据输入

图 1-77　“拟合线图”界面

图 1-78　拟合的曲线图

多项式回归分析:y 与 x

工作表 2

多项式回归分析:y 与 x

回归方程为

y = 0.6667 - 1.393 x - 0.1310 x^2

模型汇总

S	R-sq	R-sq（调整）
0.879664	94.74%	92.11%

方差分析

来源	自由度	SS	MS	F	P
回归	2	55.7619	27.8810	36.03	0.003
误差	4	3.0952	0.7738		
合计	6	58.8571			

方差的序贯分析

来源	自由度	SS	F	P
线性	1	54.3214	59.88	0.001
二次	1	1.4405	1.86	0.244

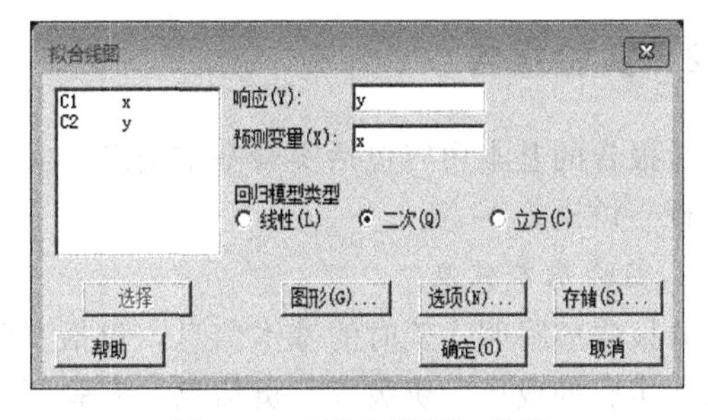

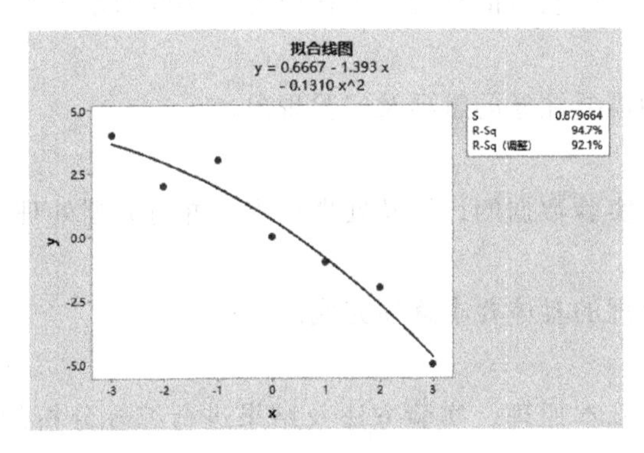

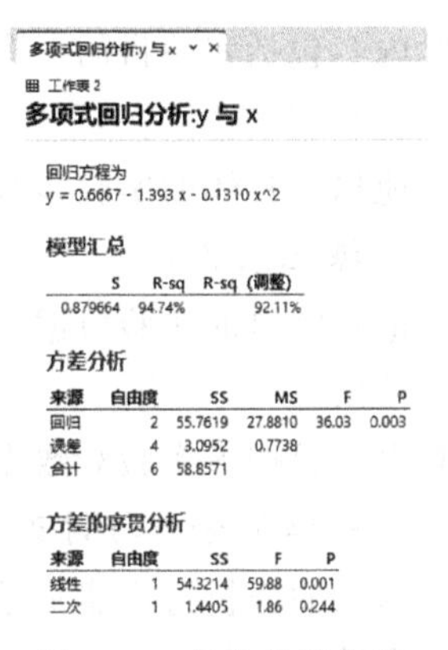

图 1-79　拟合结果分析

由图 1-78 可以看出试验点均匀地分布在拟合曲线两侧，由图 1-79 可以看出回归方程为：$y=0.6667-1.393x-0.1310x^2$，模型的误差平方和的算术平方根 $S=0.879664$，回归系数 $R=94.74\%$。从方差分析可以看出模型的显著性概率 $P=0.003<0.01$，说明自变量 x 对因变量 y 的影响是极显著的。从方差的序贯分析可以看出，自变量 x 对因变量 y 的线性影响是极显著的，而自变量 x 对因变量 y 的二次影响是不显著的。

1.4 实验报告的书写

实验报告是对整个实验研究的完整论述，是实验的重要组成部分，对培养学生进行规范的学术写作具有重要作用。

完整的实验报告应该包括实验预习和实验报告两部分。

1.4.1 实验预习

认真预习实验是做好实验的前提，学生在实验前必须充分预习，并按要求完成实验预习报告。预习内容包括：

① 认真阅读实验指导教材，明确实验的目的、原理及注意事项。

② 根据实验的具体任务，明确实验的内容和步骤，分析需要测定哪些数据，应用所学的理论知识预测实验数据可能的变化规律。

③ 了解实验设备的构造及仪表的种类，了解设备的使用及操作注意事项。

④ 认真完成每个实验的预习题目。

⑤ 设计详细的实验数据记录表。

1.4.2 实验报告

实验报告的基本内容包括实验基本信息、实验内容、实验过程、数据记录及处理、实验结果分析与讨论。

（1） 实验基本信息

实验报告应写明实验时的基本信息，包括实验的时间、地点、天气等环境状况，指导教师、参加实验的成员、班级等人员信息，实验所用的试剂、实验仪器的名称和型号等。

（2） 实验内容

实验内容包括实验目的、实验原理、实验装置的结构及工作原理、实验的基本流程。

（3） 实验过程

清晰地描述具体的实验步骤，实验中需要注意的事项及实验现象。

（4） 数据记录及处理

如实记录完整的实验数据，详细记录实验数据的计算及处理过程，并将数据处理结果作图或列表给出。

实验报告要按各实验对数据记录及处理的具体要求逐项完成。

（5） 实验结果分析与讨论

实验结果的分析讨论非常重要，是对基本原理、实验方法及结果进行综合分析的过程，是实验报告的核心部分。

每个实验都对实验结果的分析与讨论有具体要求，一般包括：

① 对实验结果的理论分析。

② 分析实验现象，探讨异常现象出现的原因。

③ 进行实验结果的误差分析，提出提高实验精度的方法。

④ 分析实验成败的原因，写出实验的体会。

附：实验报告格式

（1）实验预习报告

×××大学实验预习报告　成绩

学生姓名　　　学号　　　院（系）　　专业　　班级

课程名称　　　实验项目名称

指导教师　　　实验日期　　　实验地点　　同组人

一、实验目的和要求

二、实验预习题解答

三、预习中遇到的问题

四、实验数据记录表格

（2）实验报告

×××大学实验报告　成绩

学生姓名　　　学号　　　院（系）　　　专业　　　班级

课程名称　　　实验项目名称

指导教师　　　实验日期　　　实验地点　　　同组人

一、实验目的和要求

二、实验原理

三、主要仪器设备、试剂或材料

四、实验方法与步骤

五、实验数据记录及处理

六、实验结果分析与讨论

七、实验心得体会

(3) 综合实验报告

题目：实验名称

作者：写明实验报告作者；实验同组人员；指导教师

单位：学校；学院；专业；班级

摘要：对全文的概括，包括实验的研究背景、意义；实验的主要内容、研究方法、实验原理及实验结果的归纳；通过实验研究得出的重要结论、创新点以及预测的实际意义等。

关键词：3～5个对表述论文的中心内容有实质意义的词汇，可从论文的题名、摘要和正文中选取。

1. 引言

① 简要说明研究工作的主要目的、意义，即为什么做这个实验和要解决什么问题。

② 综述前人在本实验课题相关领域内所做的工作。

③ 综述与实验相关的理论基础、技术路线、实验方法和手段，本实验所选研究方法的理由。

④ 预期的研究结果及其意义。

2. 实验部分

① 实验方案

通过理论分析确定的本实验的方案，必要时可用示意图、方框图等配合表达。

② 实验所用仪器及试剂

试剂的名称、来源、性质及必要的预处理方法；所用仪器、设备的名称、型号，必要的原理图等。

③ 实验方法

详细论述实验方法及实验操作步骤。

3. 实验结果及其分析讨论

论文的主要和关键部分，是对实验结果进行的定量或定性的分析和讨论。

对数据进行整理、必要的计算给出计算示例，以绘图、列表等方法整理实验结果，对结果进行讨论，说明结果的必然性或偶然性，阐述结果的意义，提出自己的见解，突出实验的新发现、新发明。对实验的误差、实验过程中的不足或错误也要说明。要求做到实事求是、客观论述。

4. 结论

结论是将实验得到的数据和结果经分析归纳后得到的一些规律性的结论。主要包括：研究结果说明了哪些问题，得出了什么规律，解决了什么问题，有哪些创新，存在哪些问题尚待解决以及解决的基本思路等。

5. 参考文献

对报告中引用的已发表的文献中的观点、数据和材料等，要在文中出现的地方予以标明，在文末列出参考文献的出处。参考文献按 GB/T 7714—2015 规定的著录格式书写。参考文献的序号用“[1]、[2] ……”的形式排序，多名作者间用逗号分开（作者在3名及3名以内需全部列出，3名以上的列出前3名后加“等”表示）。常用格式如下：

(1) 期刊

作者．文章名 [J]. 刊名（英文用斜体），年份，卷次（期次）：起止页码．

(2) 图书

作者．书名．版次 [M]. 出版地：出版者，出版年：页码．

(3) 专利

申请者．题目：国别代号专利号 [P]. 公告日期或公开日期．

(4) 学位论文

作者．题目 [D]. 保存地点：保存单位，年份．

(5) 会议论文

作者．题目 [C]. 会议名称，会议地址，会议年份．

(6) 技术标准

标准制定机构．标准名称：标准号 [S]. 出版地：出版者，发布年．

(7) 报纸

作者．题目 [N]. 报纸名称，出版地：年-月-日（版次）.

第2章　化工热力学实验

化工热力学是化学工程领域重要的学科分支，是化学工程与工艺相关专业的核心课程之一。其主要内容是利用化工热力学的原理和模型对化工过程涉及的体系相平衡、化学反应平衡、能量转换等进行分析研究，将物系的热力学性质和其他化工物性进行关联和计算，是化工过程和装置开发、研究、设计的理论基础。

化工热力学实验是将化工热力学理论知识与实践相结合的重要纽带，不仅帮助学生加深对理论知识的理解，还提供了验证化工热力学理论知识和重要结论的实验方法，是培养学生专业能力和动手能力的重要课程，为学生今后从事化工领域的科研和生产实践打下良好的基础。

实验1　二氧化碳临界状态观测及 p-V-T 关系测定

压力（p）、体积（V）、温度（T）是流体最基本的热力学性质，可以直接地精确测量，而其他大部分热力学函数可以通过 p、V、T 参数关联计算，因此流体的 p、V、T 性质是研究其他热力学性质的基础和桥梁。在众多的热力学性质中，p、V、T 数据不仅是绘制真实气体压缩因子的基础，还是计算内能、焓、熵等一系列热力学函数必不可少的参数，了解和掌握真实气体 p、V、T 关系的测试方法，对研究气体的热力学性质具有重要的意义。

一、实验目的

1. 了解 CO_2 临界状态的观测方法，增加对临界状态概念的感性认识。
2. 加深对课堂所讲工质的热力学状态如凝结、气化、饱和等状态的理解。
3. 掌握 CO_2 的 p-V-T 关系的测定方法，学会研究实际气体状态变化规律的实验方法和技巧。
4. 学会活塞式压力计、恒温器等部分热工仪器的正确使用方法。

二、实验原理

对简单、可压缩流体热力学系统，当工质处于平衡状态时，其状态参数 p、V、T 之间有式(1) 所示的函数关系：

$$F(p,V,T)=0 \text{ 或 } p=f(V,T) \tag{1}$$

本实验即根据式(1)，采用定温方法测定 CO_2 流体 p-V 之间的关系，从而找出 CO_2 流体的 p-V-T 关系。

实验装置如图 1、图 2 所示，由压力台送来的压力油进入高压容器和玻璃杯上半部，迫使水银进入预先装了 CO_2 气体的承压玻璃管。CO_2 被压缩，其压力和容积通过压力台上的活塞杆的进、退来调节，压力由装在压力台上的压力表读出。温度由恒温器供给的水套里的水来调节，数值由插在恒温水套中的温度计读出。比容首先由承压玻璃管内二氧化碳柱的高度来度量，而后再根据承压玻璃管内径均匀、面积不变等条件换算得出。

由于充进承压玻璃管内的 CO_2 质量 m 不便测量，而玻璃管内径或截面积 A 又不易测准，因而实验采用间接法来确定 CO_2 的比容。已知 CO_2 液体在 20℃，9.8MPa 时的比容 v 为 $0.00117\text{m}^3/\text{kg}$，实验中测得的 CO_2 在 20℃，9.8MPa 时的液柱高度为 h^*(m)，根据式(2)：

$$v_{20℃,9.8\text{MPa}}=\frac{h^*A}{m}=0.00117\text{m}^3/\text{kg} \tag{2}$$

计算可得仪器常数 k：

$$k=\frac{m}{A}=\frac{h^*}{0.00117}\text{kg/m}^2 \tag{3}$$

相同的原理，也可以采用其他已知条件下的 CO_2 比容值来确定仪器常数。测得仪器常数后，任意温度、压力下 CO_2 的比容 v 由式(4) 计算：

$$v=\frac{h}{m/A}=\frac{h}{k} \tag{4}$$

式中，h 为 CO_2 流体充满玻璃管的高度，即承压玻璃管中水银柱顶端刻度值与玻璃管内空间顶端刻度值之差。

三、实验装置

实验装置由压力台、恒温器、实验本体及其防护罩三大部分组成。整体结构见图 1，本体结构见图 2。

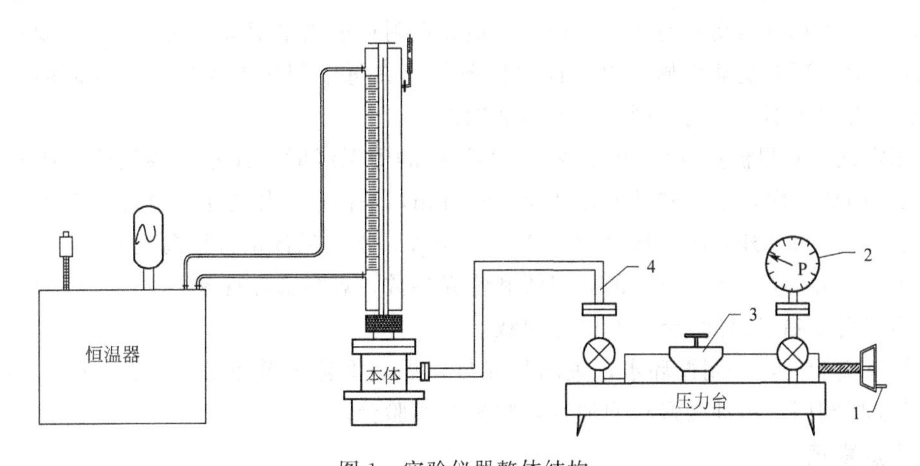

图 1　实验仪器整体结构

1—手轮；2—压力表；3—压力油杯；4—液压管路

四、实验内容及步骤

1. 实验内容

(1) 测定等温线

分别测定温度低于临界温度（$t=20$℃、25℃)、等于临界温度（$t=31.1$℃）和高于临界温度（$t=40$℃）的等温曲线。

(2) 观测临界状态

观察临界状态时气液两相模糊，气液整体相变现象。

临界温度以下，气液相的转变是一个逐渐进行、裸眼可见的过程，而在临界点，气化潜热为零，饱和气液相线合为一点，相变是一个整体的突变过程，裸眼很难看到。实验中，如果在临界点附近按等温过程操作，裸眼看不到相态的变化。如果按绝热过程操作，在临界压力附近突然降压，会看到明显的液面，说明管内的气体是接近液态的气体。如果在膨胀之后突然压缩，液面会立刻消失，说明液体又是近似于气体的，可见在临界点处的饱和气、液分不清，是一种气液模糊现象。

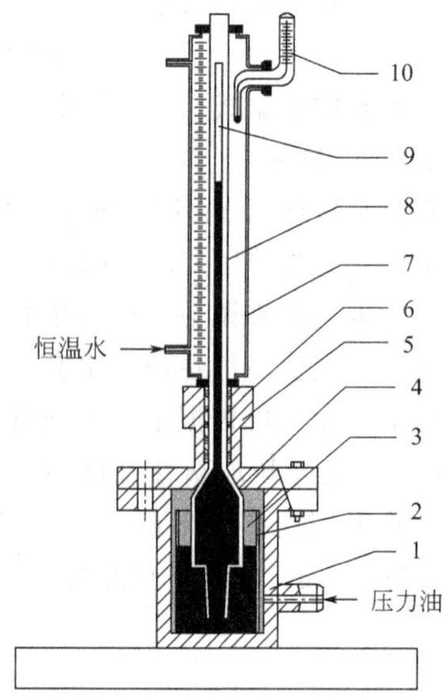

图 2 实验仪器本体

1—高压容器；2—玻璃杯；3—压力油；4—水银；5—密封填料；6—填料压盖；7—恒温水套；8—承压玻璃管；9—CO_2 空间；10—温度计

2. 实验步骤

① 检查实验设备的连接管路正确完好，开启实验台本体上的日光灯。

② 使用恒温器调节温度，维持本体温度恒定在实验温度 20min 以上。一般先做低温条件下的实验，再做较高恒温条件下的实验。

③ 应用活塞式压力计对玻璃容器中的二氧化碳进行加压。加压前，关闭本体油路阀门，开启压力台上油杯阀门，摇退压力台上活塞螺杆，将油杯中的油抽入油缸，然后关闭油杯阀门，开启进入本体油路阀门，转动手轮缓慢加压，使活塞杆缓慢推进压力油进入本体。玻璃容器中的二氧化碳受压缩后体积逐渐减小，在此过程中随时记录各个不同压力下水银柱高度的读数，并注意观察纯物质的相变过程。在饱和点附近适当多记录一些数据。需要特别注意的是，此压缩过程应足够缓慢，以保证恒温条件，在每个测压点要保持平衡时间 1～2min 后再读数，否则来不及平衡，影响读数的准确性。

④ 测定低于临界温度（$t=20$℃或 $t=25$℃）的等温线时，注意观察气体的冷凝及气液平衡现象。两相区内，水银柱高度每变化 2～4mm，平衡后读压力值，并注意观察气液两相体积的变化。两相区外，压力每增加 0.2～0.5MPa，平衡后读水银柱高度值。

⑤ 测定临界温度 $t=31.1$℃的等温线和临界参数，观察临界现象。

⑥ 测定高于临界温度 $t=40$℃的等温线。

⑦ 结束实验后，关闭循环水，关闭日光灯，摇动手轮缓慢卸压，然后关闭本体油路阀门，打开油杯阀门，将油缓慢送回油杯，整理好实验台。

3. 注意事项

① 做各条等温线，实验压力 $p \leqslant 9$MPa，实验温度 $t \leqslant 50$℃。

② 实验中水银柱液面高度的读数要注意，应使视线与水银柱半圆形液面的中间平齐。

③ 不要在气体被压缩的情况下打开油杯阀门，致使二氧化碳突然膨胀而溢出玻璃管外，水银则被冲出玻璃杯。卸压时应该慢慢退出活塞杆，使压力逐渐下降。

④ 为保证二氧化碳的等温压缩和等温膨胀，除了要保证流过水套的水温恒定以外，加压（或减压）过程也必须足够缓慢，以免玻璃管内的二氧化碳温度偏离管外的恒定温度。

⑤ 如果在玻璃管外或水套内壁附有小气泡妨碍观测，可以通过放、充水套中的水的办法将气泡冲掉。

⑥ 挪动实验台本体要平移平放，以免玻璃杯内的水银倾入压力容器。

五、预习与思考

1. 实验中 CO_2 气体如何被压缩？
2. 临界点的流体表现出什么特点？
3. 实验中加压、降压过程为什么要缓慢进行？如何保证读数前的平衡？
4. 等温实验中，临界温度以下的两相区内 p-V 值将如何变化？液相区内 p-V 值将如何变化？
5. 描述流体性质的状态方程有哪些？各有何特点？
6. 流体 p-V 图上的等温线有几种不同的类型？各自的特征是什么？

六、实验数据记录与处理

1. 实验数据记录

原始数据记录表见表 1。

表 1 原始数据记录

实验人员：　　　　实验时间：　　　　室温：　　　　大气压力：

中空承压玻璃管顶端刻度值：

t=20℃			t=31.1℃			t=40℃		
表压力/MPa	水银柱高度值/mm	现象	表压力/MPa	水银柱高度值/mm	现象	表压力/MPa	水银柱高度值/mm	现象
…	…	…	…	…	…	…	…	…

2. 实验数据处理

① 计算仪器常数。

② 代入仪器常数值，计算等温实验中测定的各压力对应的比容值，并列表。注意将表压力换算为绝对压力。

七、结果与讨论

1. 处理实验数据，列出实验结果表。
2. 由表 2 数据，在 p-V 图上画出饱和线，并在 p-V 图中画出实验测定的等温线。

表 2　二氧化碳饱和气液相比容数据

t/℃	p/MPa	饱和液相比容/($10^{-3}m^3$/kg)	饱和气相比容/($10^{-3}m^3$/kg)
10	4.595	1.166	7.52
15	5.193	1.223	6.32
20	5.846	1.298	5.26
25	6.559	1.417	4.17
30	7.344	1.677	2.99
31.06(临界点)	7.382	2.16	2.16

3. 将实验测得的等温条件下的饱和热力学数值（平衡压力、饱和气相比容、饱和液相比容）与文献资料数据进行比较，分析误差原因。

4. 将实验测得的临界比容 v_c 与理论值比较，分析误差原因。

5. 应用 PR 方程进行等温条件下体积或压力数据的推算，并与对应的实验值比较，对结果进行讨论。

例如：假设 20℃时测得一组实验值为 $p=5.3$MPa，$v=5.93\times10^{-3}m^3/kg$，而 20℃，5.3MPa 时由 PR 方程［式(5)］计算得体积的理论值为 $6.20\times10^{-3}m^3/kg$，将此计算值与实验值 $v=5.93\times10^{-3}m^3/kg$ 进行比较讨论。PR 方程计算结果见图 3。

$$p=\frac{RT}{V-b}-\frac{a}{V(V+b)+b(V-b)} \tag{5}$$

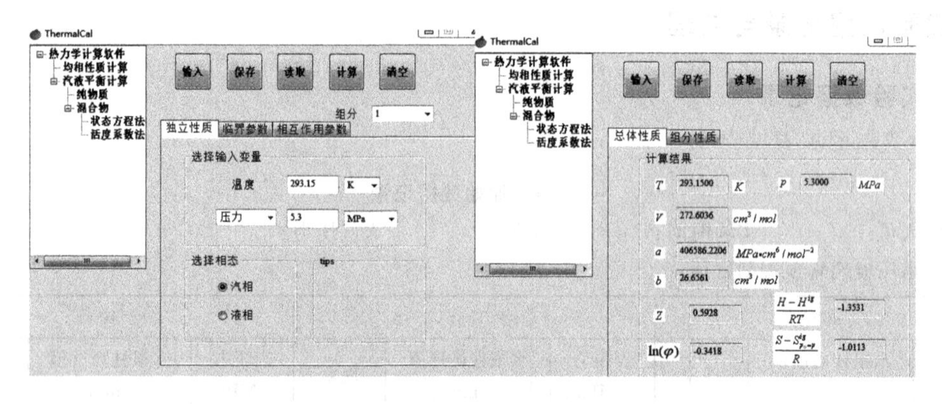

图 3　PR 方程计算结果

6. 对所测数据进行误差分析，写出实验体会。

实验 2　二元气液平衡数据的测定

气液相平衡数据是精馏、吸收等单元操作的基础数据。随着化工生产的发展，新的物系不断出现，已有的气液平衡数据远不能满足需要，很多物系的平衡数据很难由理论计算得到，实验测定亦是必然。在热力学研究中，新的热力学模型的建立和验证也离不开大量气液平衡数据的测定。

由于化工生产的复杂性和多样性，对应的相平衡数据的获得也有不同的形式。根据测定压力的高低，有常压、减压和高压气液平衡测定。根据实验中对温度、压力的控制，有等压法和等温法之分。按测定方法，有直接法和间接法之分。直接法中又有静态法、流动法和循环法等。其中循环法应用最为广泛。

平衡釜是准确测定气液平衡数据的关键。已有的平衡釜形式有多种，如 Ellis 釜、Rose 釜、Othmer 釜、Dvorak-Boublik 釜等。各种平衡釜各有特点，应根据待测物系的特征，选择适当的釜型。

本实验控制等压（压力为常压）条件，用双循环法测定乙醇-水的平衡数据，采用改进的小型 Rose 平衡釜，主要特点是釜外由真空玻璃夹套保温，可观察釜内的实验现象，且样品用量少，达到平衡快，因而实验时间短。

一、实验目的

1. 测定常压下乙醇（1）-水（2）二元体系的气液平衡数据。
2. 通过实验了解气液平衡釜的构造，掌握二元气液平衡数据的测定方法和技能。
3. 学习将实验测定的相平衡数据关联热力学模型方程的方法。

二、实验原理

以双循环法测定气液平衡数据的平衡釜类型多种多样，但基本原理是相似的。如图 1 所示，恒压下加热，沸腾室 A 中的液体沸腾产生蒸气，蒸气上升经完全冷凝后流入收集器 B，B 中冷凝液达到一定数量后溢出自回流管流至 A，再沸腾蒸发，冷凝，回流至 B。如此循环，随着过程的进行，A、B 的组成不断变化，直至体系达到平衡状态。此时整个循环体系的温度保持不变，A、B 中的组成也不再随时间变化，此时记录平衡温度，分别从 A、B 容器中取样分析，得到一组气液平衡数据。乙醇的含量可采用组成与折射率的关系进行间接测定，也可用气相色谱直接测定。

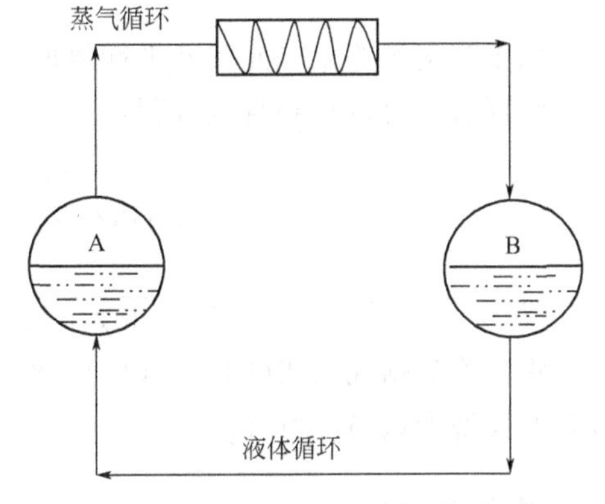

图 1　循环法原理示意图

根据气液平衡原理，当气液两相达到平衡时，除了两相的温度、压力相等之外，任一组分在两相中的组分逸度必须相等，即

$$\hat{f}_i^{\mathrm{v}}=\hat{f}_i^{\mathrm{l}} \tag{1}$$

其中，气相组分逸度 $\hat{f}_i^{\mathrm{v}}=py_i\hat{\varphi}_i^{\mathrm{v}}$；液相组分逸度 $\hat{f}_i^{\mathrm{l}}=f_i^{\mathrm{l}}x_i\gamma_i$。对于常减压条件下的气液平衡，可以认为气相是理想气体混合物，即 $\hat{\varphi}_i^{\mathrm{v}}=1$；液相为非理想溶液，在体系温度、压力下，$f_i^{\mathrm{l}}$ 可近似等于纯组分的饱和蒸气压 p_i^{s}，从而得出常减压条件下的气液平衡关系式：

$$py_i=p_i^{\mathrm{s}}x_i\gamma_i \tag{2}$$

式中，$\hat{f}_i^{\mathrm{v}}$ 为气相混合物中 i 组分的逸度；$\hat{f}_i^{\mathrm{l}}$ 为液相混合物中 i 组分的逸度；p 为系统压力（本实验为常压）；y_i 为气相中 i 组分的摩尔分数；x_i 为液相中 i 组分的摩尔分数；$\hat{\varphi}_i^{\mathrm{v}}$ 为气相混合物中 i 组分的逸度系数；f_i^{l} 为纯 i 组分的逸度；p_i^{s} 为纯 i 组分在系统温度下的饱和蒸气压，其数值可查物性参数或由 Antoine 方程计算；γ_i 为液相中 i 组分的活度系数。

通过实验测得等压下的气液平衡数据，根据气液平衡方程式(2)，即可计算出平衡条件下液相各组分的活度系数 γ_i：

$$\gamma_i=\frac{py_i}{p_i^{\mathrm{s}}x_i} \tag{3}$$

溶液活度系数与组成的关系可采用 Wilson 方程或 van Laar 方程进行关联。

（1）Wilson 方程

$$\ln\gamma_1=-\ln(x_1+\Lambda_{12}x_2)+x_2\left(\frac{\Lambda_{12}}{x_1+\Lambda_{12}x_2}-\frac{\Lambda_{21}}{x_2+\Lambda_{21}x_1}\right) \tag{4}$$

$$\ln\gamma_2=-\ln(x_2+\Lambda_{21}x_1)+x_1\left(\frac{\Lambda_{21}}{x_2+\Lambda_{21}x_1}-\frac{\Lambda_{12}}{x_1+\Lambda_{12}x_2}\right) \tag{5}$$

Wilson 方程的二元模型参数 Λ_{12} 和 Λ_{21} 采用非线性最小二乘法，由等温二元气液平衡数据回归求得。目标函数为：

$$F=\sum_j^n\left[(y_{1实}-y_{1计})_j^2+(y_{2实}-y_{2计})_j^2\right] \tag{6}$$

（2）van Laar 方程

$$\ln\gamma_1=A_{12}\left(\frac{A_{21}x_2}{A_{12}x_1+A_{21}x_2}\right)^2 \tag{7}$$

$$\ln\gamma_2=A_{21}\left(\frac{A_{12}x_1}{A_{12}x_1+A_{21}x_2}\right)^2 \tag{8}$$

如果测定了等温二元气液平衡数据，则可用实验数据拟合得到模型参数。如将 van Laar 方程整理后，可以得到直线方程：

$$\frac{x_1}{x_1\ln\gamma_1+x_2\ln\gamma_2}=\frac{1}{A_{21}}\times\frac{x_1}{x_2}+\frac{1}{A_{12}} \tag{9}$$

$$\frac{x_2}{x_1\ln\gamma_1+x_2\ln\gamma_2}=\frac{1}{A_{12}}\times\frac{x_2}{x_1}+\frac{1}{A_{21}} \tag{10}$$

将实验数据代入式(9)、式(10)，作图可得两条直线，由斜率和截距即可求得 van Laar 方程的模型参数 A_{12} 和 A_{21}。

三、实验装置

本实验采用小型气液平衡釜，其结构见图 2，该釜使用广泛，操作简单，平衡时间短。

温度测量用 1/10 精度的水银温度计。乙醇含量的测定用阿贝折射仪，其原理及使用见 1.2.1.3 阿贝折射仪。

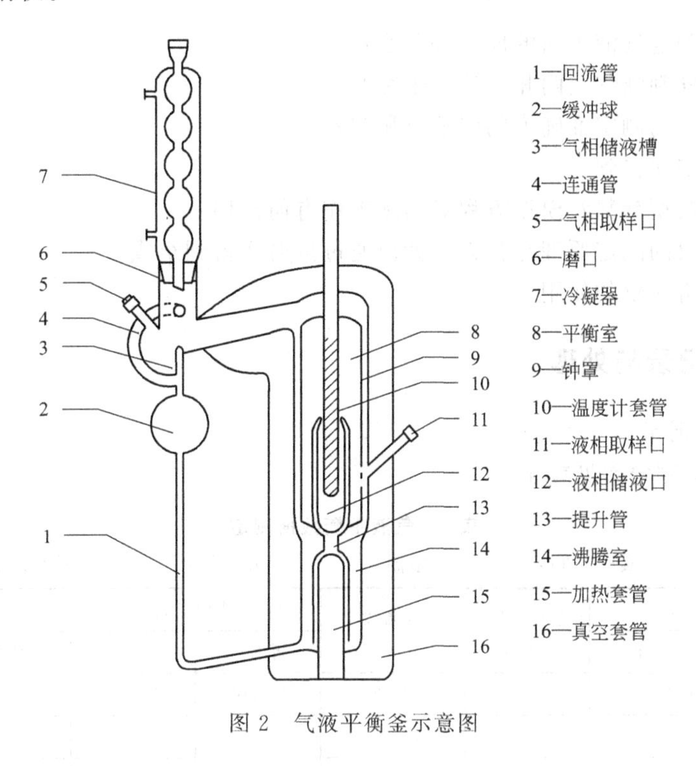

图 2　气液平衡釜示意图

四、实验内容及步骤

① 加料。从加料口加入乙醇和水的混合液，然后开冷却水。初次加样可取乙醇与水的体积比为 1∶(7～8)，加料高度不应低于加热棒顶位置。

② 系统检漏。从系统中抽出或打入一定量气体，观察连接系统的 U 形管压差计的液位，若管中液位差能保持一定时间不变，说明系统密封良好。然后调整 U 形压差计两管的液位保持平齐，使系统压力为大气压。

③ 加热。接通电源，调节变压器，缓慢升温加热至釜液沸腾。

④ 调节阿贝折射仪的循环水温至 25℃。

⑤ 取样。观察平衡釜内的沸腾情况，冷凝回流液控制在每秒 2～3 滴，稳定回流至温度保持不变约 20min，以确保气液两相平衡状态的建立。读取此时的平衡温度，用取样器同时抽取气液两相样品（为保证取样准确，取样器需抽洗 2～3 次）。

⑥ 分析。将取出的样品用阿贝折射仪测定 25℃的折射率，通过标准曲线查得 x_i、y_i 的值。也可采用具有热导检测器的气相色谱仪分析样品的组成。

⑦ 取样后，待温度降低，可每次加入 1～2mL 乙醇以改变釜内的组成，重复步骤②～⑥，依次进行多组平衡数据的测定。

⑧ 实验结束，关闭阿贝折射仪和恒温槽的电源，把加热电流（电压）逐渐调到零，待釜内温度降至 35℃以下，将釜内料液排尽，关闭冷却水，关闭电源，整理好实验仪器和实验台。

五、预习与思考

1. 双循环法测定气液平衡的原理是什么？
2. 实验中怎样判断气液两相已达到平衡？
3. 影响气液平衡测定准确度的因素有哪些？
4. 活度系数如何得到？
5. 如何确定模型参数？模型方程对实际工作有何作用？
6. 阿贝折射仪的测定原理是什么？如何通过折射率得到组成？
7. 预习阿贝折射仪的使用。

六、实验数据记录与处理

1. 实验数据记录

气液平衡数据测定表见表1。

表1　气液平衡数据测定

实验人员：　　　　实验时间：　　　　室温：　　　　大气压：　　　　折射仪温度：

实验序号	加样/mL		平衡时间/min	平衡温度 t/℃	液相组成		气相组成	
	乙醇	水			折射率	x_1	折射率	y_1
1	a	b	20	83.2	1.3500	0.207	1.3604	0.53
2								
…								

2. 实验数据处理

① 根据表2的数据绘制折射率-浓度标准曲线，由标准曲线查找实验测定的平衡组成数值，并列表。

表2　乙醇-水溶液折射率数据（25℃）

乙醇水溶液物质的量浓度 x_1	0	0.042	0.089	0.144	0.207	0.281	0.324	0.372	0.430	0.482
折射率 n_D^{25}	1.3328	1.3380	1.3425	1.3466	1.3500	1.3540	1.3557	1.3572	1.3585	1.3597
乙醇水溶液物质的量浓度 x_1	0.551	0.619	0.661	0.710	0.766	0.818	0.862	0.908	0.950	1
折射率 n_D^{25}	1.3608	1.3615	1.3624	1.3628	1.3631	1.3625	1.3621	1.3616	1.3612	1.3606

② 计算实验所得各组相平衡条件下的活度系数。

以表1中的一组数据为例，饱和蒸气压由 Antoine 方程式(11) 计算。

$$\ln p^{s} = A - \frac{B}{C+T} \tag{11}$$

$$\ln p_1^{s} = 9.6417 - \frac{3615.06}{-48.6+(273.15+83.2)} = -2.105, p_1^{s} = 0.122\text{MPa}$$

$$\ln p_2^{s} = 9.3876 - \frac{3826.36}{-45.47+(273.15+83.2)} = -2.921, p_2^{s} = 0.054\text{MPa}$$

$$\gamma_1=\frac{py_1}{p_1^s x_1}=\frac{0.1\times 0.53}{0.122\times 0.207}=2.099$$

$$\gamma_2=\frac{py_2}{p_2^s x_2}=\frac{0.1\times(1-0.53)}{0.054\times(1-0.207)}=1.098$$

③ 应用 Wilson 方程进行等压泡点的计算。由等压条件下测得的液相组成 x_i，计算相平衡数据 T-y_i 值及 γ_i，并与实验测得的 T-y_i 值及 γ_i 比较。其中能量参数 $g_{12}-g_{11}=1645.136\text{J/mol}$，$g_{21}-g_{22}=3875.484\text{J/mol}$，纯组分的饱和蒸气压由 Antoine 方程式(11) 计算，纯组分的摩尔体积由修正的 Rackett 方程式(12) 计算。

$$V^{sl}=(RT_c/p_c)[\alpha+\beta(1-T_r)]^{1+(1-T_r)^{2/7}} \tag{12}$$

以表 1 中实验数据为例，应用 ThermalCal 程序计算（ThermalCal 为陈新志等编著的《化工热力学》教材配套使用的计算程序），结果如图 3 所示。

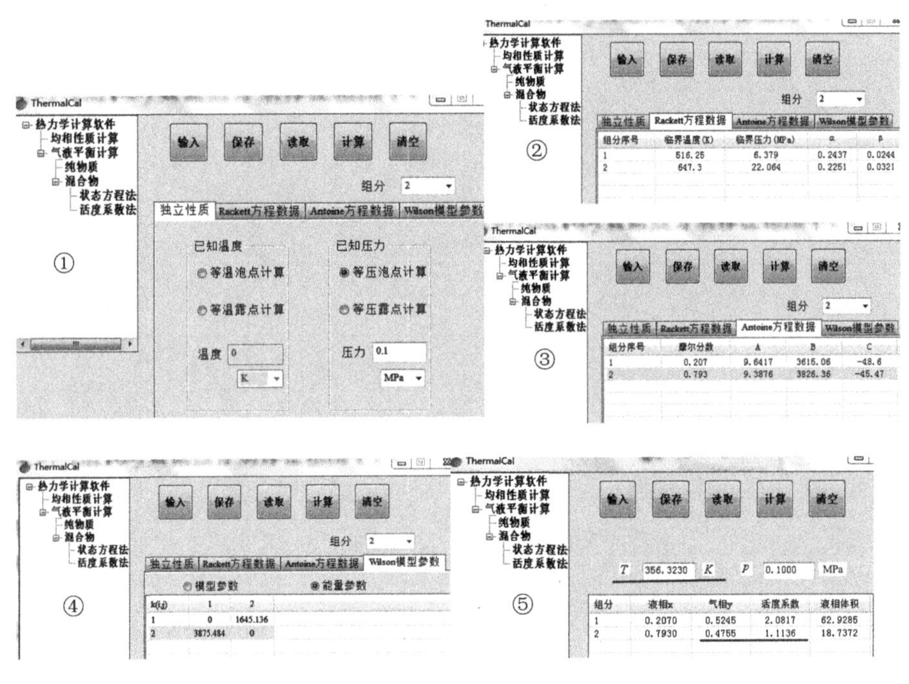

图 3　Wilson 方程计算气液相平衡

七、结果与讨论

1. 由实验数据计算出各组平衡条件下的活度系数，并将测定的平衡温度、组成及活度系数计算值列表。

2. 根据表 3 的气液平衡数据绘制乙醇 (1)-水 (2) 的等压二元体系 T-x-y 相图，并将实验测定的几组 T-x-y 数据点分别标注在相图中。比较实验数据与文献值，分析误差原因。

表 3　乙醇-水气液平衡数据（101.35kPa）

平衡温度/℃	78.3	78.3	78.15	78.4	78.7	79.1	79.9	80.7	81.7	83.2	86.4	90.6	100
液相组成 x_1	1.0	0.95	0.894	0.80	0.70	0.60	0.50	0.40	0.30	0.20	0.10	0.05	0
汽相组成 y_1	1.0	0.942	0.894	0.82	0.755	0.698	0.657	0.614	0.575	0.525	0.43	0.31	0

3. 应用 Wilson 方程，由等压条件下测得的液相组成 x_i 计算相平衡数据 $T\text{-}y_i$，并将计算所得 $T\text{-}x_i\text{-}y_i$ 数据点标注在 $T\text{-}x\text{-}y$ 相图中，与文献值及实验测得的 $T\text{-}x_i\text{-}y_i$ 值比较，对结果进行讨论。

例如表 1 中的实验值是 83.2℃，0.207，0.53，Wilson 方程计算值是 83.17℃，0.207，0.5245，$T\text{-}x\text{-}y$ 相图中对应 $x_i=0.207$ 的一组数是文献值，比较后进行分析讨论。

4. 分析产生误差的原因，并提出提高测量精度的措施。

5. 写出实验体会。

实验 3　三元液液平衡数据的测定

有些液体在特定的温度、压力下，按一定比例混合时会出现两个组成不同的液相分层现象，这样的系统达到热力学平衡状态时，即为液液平衡，此时的温度、压力及各液相的组成就是液液平衡数据。液液平衡数据是液液萃取分离的基础及工艺设计和生产操作的主要依据。

一、实验目的

1. 测定乙酸-水-乙酸乙烯在 25℃下的液液平衡数据。
2. 学会三元相图的绘制。
3. 学习应用液液平衡数据，求取活度系数模型参数的方法。

二、实验原理

三元液液平衡数据的测定，有直接和间接两种方法。直接法是配制一定组成的三元混合物，在恒温下充分搅拌接触，达到两相平衡。静置分层后，分别取出两相溶液分析其组成，由两相的平衡组成标绘出平衡结线。这种方法可直接获得相平衡数据，但对分析方法要求比较高。

间接法是先用浊点法测出三元体系的溶解度曲线，然后根据溶解度曲线上某组分的量与可检测量的关系，测定相同温度下的平衡结线数据。通常用到的可测物理量有折射率、吸光度、密度等，也可通过化学分析法测定某组分的含量。测定出溶解度曲线上某组分的含量后，只需根据已测定的溶解度曲线即可确定两相的组成。

对于乙酸-水-乙酸乙烯这个特定的三元体系，乙酸含量的分析最为方便，因此可采用浊点法先测定溶解度曲线，将浊点组成标绘在如图 1 所示的三元相图（可以是等边三角形或者直角三角形）中，然后配制一定的三元混合物（如 D 点），在恒温条件下充分搅拌后，静置

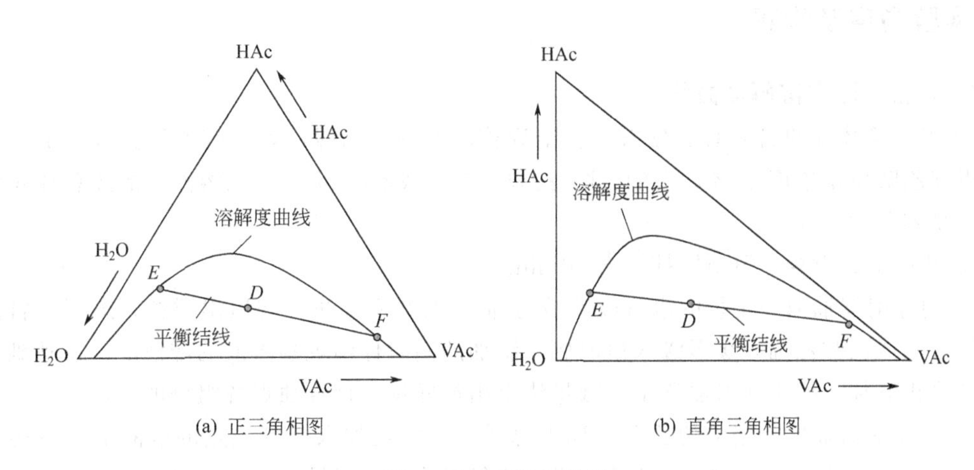

(a) 正三角相图　　(b) 直角三角相图

图 1　三元相图示意图

分层，分别取两相样品，用滴定法分析出其中乙酸的含量，即可由乙酸的含量在溶解度曲线上找到平衡结点 E、F 的位置（结点 EF 的连线称为平衡结线），平衡结点的其他两个组分的含量直接由溶解度曲线查出。

三、实验装置

液液平衡装置由恒温控制系统、搅拌器、平衡釜、进（取）样器组成。图 2 为水循环恒温的液液平衡装置示意图，图 3 为具有保温箱的空气恒温液液平衡装置示意图。

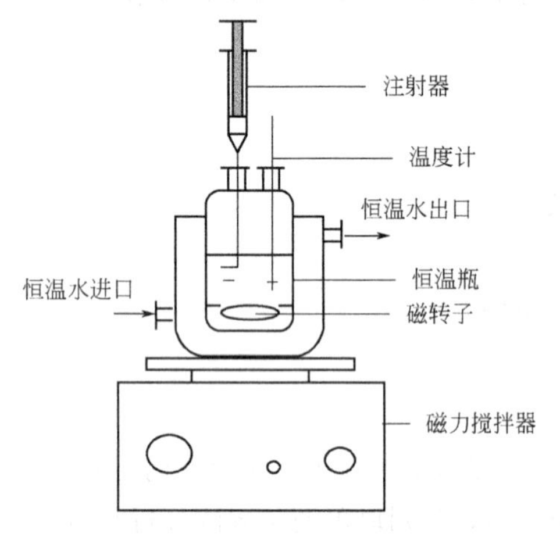

图 2　水循环恒温实验装置示意图

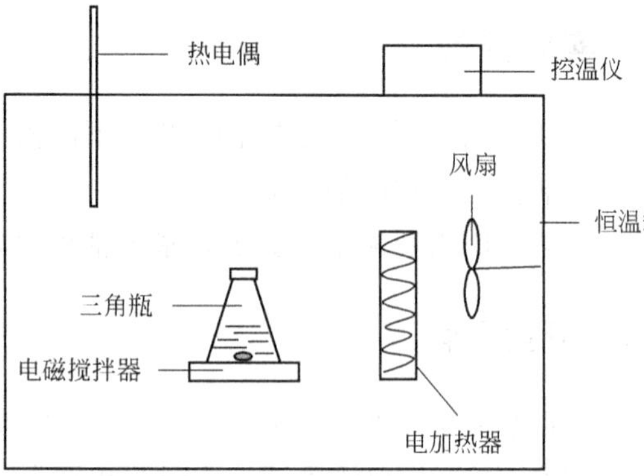

图 3　空气恒温实验装置示意图

实验试剂包括乙酸、乙酸乙烯和去离子水，它们的物理常数如表 1 所示。

表 1　主要试剂

品名	沸点/℃	密度 ρ/(g/cm^3)
乙酸	118	1.049
乙酸乙烯	72.5	0.931
去离子水	100	0.997

四、实验内容及步骤

1. 浊点法测定溶解度曲线

① 将实验装置的温度恒定在 25℃，准确称取乙酸、乙酸乙烯（或乙酸、水）加入恒温瓶，得到乙酸质量浓度 20%左右的乙酸-乙酸乙烯（或乙酸-水）二元溶液，溶液总体积约为恒温瓶总容积的 1/3。

② 开启电磁搅拌，恒温搅拌 15～20min。

③ 用注射器抽取一定量的水（或乙酸乙烯），称出总质量。在恒温搅拌状态下，将注射器中的水（或乙酸乙烯）缓慢滴入恒温瓶，滴加的同时仔细观察溶液的澄清度，待达到浊点后立即停止滴加，拔出注射器称重，减量法得出加样量，计算浊点各组分的含量。

④ 用注射器抽取一定量的乙酸，称出总质量，缓慢加入已测浊点的溶液中，待溶液澄清后再继续加入约 0.3～0.5mL 乙酸，拔出注射器称重，减量法得出加样量。

⑤ 重复步骤②～④，可依次测出多个浊点。

2. 测定平衡结线

① 测定溶解度曲线的最后一个浊点实验结束后，继续加入水（或乙酸乙烯）使溶液组成位于部分互溶区，称量各组分的加入量，得出系统组成。

② 将步骤①得到的三元部分互溶溶液继续在 25℃恒温搅拌 20min，然后停止搅拌，恒温静置 10～15min，确保溶液分层达到相平衡。

③ 用注射器分别抽取油层及水层溶液，用酸碱中和法分析出溶液中乙酸的含量，由此可在溶解度曲线上找到互成平衡的油相及水相的结点位置，并查出其余两个组分的含量，将结点连线即为平衡结线。

④ 改变部分互溶溶液的组成，重复步骤②和③，可测定多个结线。

五、预习与思考

1. 查阅实验所用试剂乙酸、乙酸乙烯的物理化学性质、毒性、使用注意事项、应急处理方法等。

2. 请指出图 4 中溶液的总组成点由 A 到 B、C、D、E 的变化过程中，会出现什么现象？

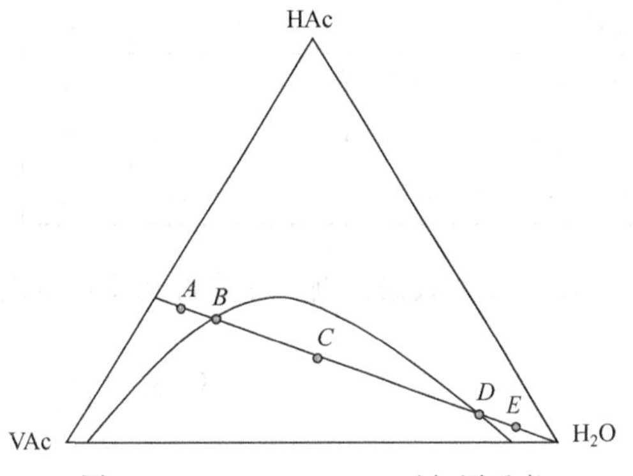

图 4 HAc-H_2O-VAc 三元相图示意

3. 液液相平衡的条件是什么？产生相分裂的原因是什么？

4. 温度和压力如何影响液液平衡？本实验通过怎样的操作达到液液平衡？

5. 什么是平衡结线？结线上系统点和结点有什么关系？

6. 自拟用浓度为 0.1mol/L 的氢氧化钠标准溶液滴定本实验中共轭两相乙酸组成的方法和计算式。

7. 滴定取样时应注意哪些事项？水及乙酸乙烯的组成如何得到？

六、实验数据记录与处理

1. 实验数据记录

浊点数据测定表和结线数据测定表见表 2 和表 3。

表 2 浊点数据测定

实验人员： 实验时间： 室温： 大气压： 平衡温度： 平衡时间：

实验序号	乙酸乙烯称量值/g			乙酸称量值/g			水称量值/g			现象
	加样前	加样后	减量	加样前	加样后	减量	加样前	加样后	减量	
1			17.5			5.25			2.25	溶液由清变浊
2										
…										

表 3 结线数据测定

实验人员：　　实验时间：　　室温：　　大气压：

平衡温度：　　平衡时间：　　氢氧化钠溶液浓度：

实验序号	系统点各组分的量/g			油相分析				水相分析			
	乙酸	水	乙酸乙烯	取样量/g	滴定值/mL			取样量/g	滴定值/mL		
					初	末	体积		初	末	体积
1											
2											
…											

2. 实验数据处理

① 由表 4 的数据在三角相图中绘制 HAc-H_2O-VAc 三元体系溶解度曲线，将实验测定的浊点组成列表给出，并将其标绘在相图中。

表 4 HAc-H_2O-VAc 三元体系溶解度数据（质量组成，298.15K）

组成	1	2	3	4	5	6	7	8	9	10	11	12
HAc	0.05	0.10	0.15	0.20	0.25	0.30	0.35	0.30	0.25	0.20	0.15	0.10
H_2O	0.017	0.034	0.055	0.081	0.121	0.185	0.504	0.605	0.680	0.747	0.806	0.863
VAc	0.933	0.866	0.795	0.719	0.629	0.515	0.146	0.095	0.070	0.053	0.044	0.037

以表 2 中数据为例，计算得到浊点组成为：

$$C_{\mathrm{VAc}}=\frac{17.5}{17.5+5.25+2.25}=0.70$$

$$C_{\mathrm{HAc}}=\frac{5.25}{17.5+5.25+2.25}=0.21$$

$$C_{\mathrm{H_2O}}=\frac{2.25}{17.5+5.25+2.25}=0.09$$

② 计算结点测试实验中系统点组成，计算水相及油相中乙酸的含量。

③ 根据乙酸含量在溶解度曲线上标出结点的位置，并查出结点其余两个组分的含量，所有数值列表给出（可参考表 5）。

表 5 平衡结线数据测定

组成	结线测定 1				结线测定 2				…			
	系统点	结点(水相)	结点(油相)	分配系数	系统点	结点(水相)	结点(油相)	分配系数				
HAc	0.33	0.10	0.16	0.625								
H_2O	0.52	0.86	0.06									
VAc	0.15	0.04	0.78									

④ 计算溶液组分的分配系数 K_i。

由液液相平衡条件：

$$x_i^{\alpha}\gamma_i^{\alpha}=x_i^{\beta}\gamma_i^{\beta} \tag{1}$$

计算乙酸在两相的分配系数：　　$K_i=\dfrac{x_i^{\alpha}}{x_i^{\beta}}=\dfrac{\gamma_i^{\beta}}{\gamma_i^{\alpha}}$　　(2)

以表 5 中数据为例，计算分配系数 K_i：

$$K_{HAc}=\frac{x_{HAc}^{水相}}{x_{HAc}^{油相}}=\frac{0.1}{0.16}=0.625$$

3. 三元液液平衡的推算示例

若已知互溶二元体系的气液平衡数据以及部分互溶二元体系的液液平衡数据，应用非线性最小二乘法，可求出各对二元活度系数模型方程参数。由于 Wilson 方程对部分互溶系统不适用，因此关联液液平衡通常采用 NRTL 或 UNIQUAC 方程。

当已知 HAc-H_2O、HAc-VAc、VAc-H_2O 三对二元体系的 NRTL 或 UNIQUAC 常数后，可用 Null 法求解。

在某一温度下，已知三对二元体系的活度系数模型方程参数，并已知溶液的总组成，即可计算平衡液相的组成。

令溶液的总组成为 x_{if}，平衡后分成两液层，一层为 A，组成为 x_{iA}，另一层为 B，组成为 x_{iB}，设混合物的总量为 1mol，其中液相 A 占 Mmol，液相 B 占 $(1-M)$mol。对组分 i 进行物料衡算：

$$x_{if}=x_{iA}M+(1-M)x_{iB} \tag{3}$$

若将 x_{iA}、x_{iB}、x_{if} 在三角形坐标上标绘，则三点应在一条直线上。此直线称为平衡结线。根据液液平衡的热力学关系式 $x_{iA}\gamma_{iA}=x_{iB}\gamma_{iB}$ 得：

$$x_{iA}=\frac{\gamma_{iB}}{\gamma_{iA}}x_{iB}=K_i x_{iB} \tag{4}$$

式中，

$$K_i=\frac{\gamma_{iB}}{\gamma_{iA}} \tag{5}$$

将式(4) 代入式(3) 得 $x_{if}=MK_i x_{iB}+(1-M)x_{iB}=x_{iB}(1-M+MK_i)$，解此方程得：

$$x_{iB}=\frac{x_{if}}{1+M(K_i-1)} \tag{6}$$

结合归一化条件 $\sum x_{iA}=1$，$\sum x_{iB}=1$ 及式(4)、式(6) 得：

$$\sum x_{iA}-\sum x_{iB}=\sum\frac{K_i x_{if}}{1+M(K_i-1)}-\sum\frac{x_{if}}{1+M(K_i-1)}=\sum\frac{x_{if}(K_i-1)}{1+M(K_i-1)}=0 \tag{7}$$

对三元体系展开为：

$$\frac{x_{1f}(K_1-1)}{1+M(K_1-1)}+\frac{x_{2f}(K_2-1)}{1+M(K_2-1)}+\frac{x_{3f}(K_3-1)}{1+M(K_3-1)}=0 \tag{8}$$

式中，γ_{iA} 是 A 相组成及温度的函数；γ_{iB} 是 B 相组成及温度的函数。x_{if} 是已知数，初设平衡两液相的组成，由活度系数模型方程得到 γ_{iA}、γ_{iB}，代入式(5) 可求得 K_1、K_2、K_3，则式(8) 中只有 M 是未知数，是一元函数求零点的问题。

因此当体系的温度、总组成及活度系数模型参数已知时，求平衡两相的组成 x_{iA} 及 x_{iB} 的步骤如下：

① 假定两相组成的初值（可用实验值作为初值），由活度系数模型方程计算 γ_{iA}，γ_{iB}，代入式(5) 得 K_i。

② 将 K_i 代入式(8)，求解 M 值。

③ 由式(6) 求得 x_{iB}，由式(4) 得 x_{iA}。

④ 若 $\left|\dfrac{\gamma_{iA}x_{iA}}{\gamma_{iB}x_{iB}}-1\right|\leqslant\varepsilon$ 则计算结束，若不满足，则由步骤③中所得 x_{iA}、x_{iB}值重复步骤①～④，反复迭代，直至满足判据要求，完成三元液液平衡的推算。

以 NRTL 方程推算乙酸-水-乙酸乙烯三元液液平衡数据为例，计算框图如图 5 所示。

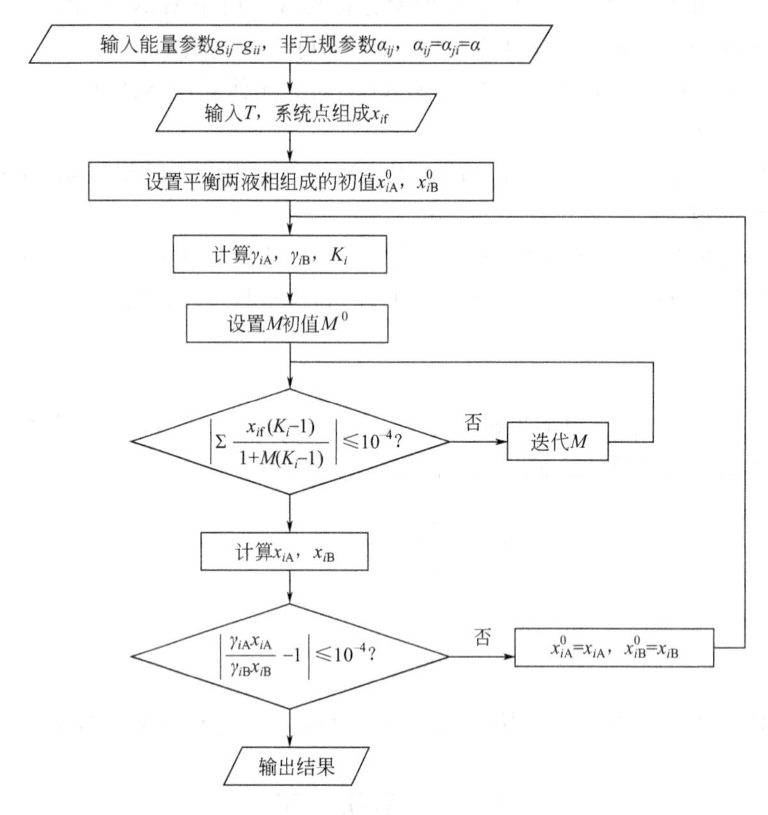

图 5　三元液液平衡数据计算框图

其中 M 的迭代式：

$$M_{n+1}=\frac{1}{1-K_3}-\frac{x_{3f}}{\dfrac{x_{1f}(K_1-1)}{1+M_n(K_1-1)}+\dfrac{x_{2f}(K_2-1)}{1+M_n(K_2-1)}} \tag{9}$$

三对二元体系的 NRTL 特征参数如表 6 所示。

表 6　二元体系 NRTL 特征参数

物系(i-j)	α_{ij}	$(g_{ij}-g_{ii})/R$	$(g_{ji}-g_{jj})/R$
HAc-H_2O	1.29	147.54	345.45
HAc-VAc	1.59	179.58	257.77
H_2O-VAc	0.3	1484.33	552.44

三元 NRTL 方程：

$$\ln\gamma_i=\frac{\sum_{j=1}^{3}x_j\tau_{ji}G_{ji}}{\sum_{k=1}^{3}x_kG_{ki}}+\sum_{j=1}^{3}\frac{x_jG_{ij}}{\sum_{k=1}^{3}x_kG_{kj}}\left(\tau_{ij}-\frac{\sum_{k=1}^{3}x_k\tau_{kj}G_{kj}}{\sum_{k=1}^{3}x_kG_{kj}}\right) \tag{10}$$

其中，模型参数 τ_{ij} 和 G_{ij} 分别表示如下：

$$\tau_{ij}=\frac{g_{ij}-g_{ii}}{RT},G_{ij}=\exp(-\alpha_{ij}\tau_{ij})$$

其中，$g_{ij}-g_{ii}$ 是能量参数；α_{ij} 称为非无规参数，且有 $\alpha_{ij}=\alpha_{ji}=\alpha$。

七、结果与讨论

1. 处理实验数据，列出实验结果表。
2. 将实验测定的浊点标绘在相图中，与溶解度曲线对比讨论，分析误差原因。
3. 绘制平衡结线，讨论系统点和结点的关系，分析误差原因。
4. 进行三元液液平衡数据的推算，并与实验值比较，对结果进行讨论。
5. 分析实验误差的来源，提出改进方法，写出实验体会。

实验4 气相色谱法测定无限稀释活度系数

活度系数是研究溶液热力学的重要数据，可用于预测气液平衡、选择萃取剂等，是化工过程设计不可缺少的数据。活度系数的测定方法有沸点法、气液平衡法、气相色谱法等。气相色谱法通过固定相与极微量气相样品连续接触和分配，实现对气相混合物的分离，这一特点正好与无限稀释溶液平衡体系相似。采用气相色谱法测定无限稀释溶液活度系数，样品用量少，测试周期短，准确度高，已成为研究溶液性质的一种重要方法。

一、实验目的

1. 掌握气相色谱法测定无限稀释溶液活度系数的原理。
2. 熟悉气相色谱仪的结构、测定原理和使用方法。
3. 熟悉温度、压力、流量等物理量的测量方法。
4. 应用气相色谱法测出给定组分的无限稀释活度系数。

二、实验原理

20世纪50年代，James、Martin、Littlewood等对气相色谱进行了系统研究，通过测定流动相（溶质）在固定相（溶剂）中的保留时间，可以获取流体的许多热力学性质。其中推算无限稀释活度系数Γ^{∞}就是气相色谱法的应用之一。

色谱法分离一般涉及固定相和流动相两个相，被分离样品中各组分与两相有不同的分子间作用力，在流动相的带动下各组分在两个相间进行连续多次的分配而最终实现分离。流动相（载气）携带不同组分先后进入检测器，产生一定的信号，经色谱工作站处理得到色谱图。

当溶液无限稀释时，可认为是溶质分子被溶剂完全包围的一种理想情况，溶质分子间的距离无限远，其相互作用可忽略不计，溶液中只存在溶质与溶剂、溶剂与溶剂间的相互作用力，使得溶液理论处理简单化。

对色谱分析的合理的假设为：

① 样品进样量很小，在固定液中可视为处于无限稀释状态。

② 色谱柱温度控制精度达±0.1℃，可视为等温柱。

③ 组分在两相的量极小，且扩散迅速，处于瞬间平衡状态，可认为在全柱内处于气液平衡。

④ 常压操作条件下，气相可按理想气体处理。

气相色谱法就是根据气相色谱分离原理和气液平衡关系，通过测定流动相（溶质）在固定相（溶剂）中的保留时间，以及已知的固定液质量，计算出保留体积，推导出溶质在固定液上进行色谱分离时，溶质的校正保留体积与溶质在固定液中无限稀释活度系数Γ^{∞}之间的关系式。

实验中，当载气将某一气体组分带过色谱柱时，由于气体组分与固定液的相互作用，经过一定时间而流出色谱柱。通常进样量很小，在吸附等温线的线性范围内，流出曲线呈正态分布，如图1所示。

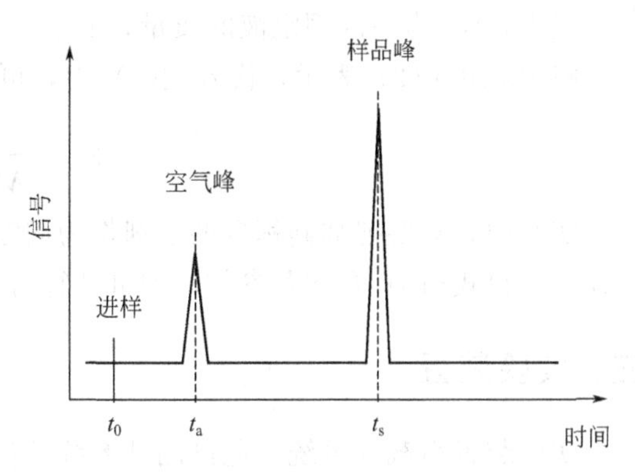

图1 单组分色谱流出曲线图

在实验仪器和色谱条件确定后，t_a-t_0 为确定值，与试样组分几乎无关。样品保留时间 t_s 的大小反映了样品在气液相间的分配，与平衡时样品在两相的分配系数、各物质（组分、固定相、流动相）的分子结构和性质有关。而样品的校正保留值 t_R 是与空气无关，只与组分有关的物理量。校正保留时间 t_R 为：

$$t_R=t_s-t_a \tag{1}$$

校正保留体积 V_R 为：

$$V_R=t_R\overline{F}_c \tag{2}$$

式中，$\overline{F}_c$ 为校正到柱温、柱压下的载气平均流量，m^3/s。由式(3) 计算：

$$\overline{F}_c=\frac{3}{2}\left[\frac{(p_b/p_0)^2-1}{(p_b/p_0)^3-1}\right]\left[\frac{(p_0-p_w)}{p_0}\times\frac{T_c}{T_a}F_c\right] \tag{3}$$

式中，p_b 为柱前压力，Pa；p_0 为柱后压力，Pa；p_w 为环境温度下的水蒸气压力，Pa；T_a为环境温度，K；T_c 为柱温，K；F_c 为由皂膜流量计测定的载气在柱后的平均流量，m^3/s。

校正保留体积 V_R 与液相体积 V_l 关系为：

$$V_R=KV_l=\frac{c_i^l}{c_i^g}V_l \tag{4}$$

式中，V_l 为液相体积，m^3；K 为分配系数；c_i^l 为样品在液相中的浓度，mol/m^3；c_i^g 为样品在气相中的浓度，mol/m^3。

因气相视为理想气体，则：

$$c_i^g=\frac{p_i}{RT_c} \tag{5}$$

而当溶液为无限稀释时，则：

$$c_i^l=\frac{\rho_l x_i}{M_l} \tag{6}$$

式中，R 为气体常数；ρ_l 为固定液的密度，kg/m^3；M_l 为固定液的分子量；x_i 为样品 i 的物质的量分数；p_i 为样品的分压，Pa；T_c 为柱温，K。

将式(5)、式(6) 代入式(4) 得：

$$V_R=\frac{c_i^l}{c_i^g}V_l=\frac{RT_c\rho_l x_i V_l}{p_i M_l} \tag{7}$$

达到气液平衡时，有：

$$p_i=p_i^s\gamma_i^\infty x_i \tag{8}$$

式中，p_i^s为样品 i 在柱温下的饱和蒸气压，Pa，查物性数据或由 Antoine 方程计算；γ_i^∞ 为样品 i 的无限稀释活度系数。

将式(8) 代入式(7)，得：

$$V_R=\frac{V_l\rho_l RT_c}{M_l p_i^s\gamma_i^\infty}=\frac{W_l RT_c}{M_l p_i^s\gamma_i^\infty} \tag{9}$$

式中，W_1 为柱内固定液的质量，g。

将 V_R 用式(2) 表示，代入式(9) 中，可得无限稀释活度系数：

$$\gamma_i^{\infty}=\frac{W_1RT_c}{M_1p_i^s t_R\overline{\overline{F}}_c} \tag{10}$$

实验中，只要把准确称量的溶剂作为固定液涂渍在载体上装入色谱柱，用被测溶质作为进样，测得式(10) 右端各参数，即可计算溶质 i 在溶剂中的无限稀释活度系数。

三、实验装置

实验装置由载气系统、色谱测试系统及流量测试系统构成，如图 2 所示。

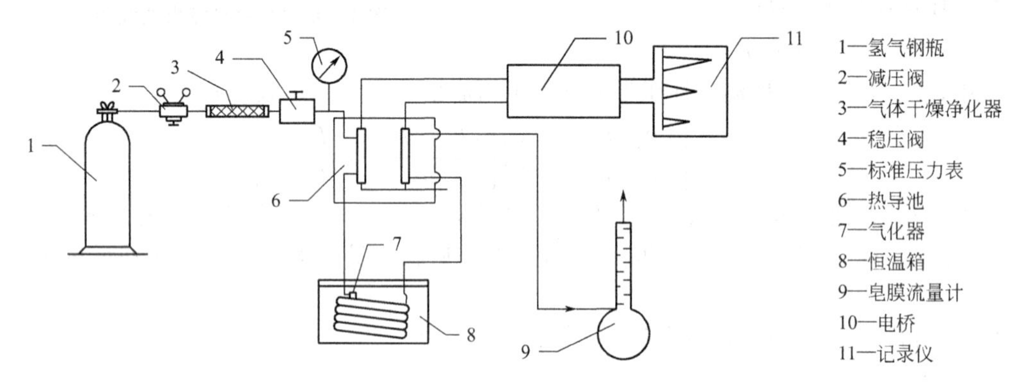

图 2　色谱法测无限稀释活度系数实验装置与流程

实验所用的色谱柱固定液为邻苯二甲酸二壬酯。样品正己烷和环己烷进样后气化，并与载气 H_2 混合后成为气相。

四、实验内容及步骤

(1) 色谱柱的制备

准确称取一定量的邻苯二甲酸二壬酯（固定液）于蒸发皿中，并加适量丙酮以稀释固定液。按固定液与担体之比为 15∶100 来称取白色担体。将固定液均匀地涂渍在担体上。将涂好的固定相装入色谱柱中，并准确计算装入柱内的固定相质量（根据实验学时，可提前准备好色谱柱)。

(2) 系统检漏

将色谱柱安装到色谱仪中，接通色谱仪气路，打开氢气发生器，将色谱尾气出口堵死。若转子迅速降为零，则系统不漏气；若转子下降较慢，则需用皂液检漏，至所有接头都不漏气后才能开机。

(3) 开启色谱仪

系统检漏后，将尾气接至皂膜流量计，开启色谱仪主机开关。系统自检后，设定色谱条件为：柱温 60℃，气化温度 120℃，检测器温度 120℃，桥电流 90mA。开启色谱工作站和计算机，等待基线稳定。

(4) 载气流量测定

色谱基线稳定后，用皂膜流量计测定载气在色谱柱后的平均流量。气体通过肥皂水鼓泡，形成一个薄膜并随气体上移，用秒表测皂膜流过10mL体积所用的时间，控制在20mL/min（30s/10mL）左右，至少测三次，取平均值。用标准压力表测量柱前压。

（5）进样测试

基线稳定后，用10μL进样器准确取样品正己烷0.2μL，再吸入空气至5μL，然后进样，记录t_a、t_s数据，再分别取0.4μL、0.6μL、0.8μL样品，重复上述实验。每种进样量至少测三次，如重复性好，取平均值，否则重测。更换样品环己烷，重复步骤（5）的操作。也可改变柱温以测定不同温度下的无限稀释活度系数。

（6）结束实验

实验完毕后，先关闭色谱仪的电源，待检测器的温度降到50℃以下时再关闭气源。

五、预习与思考

1. 什么是无限稀释活度系数，在化工计算中有什么应用？
2. 气相色谱法测定的基本原理是什么？
3. 推导无限稀释活度系数时做了哪些假设？
4. 如果溶剂也是易挥发性物质，本法是否适用？如何改进？
5. 活度系数值的大小与什么因素有关？

六、实验数据记录与处理

1. 原始数据记录

柱后载气流量测定数据记录和色谱分析实验数据记录见表1和表2。

表1 柱后载气流量测定数据记录

柱前表压：　　　柱温：

项目	1	2	3
收集10mL气体时间t/s			
柱后载气流量平均值/(m^3/s)			
校正到柱温柱压下的载气流量平均值/(m^3/s)			

表2 色谱分析实验数据记录

环境温度Ta：　　　大气压力：　　　溶质：　　　固定液质量W_1：

仪器号：　　　柱温T_c：　　　气化室温度：　　　检测器温度：　　　桥电流：

样品量/μL	实验序号	空气出峰时间t_a/s	样品出峰时间t_s/s	校正保留时间t_R/s	柱前表压/MPa	柱后载气流量（收集10mL气体时间）/s		
0.2	1							
	2							
	3							
0.4	1							
	2							
	3							
…								

2. 数据处理

① 作图求解进样量趋于零时的校正保留时间。

计算各进样量条件下的校正保留时间，作图求解进样量趋于零时的校正保留时间，如图 3 所示。

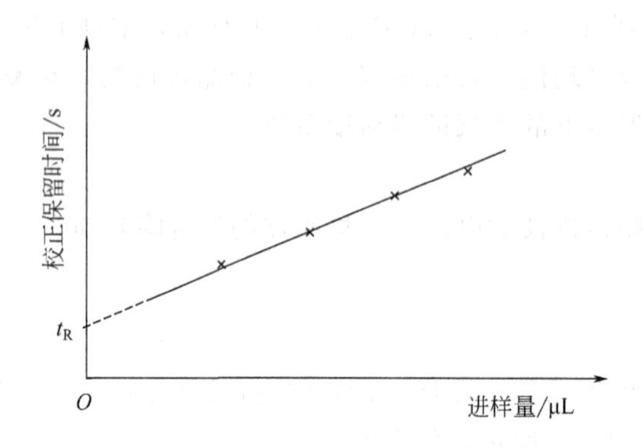

图 3　校正保留时间与进样量的关系

② 计算校正的柱后载气平均流量，计算水及溶质的饱和蒸气压。

③ 计算溶质的无限稀释活度系数。

七、结果与讨论

1. 处理实验数据，将实验结果列表。
2. 讨论影响无限稀释活度系数值的因素。
3. 分析实验误差的来源，提出改进方法。
4. 写出本次实验的体会。

第3章　化学反应工程实验

化学反应工程是化学工程与工艺类专业的核心课程，重点讨论影响反应结果的工程因素（如返混、混合、热稳定性和参数灵敏性等）。配合课程的化学反应工程实验，旨在加深学生对化学反应工程专业知识的理解和应用，强化反应工程理论思维，即工程因素对化学反应影响的本质是反应器型式、操作方式、操作条件等影响了反应场的温度和浓度，进而影响了反应过程。通过实验，学生熟悉各种反应器及其模型建立的理论，掌握实验数据的测量及数据处理方法，了解化工过程所用的控制系统以及各种测量、计量仪表等仪器设备的原理及使用，对于巩固学生的反应工程基础、强化工程分析能力具有十分重要的作用。

实验5　串联反应釜返混特性测定实验

返混程度可用多釜串联模型来定量描述。本实验通过测定流体在单釜与三釜反应器中的停留时间分布，经过数据计算后得到反应器数学模型参数，从而认识返混特性。

一、实验目的

1. 掌握停留时间分布测定的基本原理和实验方法。
2. 掌握停留时间分布的统计特征值的计算方法。
3. 学会用理想反应器的串联模型来描述实验系统的流动特性。

二、实验原理

在连续流动的反应器内，不同停留时间的物料之间的混合称为返混。返混程度的大小，一般很难直接测定，通常利用物料停留时间分布的测定来研究。然而在测定不同状态反应器的停留时间分布时发现，即使相同的停留时间分布也可以有不同的返混情况，即返混与停留时间分布不存在一一对应的关系，因此不能用停留时间分布的实验测定数据直接表示返混程度，而要借助于反应器数学模型来间接表达。

物料在反应器内的停留时间完全是一个随机过程，需用概率分布方法来定量描述。所用的概率分布函数为停留时间分布密度函数 $E(t)$ 和停留时间分布函数 $F(t)$。停留时间分布密度函数 $E(t)$ 的物理意义是：同时进入的 N 个流体粒子中，停留时间介于 t 到 $t+\mathrm{d}t$ 间的流体粒子 $\mathrm{d}N$ 所占的比例 $\mathrm{d}N/N$ 为 $E(t)\mathrm{d}t$。停留时间分布函数 $F(t)$ 的物理意义是：流过系统的物料中停留时间小于 t 的物料的占比。

停留时间分布的测定方法有脉冲法、阶跃法等，常用的是脉冲法。当系统达到稳定后，在系统的入口处瞬间注入一定量 Q 的示踪物料，同时开始在出口流体中检测示踪物料的浓度变化。

由停留时间分布密度函数的物理含义，可知：

$$E(t)\mathrm{d}t=V\times c(t)\mathrm{d}t/Q \tag{1}$$

$$Q=\int_0^{\infty} V\times c(t)\mathrm{d}t \tag{2}$$

$$E(t)=\frac{V\times c(t)}{\int_0^{\infty} V\times c(t)\mathrm{d}t}=\frac{c(t)}{\int_0^{\infty} c(t)\mathrm{d}t} \tag{3}$$

由此可见，$E(t)$ 与示踪剂浓度 $c(t)$ 成正比。因此，本实验中用水作为连续流动的物料，以饱和 KCl 作为示踪剂，在反应器出口处检测溶液电导率值。在一定范围内，KCl 浓度与电导率值成正比。可用电导率值来表达物料的停留时间变化关系，即 $E(t)\propto L(t)$，这里 $L(t)=L_t-L_{\infty}$，L_t 为 t 时刻的电导率值，L_{∞} 为无示踪剂时的电导率值。

停留时间分布密度函数 $E(t)$ 在概率论中有两个特征值：$\bar{t}$（数学期望）和 σ_t^2（方差）。

$\bar{t}$ 的表达式为：

$$\bar{t}=\int_0^{\infty} tE(t)\mathrm{d}t=\frac{\int_0^{\infty} tc(t)\mathrm{d}t}{\int_0^{\infty} c(t)\mathrm{d}t} \tag{4}$$

采用离散形式表达，并取相同时间间隔 Δt，则

$$\bar{t}=\frac{\sum tc(t)\Delta t}{\sum c(t)\Delta t}=\frac{\sum tL(t)}{\sum L(t)} \tag{5}$$

σ_t^2 的表达式为：

$$\sigma_t^2=\int_0^{\infty}(t-\bar{t})^2E(t)\mathrm{d}t=\int_0^{\infty} t^2E(t)\mathrm{d}t-\bar{t}^2 \tag{6}$$

也用离散形式表达，并取相同 Δt，则

$$\sigma_t^2=\frac{\sum t^2c(t)}{\sum c(t)}-\bar{t}^2=\frac{\sum t^2L(t)}{\sum L(t)}-\bar{t}^2 \tag{7}$$

若用无量纲对比时间 θ 来表示，则

$$\theta=t/\bar{t} \tag{8}$$

无量纲方差：

$$\sigma_\theta^2=\sigma_t^2/\bar{t}^2 \tag{9}$$

在测定了一个系统的停留时间分布后，评价其返混程度，则需要用反应器模型来描述。这里我们采用的是多釜串联模型。

所谓多釜串联模型是将一个实际反应器中的返混情况作为与若干个全混釜串联时的返混程度等效。这里的若干个全混釜个数 n 是虚拟值，并不代表反应器个数，n 称为模型参数。多釜串联模型假定每个反应器为全混釜，反应器之间无返混，每个全混釜体积相同，则可以推导得到多釜串联反应器的停留时间分布函数关系，并得到无量纲方差 σ_θ^2 与模型参数 n 之间的关系为：

$$n=\frac{1}{\sigma_\theta^2} \tag{10}$$

当 $n=1$，$\sigma_\theta^2=1$，为全混釜特征；当 $n\to\infty$，$\sigma_\theta^2\to0$，为平推流特征。

三、实验装置与流程

实验装置流程如图 1 所示，由单釜与三釜串联两个系统组成。三釜串联反应器中每个釜的体积为 1L，单釜反应器体积为 3L，用可控硅直流调速装置调速。实验时，水经转子流量计流入系统。稳定后在系统的入口处分别快速注入示踪剂，由每个反应釜出口处电导电极检测示踪剂浓度变化，并由记录仪自动记录下来。

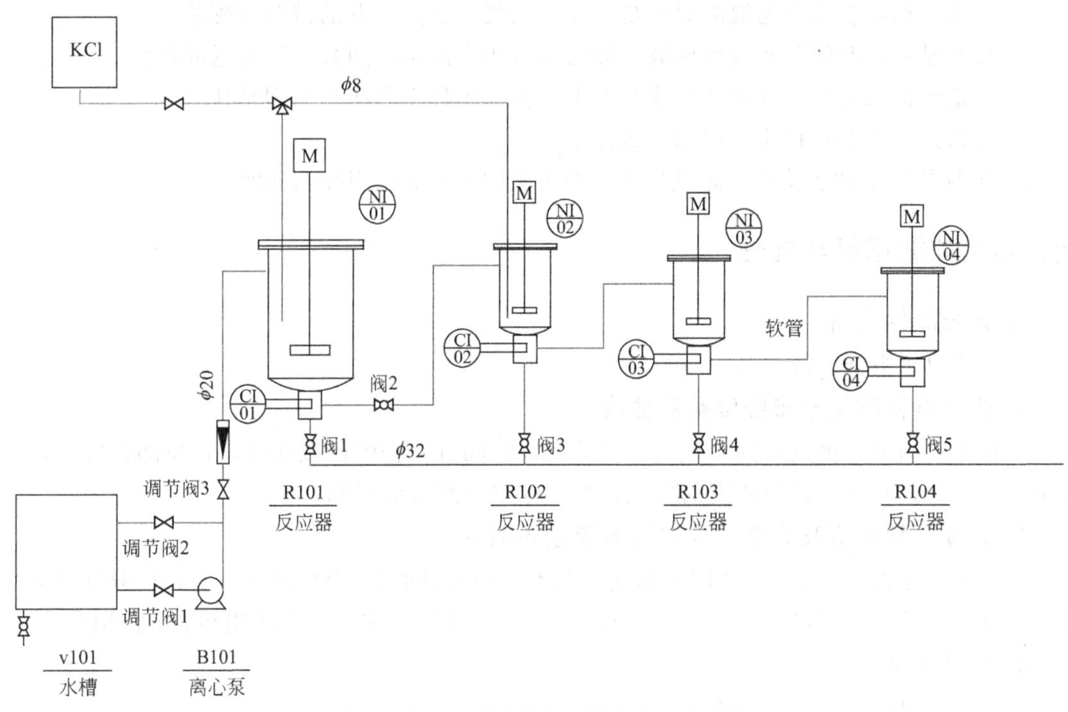

图 1　多釜串联返混性能测定实验流程图

四、实验内容及步骤

1. 准备实验

①通电，开启电源开关。②启动电脑控制程序。③开电导仪并调整好，以备测量。④开动搅拌装置，转速在 100r/min 范围内选择。

2. 单釜停留时间测定

关闭阀 1、阀 2，启动离心泵，打开调节阀 1、调节阀 2，缓慢打开调节阀 3，让水注入反应器 R101，达到一定水位后，打开阀 1，并控制调节阀 2 和调节阀 3 使进水流量稳定在 20L/h。待系统稳定后，迅速将示踪剂注入 R101（控制在 3s 内），同时开始数据采集，当记录仪上显示的电导率数值在 2min 内观察不到变化时，即认为终点已到，停止数据采集。

3. 多釜串联停留时间测定

关闭阀 1，打开阀 2，启动离心泵，打开调节阀 1、调节阀 2，缓慢打开调节阀 3，让水注入各串联反应釜，并保持在一定水位后，打开阀 5，控制调节阀 2 和调节阀 3 使进水流量稳定在 20L/h。待系统稳定后，迅速将示踪剂注入 R102（控制在 3s 内），同时开始数据采集，当记录仪上显示的电导率数值在 2min 内观察不到变化时，即认为终点已到，停止数据采集。

4. 调整参数进行测量

根据实验要求可改变流量或搅拌速度重复步骤 2～3 进行测量。

5. 结束实验

数据测量结束后关闭仪器，关闭电源、水源，排尽釜中料液，结束实验。

五、预习与思考

1. 什么是返混？引起返混的原因是什么？限制或加大返混的措施有哪些？
2. 什么是停留时间分布密度函数？如何通过测定停留时间分布研究返混特性？
3. 测定停留时间分布的方法有哪些？本实验采用什么方法？原理是什么？
4. 什么是示踪剂？在实验中起什么作用？
5. 模型参数 n 和实验中实际反应釜个数有关吗？n 能说明什么问题？

六、实验数据记录与处理

1. 记录原始数据

对实验原始数据进行记录。

2. 绘制停留时间分布密度函数曲线

根据实验结果，可以得到单釜与三釜的停留时间分布密度函数曲线，这里测得的物理量为电导率值 L，对应示踪剂浓度的变化，横坐标记录测定的时间。

3. 计算数学期望及方差，求取流动模型参数 n

用离散化方法，在曲线上相同时间间隔取点，一般可取 20 个数据点左右，再分别计算出各自 $\bar{t}$ 和 σ_t^2，及无量纲方差 $\sigma_\theta^2=\sigma_t^2/\bar{t}^2$。通过多釜串联模型，利用公式求出相应的模型参数 n。

4. 计算示例

数据处理过程以表 1 的数据为例。

表 1　数据示例

示踪剂 KCl 浓度：　　示踪剂加入量：　　搅拌器转速：

反应釜体积：　　进水流量：　　进水电导率（未加示踪剂前）L_∞：

时间 t/s	电导率 L_t/(S/m)	[$L(t)=L_t-L_\infty$]/(S/m)	时间/s	电导率 L_t/(S/m)	[$L(t)=L_t-L_\infty$]/(S/m)
40	397	43	440	364	10
80	392	38	480	366	12
120	386	32	520	359	5
160	383	29	560	366	12
200	375	21	600	360	6
240	372	18	640	360	6
280	373	19	680	362	8
320	366	12	720	359	5
360	368	14	760	359	5
400	365	11	∞	354	0

$$\sum tL(t)=40\times43+80\times38+\cdots+760\times5=75720$$

$$\sum L(t)=43+38+\cdots+5=306$$

$$\bar{t}=\frac{\sum tL(t)}{\sum L(t)}=\frac{75720}{306}=247.45$$

$$E(t)=\frac{L(t)}{\sum L(t)}=\frac{43}{306}=0.14\text{（40s 时的停留时间分布密度函数）}$$

$$\sum t^2L(t)=40^2\times43+80^2\times38+\cdots+760^2\times5=33028800$$

$$\sigma_t^2=\frac{\sum t^2L(t)}{\sum L(t)}-\bar{t}^2=\frac{33028800}{306}-247.45^2=46705.75$$

$$\sigma_\theta^2=\frac{\sigma_t^2}{\bar{t}^2}=\frac{46705.75}{247.45^2}=0.763$$

$$n=\frac{1}{\sigma_\theta^2}=\frac{1}{0.763}=1.31$$

七、结果与讨论

1. 讨论停留时间分布密度函数曲线。
2. 根据计算的模型参数 n，讨论两种系统的返混程度大小。
3. 讨论如何限制返混或加大返混程度。
4. 分析实验误差原因，写出实验体会。

实验6 管式反应器停留时间分布测定实验

管式反应器是化学工业中常用的反应器型式之一，可以是空管，也可以是填充管，多用于气相连续操作的场合，如低级烃的卤化反应和氧化反应、石油烃类的热裂解反应等。一般来说，管式反应器属于平推流反应器，釜式反应器属于全混流反应器。和釜式反应器相比，管式反应器的返混较小。当流体（气体或液体）进入管式反应器进行均相或非均相反应时，由于流体质点在反应器内停留时间不一而形成不同的停留时间分布，从而直接影响反应结果，如反应的最终转化率不同，因此测定管式反应器内的停留时间分布具有重要的现实意义。

一、实验目的

1. 通过实验了解停留时间分布测定的基本原理和实验方法。
2. 掌握停留时间分布的统计特征值的计算方法。
3. 学会用理想反应器的模型来描述实验系统的流动特性。
4. 比较固定床与流动床反应器的返混特点。

二、实验原理

应用脉冲示踪剂法测定管式反应器停留时间分布，通过改变流量分析管式反应器中的流动特征，检验管式反应器流动模型，确定模型参数。

测试的原理同串联反应釜返混特性实验。

三、实验装置与流程

实验装置流程如图1所示，分别可进行固定床停留时间分布测定和流化床停留时间分布

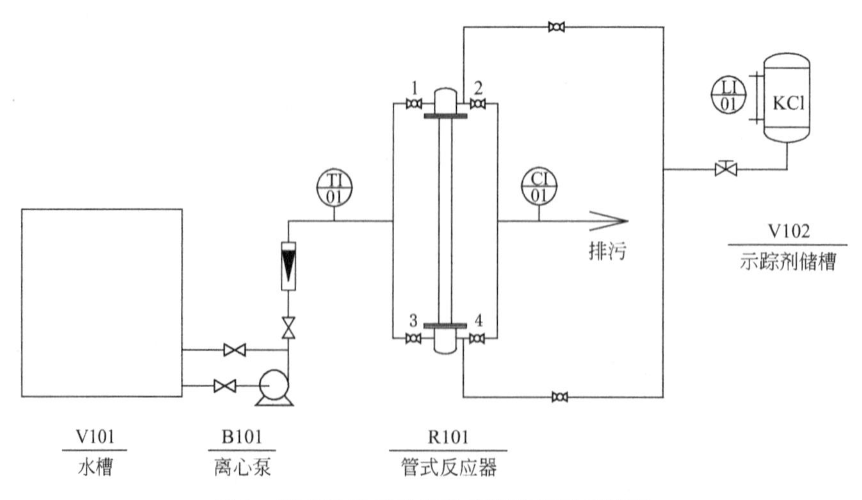

图1 管式反应器返混性能测定实验流程图

测定。实验时，水经转子流量计流入系统，当打开 1、4 号阀门时进行固定床实验；打开 2、3 号阀门时进行流化床实验。等水流稳定后，在相应系统的入口处快速注入示踪剂，由出口处电导电极检测示踪剂浓度变化，并由记录仪自动记录下来。

四、实验内容及步骤

① 通电，开启电源开关。启动电脑控制程序，开电导仪并调整好，以备测量。

② 启动离心泵，根据固定床或流化床实验要求，打开相应的调节阀，让水注满反应器，调节进水流量为 50L/h，保持流量稳定。

③ 待系统稳定后，由对应管路迅速注入示踪剂，同时开启计算机采集数据。当记录仪上显示的浓度在 2min 内观察不到变化时，即认为终点已到。

④ 改变不同流量，重复实验。

⑤ 实验结束后，关闭仪器，关闭电源、水源，排尽反应器中料液。

五、预习与思考

1. 理想管式反应器的数学模型与停留时间之间的关系是什么？
2. 理想管式反应器的流动特性是什么？
3. 用哪些模型参数可以表征偏离理想管式反应器的程度？
4. 管式反应器与釜式反应器有何不同？

六、实验数据记录与处理

1. 记录原始数据

如实记录实验测定数据，可参考表 1。

表 1　轴向返混数据记录

反应器类型：　　示踪剂 KCl 浓度：　　示踪剂加入量：

进水温度：　　液体流量：　　进水电导率（未加示踪剂前）L_∞：

时间 t/s					…
电导率 L_t/(S/m)					…

2. 绘制停留时间分布密度函数曲线

根据实验结果，可以得到固定床与流化床的停留时间分布密度函数曲线，所测物理量电导率值 L 对应了示踪剂浓度的变化，横坐标为测定时间。

3. 计算数学期望值及方差值

用离散化方法，在曲线上相同时间间隔取点，一般可取 20 个数据点左右，再分别计算出各自 $\bar{t}$、σ_t^2 及无量纲方差 $\sigma_\theta^2=\sigma_t^2/\bar{t}^2$。

4. 计算示例

参见实验 5 中的计算示例。

七、结果与讨论

1. 绘制固定床与流化床的停留时间分布密度函数曲线，并分析讨论。
2. 计算两种状态下的无量纲方差 σ_θ^2，并与平推流反应器的理论值分析比较。
3. 计算模型参数 n，讨论两种系统的返混程度大小。
4. 讨论如何限制返混或加大返混程度。
5. 分析实验误差来源，写出实验体会。

实验 7　催化反应动力学参数测定

实验研究催化反应有两个目的，一个是评价和筛选最佳催化剂，另一个是要获取准确的反应动力学数据，为工业放大提供基础数据。

化学反应是一个连续过程，反应速率通常以动力学方程的形式表达，测定和获得动力学方程要考虑诸多因素的影响，如气固相催化反应的速率除了受化学反应及催化剂孔结构影响外，还与反应气体流动状况、传质及传热等物理过程密切相关。反应过程的宏观动力学研究也包括物理过程对催化反应速率的影响，而本征动力学只研究催化剂表面上进行的化学动力学，由此可见排除各种影响后可获得本征动力学。

一、实验目的

1. 掌握乙醇催化脱水的反应过程和反应机理，了解针对不同目的产物的反应条件对正、副反应的影响规律。

2. 学习内循环式无梯度催化反应器的特点、构造、原理和使用方法，提高实验操作技能。

3. 掌握催化剂评价的一般方法，掌握获得反应动力学数据的方法和手段。

4. 学习动态控制仪表的使用，学习计量泵的原理和使用方法，学会使用湿式流量计测量气体流量。

5. 学会动力学数据的处理方法，根据动力学方程求出相应的参数值。

二、实验原理

乙醇在催化剂存在下受热发生脱水反应，既可分子内脱水生成乙烯，也可分子间脱水生成乙醚，如式(1a) 和式(1b) 所示，是两种相互竞争的反应过程。热力学分析可得乙醇脱水生成乙烯的反应是吸热反应，生成乙醚的反应是放热反应。高温有利于乙烯的生成，较低温度时主要生成乙醚。

在酸性非均相催化剂存在下，乙醇脱水的反应机理可能是在催化剂表面吸附层中，醇与酸性质子结合形成碳正离子，碳正离子比较活泼，尤其在高温时的存在寿命很短，来不及与乙醇相遇即已失去质子变成乙烯。而在较低温度时，碳正离子存在时间长些，与乙醇分子相遇的概率增多，可分子间脱水生成乙醚。也有研究认为在生成产物的决定步骤中，生成乙烯要断裂 C—H 键，需要的活化能较高，所以在高温条件下才有乙烯的生成。

本实验采用 ZSM-5 分子筛催化剂，在内循环无梯度反应器中进行乙醇脱水反应的动力学研究。内循环无梯度反应器的最大优点是反应器内有快速搅拌装置，最大限度地消除反应物在固体催化剂上的浓度梯度和温度梯度。此外，反应器空间较小，缩短了时间常数，能在改变条件时很快达到定态。同时，还可以使用微分反应器的计算方法求出反应速率。

实验中通过改变反应物的进料速度、反应温度、搅拌速度等，获得不同条件下的实验数据，经数据分析和计算得到反应的最佳工艺条件和动力学方程。

乙醇脱水反应主要为以下两个竞争反应：

$$C_2H_5OH \longrightarrow C_2H_4 + H_2O \tag{1a}$$

$$2C_2H_5OH \longrightarrow C_2H_5OC_2H_5 + H_2O \tag{1b}$$

其动力学方程，可由式(2) 表示：

$$r = r_1 + r_2 = k_1 C_A^{\alpha} + k_2 C_A^{\beta} \tag{2}$$

式中，r 为总反应速率；r_1 为反应式(1a) 反应速率；r_2 为反应式(1b) 反应速率；k_1，k_2 分别对应反应式(1a) 和反应式(1b) 的反应速率常数；α，β 分别对应反应式(1a) 和反应式(1b) 反应级数。

$$r_1 = k_1 C_A^{\alpha} = \frac{dy_{乙烯}}{d(V_R/F)} \tag{3}$$

$$r_2 = k_2 C_A^{\beta} = \frac{dy_{乙醚}}{d(V_R/F)} \tag{4}$$

式中，$y_{乙烯}$ 为乙烯的收率；$y_{乙醚}$ 为乙醚的收率；V_R 为催化剂装填体积；F 为乙醇摩尔流率。

将式(3)、式(4) 两边取对数得：

$$\ln r_1 = \ln \frac{dy_{乙烯}}{d(V_R/F)} = \ln k_1 + \alpha \ln C_A \tag{5}$$

$$\ln r_2 = \ln \frac{dy_{乙醚}}{d(V_R/F)} = \ln k_2 + \beta \ln C_A \tag{6}$$

实验开始后，恒定搅拌速度和温度，测定原料乙醇在不同进料量时反应产物的量和组成，计算得到乙烯、乙醚的收率数据，应用高斯-牛顿法对所得数据进行拟合，得到 $\ln r_1$ 和 $\ln r_2$ 与 $\ln C_A$ 之间的关系图，截距为对应的反应速率常数，斜率为对应的反应级数。

求得不同反应温度下的速率常数值，以 $\ln k$ 对 $1/T$ 作图，所得直线的斜率为 $-E/R$，从而求得表观活化能 E，由截距可得指前因子 k_0，如式(7) 所示。

$$\ln k = \ln k_0 - \frac{E}{RT} \tag{7}$$

求得两平行反应的动力学方程后，代入式(2) 即得总反应动力学方程。

实验中，产物乙烯是挥发气体，随尾气进入湿式气体流量计计量总体积后排出，而产物乙醚和水则留在了液体冷凝液中。气体和液体产物的组成均由气相色谱仪分析得到。

三、实验装置与流程

本实验的装置是用于常压的反应设备，实验装置与流程如图 1、图 2、图 3 所示。温度控制、温度数据显示、反应器内搅拌速度控制及显示均在仪表面板有相应的指示。原料进料泵为无脉动蠕动恒流计量泵（或电磁隔膜泵），使用前需标定流量。

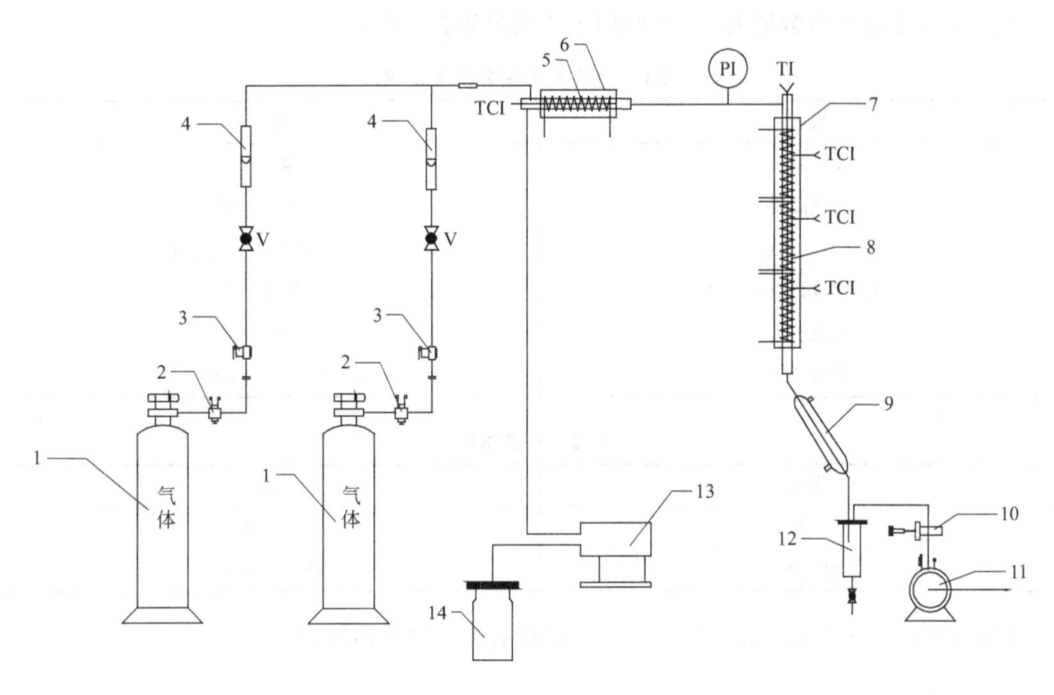

图 1　乙醇催化脱水反应动力学实验装置流程图

TCI—控温热电偶；TI—测温热电偶；PI—压力计；V—微调阀；1—气体钢瓶；2—减压阀；3—稳压阀；4—转子流量计；5—预热炉；6—预热器；7—反应炉；8—反应器；9—冷凝器；10—取样器；11—湿式流量计；12—汽液分离器；13—液体加料泵；14—加料罐

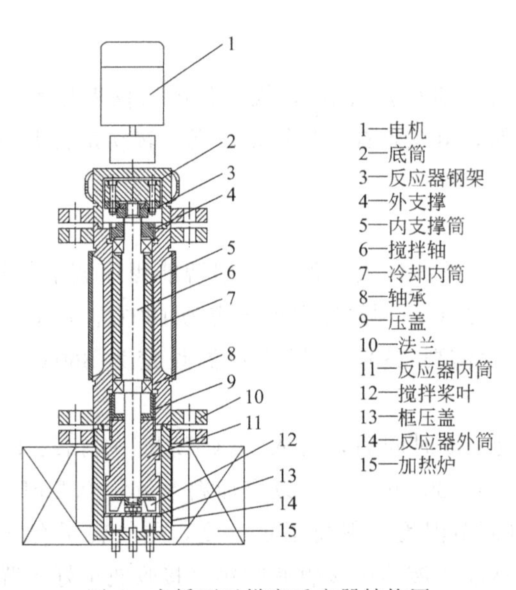

1—电机
2—底筒
3—反应器钢架
4—外支撑
5—内支撑筒
6—搅拌轴
7—冷却内筒
8—轴承
9—压盖
10—法兰
11—反应器内筒
12—搅拌桨叶
13—框压盖
14—反应器外筒
15—加热炉

图 2　内循环无梯度反应器结构图

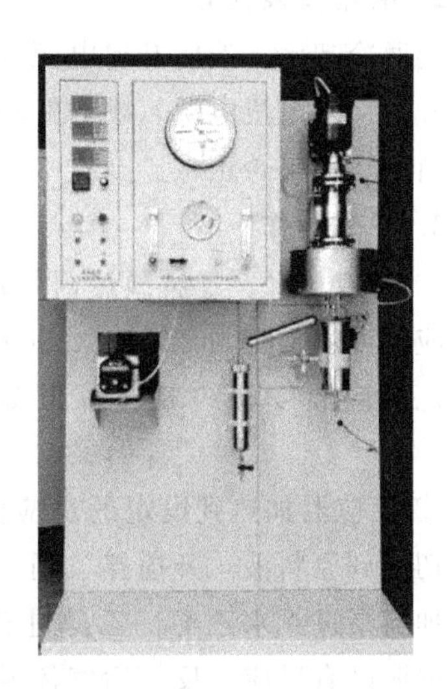

图 3　实验装置实物图

色谱分析条件：

色谱柱：GDX-104，不锈钢 Φ3mm×1500mm。

柱温为 100℃；气化室为 120℃；热导检测器（TCD）为 120℃、电流 100mA；柱前压为 0.08MPa。

装置的主要技术参数见表1，实验用主要试剂如表2所示。

表1　实验装置主要技术参数

指标	参数值
反应温度	室温～600℃
预热温度	室温～400℃
反应器搅拌速度	0～3000r/min(无级变速)
反应器内催化剂装填量	5～10mL
反应压力	常压
进料流量	0.001～9.999mL/min

表2　主要试剂

作用	名称
原料	乙醇
催化剂	ZSM-5分子筛

所用ZSM-5分子筛催化剂5～10mL，可提前装入催化剂篮筐。

四、实验内容与步骤

1. 气密性检查

装好催化剂，各部分连接到位，检查气密性：用氮气或者空气将设备冲压至0.1MPa，5min不下降为合格。

2. 电器仪表检查

接通冷却水，然后开启电源（不允许未通冷却水就通电），检查各电器仪表显示是否正常。开启搅拌电机电源，顺时针转动调速旋钮，电机磁缸开始转动，观察转动是否平稳。检查进料泵运转是否正常。

3. 开车操作

① 通冷却水，开启预热器与反应器加热炉及各仪表电源，采用智能程序调节仪控温，将反应器温度设定为260℃、280℃、300℃、320℃。预热器温度设定为180℃。反应控温设定值比反应温度高约80℃。例如，反应温度需要280℃，反应控温设定为360℃，然后微调。

② 反应器加热到设定的反应温度并稳定一段时间后，通入N_2（3L/h）吹扫约10min，然后切换到原料液。开搅拌，调节转速为2000～3000r/min，设定加料泵流量0.2mL/min，启动加料泵进无水乙醇。乙醇进料后，及时调节温度，保持恒定温度，尾气转子有气体排出，说明已有反应。反应后气体通过冷凝管冷凝，液体由接收瓶收集（接收瓶最好放置在装有冰水混合物的烧杯中，防止乙醚挥发），气体经湿式流量计定量后排空。

③ 加料开始到10min时，放出反应器下接收瓶中的液体，并记录此时湿式流量计的读数，然后关闭接收瓶上的放液阀，正式开始实验。每隔10min记录湿式流量计读数，并记录反应温度等实验条件。在一个恒定的乙醇进料速度下反应30min，记录湿式流量计读数，放出接收瓶中的液体准确称重，分别取气体样和液体样进行色谱分析。

④ 完成一组实验后用氮气吹扫10min。

⑤ 将乙醇的加料速率分别设定为0.5mL/min、0.7mL/min，重复步骤③～④的操作。

⑥ 改变温度（260～320℃）或搅拌速度（2000～3000r/min）重复步骤③～⑤。

4. 结束实验

全部实验完成后，停止加料泵进料，待无尾气产生时，各加热电流调至0。保持氮气吹扫10min，待温度降至100℃以下，关闭搅拌，关闭各分电源、总电源、冷却水，排清反应器中料液，实验结束。

5. 实验注意事项

① 进料泵流量的标定

a. 电磁隔膜泵　取一个量筒倒入定量的液体，用电磁隔膜泵抽取物料，记下冲程次数，读取抽出的物料体积数，用此体积数除以冲程次数，即为电磁隔膜泵每冲程所抽取的物料体积，然后设置电磁隔膜泵的每分钟冲程数，即可算出电磁隔膜泵的进料流量。

b. 无脉动蠕动恒流泵　取一个量筒倒入定量的液体，设定蠕动泵转速，开启泵抽取物料，记录一定时间抽出的物料体积数，用此体积数除以时间，即为设定转数所对应的进料体积流量。设定不同转速抽取物料，即可得蠕动泵转数与流量关系曲线。

② 如需要将预热器、固定床反应器温度调高，应采取阶梯升温法。

③ 湿式流量计在实验前应确定是否加了足够的蒸馏水。

五、预习与思考

1. 内循环无梯度反应器的工作原理是什么？适用于什么类型的反应？
2. 温度对乙醇脱水反应有何影响？
3. 反应动力学参数有哪些，如何获得？
4. 如何标定泵的流量？
5. 预习智能温控的工作原理，见1.2.2.4温度测量控制仪。
6. 预习湿式流量计的工作原理及使用方法，见1.2.2.2湿式气体流量计。

六、实验数据记录与处理

1. 实验数据记录

参考表3、表4记录原始实验数据。实验中各组分的摩尔校正系数见表5。

表3　乙醇脱水反应数据记录表

实验日期：　　　　实验人员：　　　　学号：　　　　催化剂装填量：

序号	进料流量/(mL/min)	预热器温度/℃	反应器温度/℃	搅拌速度/(r/min)	尾气体积/(mL/10min)	尾气体积/(mL/20min)	尾气体积/(mL/30min)	液体质量/(g/30min)
1								
2								
…								

表 4 气相色谱分析数据表

实验日期： 实验人员： 学号： 色谱条件：

序号	产物峰面积 A				产物组成			
	乙烯	水	乙醇	乙醚	乙烯	水	乙醇	乙醚
1	108493	321427	1664158	106447	0.063	0.270	0.461	0.029

表 5 实验中各组分的摩尔校正系数

组分	水	乙醇	乙醚	乙烯
摩尔校正系数 $f/10^{-2}$	3.03	1.39	0.91	2.08

2. 实验数据处理

① 计算乙醇的转化率，产品乙烯、乙醚的收率，乙烯的选择性。

② 计算反应动力学参数。

③ 计算示例。

以表 4 中序号 1 的数据为例，以 1mol 产物为基准。

(1) 某一组分在混合物中的物质的量之比

$$y_i=\frac{A_i f_i}{\sum_{i=1}^{4} A_i f}$$

$$y_{乙烯}=\frac{108493\times 2.08}{108493\times 2.08+321427\times 3.03+1664158\times 1.39+106447\times 0.91}=0.063$$

同理得其他组分的组成填于表 4 中。

(2) 乙烯、乙醚收率的计算

以乙烯收率计算为例：

$$Y_{乙烯}=\frac{n_{乙烯(实际)}}{n_{乙烯(理论)}}=\frac{y_{乙烯}}{y_{乙烯}+y_{乙醇}+2y_{乙醚}}=\frac{0.063}{0.063+0.461+2\times 0.029}=0.108=10.8\%$$

(3) 乙烯的选择性

$$S_{乙烯}=\frac{y_{乙烯}}{y_{乙烯}+2y_{乙醚}}=\frac{0.063}{0.063+2\times 0.029}=0.521$$

(4) 乙醇转化率 x 的计算

根据产物的组成，由乙醇脱水生成乙烯和乙醚的反应方程式可知，生成 0.029 的乙醚转化的乙醇为 2×0.029=0.058，生成 0.063 的乙烯转化的乙醇为 0.063，则乙醇的转化率：

$$x=\frac{y_{乙烯}+2y_{乙醚}}{y_{乙醇}+y_{乙烯}+2y_{乙醚}}=\frac{0.063+0.058}{0.461+0.063+0.058}=0.208=20.8\%$$

(5) 乙醇的加料速度 $v_{乙醇}$

假设乙醇的进料流速为 0.6mL/min，乙醇的纯度为 99%，则

$$v_{乙醇}=\frac{乙醇密度\times 进料流速\times 乙醇纯度}{乙醇分子量}\times 1000=\frac{0.789\times 0.6\times 0.99}{46.07}\times 1000=10.17\text{mmol/min}$$

（6）反应时乙醇的浓度

$$C_{乙醇}=\frac{p_{乙醇}}{RT}=\frac{py_{乙醇}}{RT}=\frac{101.325\times 0.461}{8.314\times(300+273.15)}\times 1000=9.8\text{mmol/L}$$

式中，R 为 8.314J/(K·mol)。

（7）乙烯的生成速率

$$r_{乙烯}=v_{乙醇}Y_{乙烯}/催化剂量$$

（8）E 和 k 的求解

根据动力学方程式(2)～式(7) 计算并作图求解 E 和 k 值。

七、结果与讨论

1. 将计算所得数据列表给出。
2. 绘制温度、进料流量、搅拌器转速对转化率、收率的影响关系曲线，并分析讨论。
3. 讨论如何提高乙醇脱水反应的转化率和乙烯的收率。
4. 根据实验数据和处理结果，讨论反应的宏观动力学参数。
5. 分析实验误差产生的原因，写出实验体会。

实验8　乙酸乙酯水解反应动力学参数的测定

一、实验目的

1. 了解和掌握搅拌反应釜非理想流动产生的原因。
2. 掌握搅拌反应釜达到全混流状态的判断和操作。
3. 了解和掌握在连续操作条件下测定全混釜反应器内均相反应动力学的原理和方法。

二、实验原理

在稳定条件下，根据全混釜反应器的物料衡算基础，有：

$$FC_{A0}-FC_A=Vr_A \text{或} r_A=\frac{F}{V}(C_{A0}-C_A)=\frac{C_{A0}}{\tau_m}\left(1-\frac{C_A}{C_{A0}}\right)=\frac{C_{A0}}{\tau_m}x_A \tag{1}$$

式中，F 为流速，mL/min；V 为反应釜容积，mL；C_{A0} 为碱液初浓度，mol/L；C_A 为反应 t 时的碱液浓度，mol/L；τ_m 为空时，min；r_A 为反应速率；x_A 为反应转化率。

对于乙酸乙酯水解反应：

$$\underset{A}{OH^-}+\underset{B}{CH_3COOC_2H_5}\xrightarrow{k}\underset{C}{CH_3COO^-}+\underset{D}{C_2H_5OH}$$

当 $C_{A0}=C_{B0}$，且在等分子流量进料时，其反应速率 r_A 可表示为：

$$r_A=-\frac{dC_A}{dt}=kC_A^{\alpha}C_B^{\beta}=kC_A^n=kC_{A0}^n\left(\frac{C_A}{C_{A0}}\right)^n \tag{2}$$

或

$$\ln r_A=\ln(kC_{A0}^n)+n\ln\left(\frac{C_A}{C_{A0}}\right) \tag{3}$$

实验测定不同 C_A 下的反应速率 r_A，然后由式(2) 或式(3) 求出该反应的速率常数 k 和反应级数 n。由于碱液的浓度与溶液电导率之间存在线性关系，将 $C_{A0}\propto(L_0-L_\infty)$，$C_A\propto(L_t-L_\infty)$，代入式(1)、式(3) 可得：

$$r_A=\frac{C_{A0}}{\tau_m}\left(\frac{L_0-L_t}{L_0-L_\infty}\right) \tag{4}$$

以及

$$\ln r_A=\ln(kC_{A0}^n)+n\ln\left(\frac{L_t-L_\infty}{L_0-L_\infty}\right)=\ln k+n\ln\left[C_{A0}\left(\frac{L_t-L_\infty}{L_0-L_\infty}\right)\right] \tag{5}$$

式中，L_0、L_∞ 分别为反应初始和终止时的电导率，S/m；L_t 为空时为 τ_m 时的电导率，S/m。

将测定的电导率值，代入式(4)、式(5) 便可计算对应的反应速率 r_A、速率常数 k 及反应级数 n。

已知乙酸乙酯的水解反应为二级反应，控制 $C_{A0}=C_{B0}$，且 A、B 等分子流量进料，则式(2) 可写为 $r_A=kC_A^2$，代入式(1) 可得：

$$kC_{\mathrm{A}}^2=\frac{F}{V}(C_{\mathrm{A0}}-C_{\mathrm{A}})=\frac{C_{\mathrm{A0}}}{\tau_m}\left(1-\frac{C_{\mathrm{A}}}{C_{\mathrm{A0}}}\right) \tag{6}$$

$$\text{则 } k=\frac{C_{\mathrm{A0}}-C_{\mathrm{A}}}{(V/F)C_{\mathrm{A}}^2}=\frac{C_{\mathrm{A0}}-C_{\mathrm{A}}}{\tau_m C_{\mathrm{A0}}(C_{\mathrm{A}}^2/C_{\mathrm{A0}})} \tag{7}$$

用电导率表示浓度大小，则式(7) 可写为：

$$k=\frac{(L_0-L_t)(L_0-L_\infty)}{\tau_m C_{\mathrm{A0}}(L_t-L_\infty)^2} \tag{8}$$

在不同的空时 τ_m 下，由式(8) 测定的反应速率常数若为定值，则该反应为二级反应。

实验中改变反应温度，按式(8) 测定不同温度下的反应速率常数 k，根据 Arrhenius 方程，即可得反应活化能 E 和指前因子 k_0，如式(9) 所示。

$$k=k_0\exp(-E/RT)\text{或 }\ln k=\ln k_0-\frac{E}{RT} \tag{9}$$

三、实验装置与流程

本装置由一个釜式反应器，连续进料系统，搅拌控制系统，反应器出口浓度检测系统及恒温系统组成，见图 1。

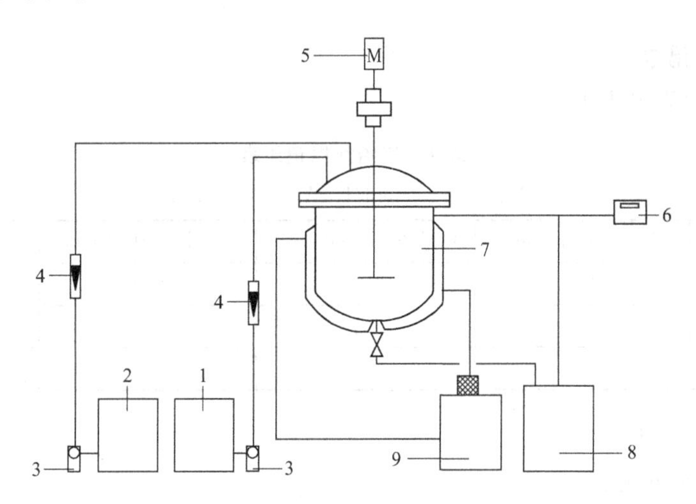

图 1　乙酸乙酯水解反应实验装置示意图

1—NaOH 储槽；2—乙酸乙酯储槽；3—蠕动泵；4—流量计；5—搅拌电机；6—电导率仪；7—釜式反应器；8—流出液储槽；9—循环恒温水浴

实验用主要试剂为乙酸乙酯、氢氧化钠、蒸馏水。

四、实验内容及步骤

① 配制 0.04mol/L 的 NaOH 和乙酸乙酯溶液各 10L，使 $C_{\mathrm{A0}}=C_{\mathrm{B0}}$，分别存放于料液储槽中。

② 准确量取 20mL NaOH 溶液和 20mL 蒸馏水，倒入烧杯中，混合均匀后测定恒定温度下的电导率值 L_0。准确量取 20mL NaOH 溶液和 20mL 乙酸乙酯溶液，倒入密闭容器中混合均匀，2h 后测定恒定温度下的电导率值 L_∞。

③ 开启恒温系统，待温度恒定后，启动蠕动泵，设定相同流量，同时将 NaOH 和乙酸乙酯溶液加入反应釜中，观察反应釜出口电导率的变化，待电导率值趋于稳定时说明水解反应达平衡，记录该流量下电导率数据 L_t。

④ 改变流量，重复步骤③。

⑤ 改变温度，重复步骤③，④。

⑥ 实验完毕，停止蠕动泵，停止搅拌，将釜内溶液排空，关闭电源，结束实验。

五、预习与思考

1. 本实验采用了连续式搅拌反应釜测定动力学数据，与间歇式搅拌反应釜相比，本方法存在哪些优点和缺点？

2. 实验步骤③控制的重点在哪里，理论依据是什么？

3. 实验步骤③中反应釜出口电导率随时间如何变化，原因是什么？

4. 温度会影响哪些数值？

5. 为什么流量波动对反应速率有较大影响？

六、实验数据记录与处理

1. 原始数据记录

原始数据记录表见表 1。

表 1 原始数据记录表

$C_{A0}=$ mol/L，$V=$ mL

序号	温度 t/℃	流量 F/(mL/min)	电导率 L_t/(mS/cm)	电导率 L_0/(mS/cm)	电导率 L_∞/(mS/cm)
1	25	100	3.03	4.09	2.59
2					
…					

2. 实验数据处理

① 计算数据表见表 2。

表 2 计算数据表

序号	温度 t/℃	空时 τ_m/min	$\frac{L_0-L_t}{L_0-L_\infty}$	$\frac{L_t-L_\infty}{L_0-L_\infty}$	反应速率 r_A	速率常数 k	理论转化率 x_A	实际转化率 x'_A
1								
2								
…								

② 计算该反应级数 n 和速率常数 k。

③ 根据不同温度下所得速率常数，作图求解反应活化能 E 和指前因子 k_0。

3. 计算示例

以表 1 中序号为 1 的数据为例，$C_{A0}=0.02$mol/L，$V=900$mL，$L_0=4.09$mS/cm，$L_\infty=2.59$mS/cm。

（1）空时 τ_m

$$\tau_m=\frac{V}{F}=\frac{900}{100}=9(\mathrm{min})$$

（2）反应速率 r_A

$$r_A=\frac{C_{A0}}{\tau_m}\left(\frac{L_0-L_t}{L_0-L_\infty}\right)=\frac{0.02}{9}\times\left(\frac{4.09-3.03}{4.09-2.59}\right)=0.00157\mathrm{mol/(L\cdot min)}$$

（3）实际转化率 x'_A

实际转化率 $x'_A=\frac{L_0-L_t}{L_0-L_\infty}=\frac{4.09-3.03}{4.09-2.59}=0.707$，即70.7%。

（4）反应级数 n 和速率常数 k

算出同一温度下，不同流量条件时的反应速率 r_A 后，根据公式(5)，即 $\ln r_A=\ln k+n\ln\left[C_{A0}\left(\frac{L_t-L_\infty}{L_0-L_\infty}\right)\right]$，以 $\ln r_A$ 对 $\ln\left[C_{A0}\left(\frac{L_t-L_\infty}{L_0-L_\infty}\right)\right]$ 作图，由截距求得 k，由斜率得反应级数 n。

（5）理论转化率 x_A 计算

由公式 $r_A=kC_{A0}^2(1-x_A)^2$，代入 k 及 r_A，计算理论转化率 x_A。

（6）反应活化能 E 和指前因子 k_0

由步骤（4）算出不同温度下的速率常数 k，根据公式 $\ln k=\ln k_0-\frac{E}{RT}$，以 $\ln k$ 对 $1/T$ 作图，求解反应活化能 E 和指前因子 k_0。

七、结果与讨论

1. 将实验数据处理结果列表表示。
2. 作图求解反应级数 n 和速率常数 k，并进行分析和讨论。
3. 求解反应活化能 E 和指前因子 k_0，并进行分析和讨论。
4. 分析和讨论造成本实验误差的主要因素，提出减少误差的方法。
5. 写出实验体会。

第4章 化工分离技术实验

化工分离技术是化学工程的一个重要分支，石油炼制、生化产品精制、塑料化纤生产、烟道气脱硫等都离不开分离技术的应用。

分离过程是将混合物分成组成互不相同的几种产品的操作，是原料纯化、产品分离、污染物治理中必不可少的环节，在化工生产中占有重要地位。分离过程分为机械分离和传质分离两大类。机械分离多用于两相以上的混合物分离，如过滤、沉降、离心分离、旋风分离、静电分离等。对于均相混合物的分离则需要采用传质分离技术，如精馏、吸收、结晶、膜分离、场分离、萃取、浸取、升华等。

通过化工分离技术实验，培养学生对分离技术的认识，掌握基本的传质分离实验方法，为开发、研究和应用新的分离技术奠定基础。

实验9 共沸精馏制无水乙醇

共沸精馏是一种特殊的分离方法，通过加入适当的分离介质来改变被分离组分之间的气液平衡关系，从而使分离由难变易。加入的分离介质（又称夹带剂）能与被分离体系中的一种或几种物质形成最低温度共沸物，共沸物从塔顶蒸出，而塔釜得到纯物质。共沸精馏主要适用于含共沸物组成且普通精馏无法或难以分离的物系。

一、实验目的

1. 巩固并加深对共沸精馏过程的理解，掌握共沸剂的选择原则及共沸分离的原理和方法。
2. 熟悉实验室精馏塔的构造和操作方法。
3. 熟练运用三元相图表示溶液各组成的变化过程。

二、实验原理

常压条件下，用常规精馏方法分离乙醇-水溶液，最高只能得到浓度为95.57%（质量分数）的乙醇。这是因为乙醇与水在常压下会形成均相共沸物，其共沸组成为95.57%，共沸温度为78.15℃，与乙醇沸点78.30℃十分接近，因此通过常规精馏的方法很难得到高纯度的乙醇。

工业乙醇的浓度通常在95%左右，采用共沸精馏的方法可由工业乙醇制得无水乙醇。共沸精馏过程的研究，包括以下内容。

1. 夹带剂的选择

共沸精馏成败的关键在于夹带剂的选取，一个理想的夹带剂应该满足如下几个条件：

① 至少能与原溶液中一个组分形成最低温度共沸物，并且共沸点比原溶液中的任一组分的沸点或原来的共沸点低10℃以上。

② 在形成的共沸物中，夹带剂的含量应尽可能少，在操作时可减少夹带剂的用量，节省能耗。

③ 容易回收。形成的最低温度共沸物最好是非均相共沸物，可以减少分离共沸物的工作量；另外，夹带剂与其他物料应该有较大的挥发度差异，便于回收。

④ 应具有较小的气化潜热，以节省能耗。

⑤ 价廉、来源广、无毒、热稳定性好与腐蚀性小等。

由工业乙醇制备无水乙醇，适用的夹带剂有苯、正己烷、环己烷、乙酸乙酯等。它们都能与水-乙醇形成多种共沸物，而且其中的三元共沸物在室温下又可以分为两相，一相富含夹带剂，另一相中富含水，前者可以循环使用，后者又很容易分离出来，这样使得整个分离过程大为简化。表1给出了几种常用的共沸剂及其形成三元共沸物的有关数据。

表1 常压下乙醇-水-夹带剂三元共沸物数据

组分			各纯组分沸点/℃			共沸温度/℃	共沸组成/%(质量分数)		
1	2	3	1	2	3		1	2	3
乙醇	水	苯	78.3	100	80.1	64.85	18.5	7.4	74.1
乙醇	水	乙酸乙酯	78.3	100	77.1	70.23	8.4	9.0	82.6
乙醇	水	三氯甲烷	78.3	100	61.1	55.50	4.0	3.5	92.5
乙醇	水	正己烷	78.3	100	68.7	56.00	11.9	3.0	85.0

本实验采用正己烷为夹带剂制备无水乙醇。正己烷加入乙醇-水体系中可以形成四种共沸物，分别为乙醇-水-正己烷形成的一种三元共沸物，以及由乙醇、水、正己烷两两之间形成的三种二元共沸物。共沸组成和性质如表2所示。

表2 乙醇、水、正己烷共沸物性质

物系	共沸点/℃	共沸组成/%(质量分数)			共沸组成的溶液状态
		乙醇	水	正己烷	
乙醇-水	78.15	95.57	4.43	—	均相
水-正己烷	61.55	—	5.60	94.40	非均相
乙醇-正己烷	58.68	21.02	—	78.98	均相
乙醇-水-正己烷	56.00	11.98	3.00	85.02	非均相

2. 确定精馏区

具有共沸系统的精馏过程与普通精馏不同，表现在精馏产物不仅与塔的分离能力有关，而且与进塔总组成落在哪个浓度区域有关。因为精馏塔中的温度沿塔向上是逐板降低的，不会出现极值点。只要塔的分离能力（回流比、塔板数）足够大，塔顶产物可为温度曲线的最低点，塔底产物可为温度曲线的最高点。因此，当温度曲线在全浓度范围内出现极值点时，该点将成为精馏路线通过的障碍。于是，精馏产物按混合液的总组成分区，称为精馏区。

当一定数量的正己烷与工业乙醇混合蒸馏时，整个精馏过程可以用图1加以说明。图上A、B、W分别表示乙醇、正己烷和水的纯物质，*C*、*D*、*E* 点分别代表三个二元共沸物，*T* 点为A-B-W三元共沸物。曲线 *BNW* 为三元混合物在25℃时的溶解度曲线。曲线以下为两相共存区，以上为均相区，该曲线受温度的影响而上下移动。图中的三元共沸物组成点 *T* 在室温下处于两相区内。

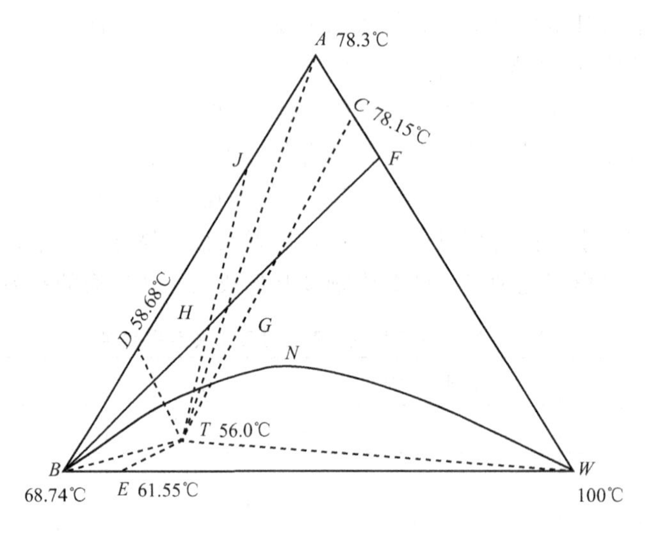

图1 共沸精馏原理图

以 *T* 点为中心，连接三种纯物质A、B、W和三个二元共沸组成点 *C*、*D*、*E*，则该三角形相图被分成六个小三角形。当塔顶混相回流（即回流液组成与塔顶上升蒸气组成相同）时，如果原料液的组成落在某个小三角形内，那么间歇精馏的结果只能得到这个小三角形三个顶点所代表的物质。为此要想得到无水乙醇，就应保证原料液的总组成落在包含顶点 *A* 的小三角形内，即三角形 *ATD* 和 *ATC*。但由于乙醇-水的二元共沸点 *C* 与乙醇沸点相差极小，仅0.15℃，很难将两者分开，而乙醇-正己烷的共沸点 *D* 与乙醇的沸点相差19.62℃，很容易将它们分开，所以只能将原料液的总组成配制在三角形 *ATD* 内。

图中 *F* 代表乙醇-水混合物的组成，随着夹带剂正己烷的加入，原料液的总组成将沿着 *FB* 线而变化，并将与 *AT* 线相交于 *G* 点。这时，夹带剂的加入量称作理论共沸剂用量，它是达到分离目的所需最少的夹带剂用量。如果塔有足够的分离能力，则间歇精馏时三元共沸物从塔顶馏出（56℃），釜液组成就沿着 *TA* 线向 *A* 点移动。但实际操作时，往往加入过量夹带剂（如 *H* 点），以保证塔釜脱水完全。这样，当塔顶三元共沸物T蒸完以后，接着馏出沸点略高于它的二元共沸物D，最后塔釜得到无水乙醇，这就是间歇操作特有的效果。

倘若将塔顶三元共沸物（图中 T 点，56℃）冷凝后分成两相，一相为富含正己烷的油相，一相为水相，利用分层器将油相回流，这样正己烷的用量可以低于理论夹带剂的用量。分相回流也是实际生产中普遍采用的方法，它的突出优点是夹带剂用量少，夹带剂提纯的费用低。

3. 夹带剂的加入方式

夹带剂一般可随原料一起加入精馏塔中，若夹带剂的挥发度比较低，则应在加料板的上部加入，若夹带剂的挥发度比较高，则应在加料板的下部加入，目的是保证全塔各板上均有足够的夹带剂浓度。

4. 共沸精馏操作方式

共沸精馏既可用于连续操作，又可用于间歇操作。

连续操作是一个连续进料和连续出料的操作过程。操作时先将纯乙醇加入共沸精馏塔塔釜，夹带剂正己烷加入塔顶分相器。加热塔釜，待蒸气到达塔顶后开回流阀进行全回流操作，全塔稳定后开启进料泵使待分离的混合物连续进料，在共沸精馏塔塔釜取样分析，待水含量达到要求后从塔釜连续采出无水乙醇。加入的正己烷作为夹带剂，在共沸精馏塔内生成二元恒沸物和三元恒沸物，到达塔顶冷凝分相后，得到的油层（主要为正己烷＋乙醇）回到共沸塔内循环使用，水层采出后可进一步蒸馏，得到乙醇与正己烷的混合物，可返回分相器继续使用（实验中这一步可根据情况选做）。

间歇操作是一次进料一次出料的非连续操作过程。将待分离的原料及夹带剂加入塔釜，加热进行全回流，待全塔稳定，分相器中建立稳定的相界面后，开始部分采出水相，而油相（富含夹带剂相）则全部回流。当塔釜中水含量达到要求后，在较短时间内尽可能回收夹带剂，塔釜中留下的是较高纯度的另一组分，可全部采出。

5. 夹带剂用量的确定

夹带剂理论用量的计算可利用三角形相图按物料平衡式求解。若原溶液的组成为 F 点，加入夹带剂 B 以后，物系的总组成将沿 FB 线向着 B 点方向移动。当物系的总组成移到 G 点时，恰好能将水以三元共沸物的形式带出，假设原料液的加入量为 F，对水作物料衡算，得：

$$Dx_{\text{D水}}=Fx_{\text{F水}} \tag{1}$$

解得塔顶三元共沸物的量为：

$$D=Fx_{\text{F水}}/x_{\text{D水}} \tag{2}$$

则夹带剂量的理论用量为：

$$B=Dx_{\text{D夹带剂}} \tag{3}$$

式中，F 为进料量；D 为塔顶三元共沸物量；B 为夹带剂理论用量；$x_{\mathrm{F}i}$ 为原料中 i 组分的组成；$x_{\mathrm{D}i}$ 为塔顶共沸物中 i 组分的组成。

三、实验装置与流程

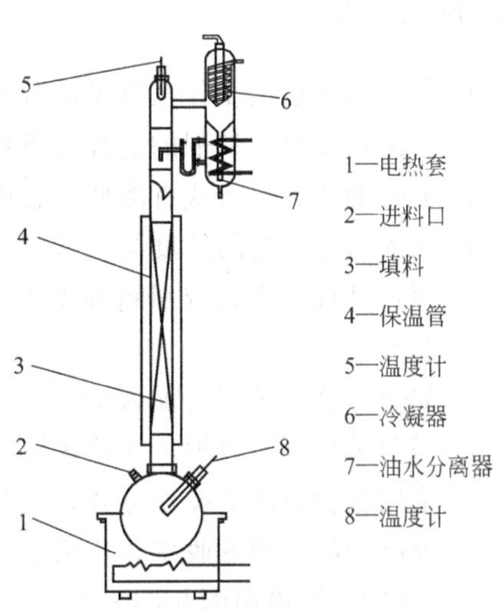

图 2　共沸精馏装置图

实验装置见图 2。实验所用的精馏柱为内径 420mm 的玻璃塔，塔内分别装有不锈钢三角形填料、压延孔环填料，填料层高1m。塔身采用真空夹套以便保温。塔釜为500～1000mL的三口烧瓶，其中位于中间的一个口与塔身相连，侧面的一口为测温口，用于测量塔釜液温度，另一口作为进料和取样口。塔釜配有电加热套，加热并控制釜温。经加热沸腾后的蒸气通过填料层到达塔顶，塔顶采用一特殊的冷凝头，以满足不同操作方式的需要。既可实现连续精馏操作，又可进行间歇精馏操作。塔顶冷凝液流入分相器后，分为两相，上层为富含正己烷的油相，下层为含有少量正己烷的水相，油相通过溢流口返回塔内，用考克阀（或电磁吸头）控制回流量，水相根据分相器中的液位间歇排放。

四、实验内容及步骤

① 称取100g 95%（质量分数）乙醇（以色谱分析数据为准），按夹带剂的理论用量算出正己烷的加入量，实际加入量与理论加入量的比值取1.2，根据实验装置情况，加入适量的陶瓷环或沸石，防止暴沸。

② 将配制好的原料加入塔釜中，实验采用间歇精馏、分相回流的方式，共沸剂分为两部分加入，一部分加入分相器，一部分与乙醇一同加入塔釜。

③ 塔顶全凝器中通入冷却水，打开电源开关，开启塔釜加热电源，仪表有显示，顺时针方向调节电流旋钮。塔釜沸腾时，顺时针调节上下段保温电流旋钮。升温后观察塔釜和塔顶的温度变化，当塔顶有冷凝液时，进行全回流操作约10min，然后注意调节回流考克阀，实验过程采用油相回流。

④ 每隔10min记录一次塔顶、塔釜温度，每隔20min，取塔釜液相样品分析，当塔釜温度升到80℃时，若釜液纯度达99%以上即可停止实验，加热电流调0。

⑤ 待塔体温度降低，塔顶无冷凝液，塔体内无存液时，取出分相器中的富水层，称重并进行分析，然后再取富含正己烷的油相，称重并分析其组成，取出塔釜产品称量并分析纯度。

⑥ 切断电源，关闭冷却水，结束实验。

⑦ 实验中所取各样品的组成均采用气相色谱分析。

五、预习与思考

1. 共沸精馏适用于什么物系的分离？

2. 共沸精馏对夹带剂的选择有哪些要求？

3. 夹带剂的加料方式有哪些？目的是什么？

4. 共沸精馏产物的纯度与哪些因素有关？

5. 用正己烷作为夹带剂制备无水乙醇，在相图上是如何分区的？本实验拟在哪个区操作？为什么？

6. 如何计算夹带剂的加入量？

7. 需要采集哪些数据，才能进行全塔的物料衡算？

8. 采用分相回流的操作方式，夹带剂用量可否减少？

9. 提高产品乙醇的收率，应采取什么措施？

10. 实验精馏塔由哪几部分组成？说明设备安装的先后次序。

11. 设计原始数据记录表。

六、实验数据记录与处理

1. 实验数据记录

实验数据如实记录，可参考表 3～表 6。

表 3　不同时间不同位置电流与温度变化情况数据表

实验日期：　　　室温：　　原料乙醇加料量：　　　　正己烷加料量：

时间/min	釜加热电流/A	下段加热电流/A	上段加热电流/A	塔顶温度/℃	釜液温度/℃
10					
20					
…					

表 4　共沸精馏实验过程数据表

实验日期：　　　室温：　　回流比：　　　色谱条件：

取样时间/min	温度/℃		塔釜液色谱分析数据					
			水		乙醇		正己烷	
	塔顶	塔底	积分面积	含量/%	积分面积	含量/%	积分面积	含量/%

表 5　共沸精馏实验分离结果数据表

样品	色谱分析数据						物料质量/g
	水		乙醇		正己烷		
	积分面积	含量/%	积分面积	含量/%	积分面积	含量/%	
原料乙醇							
原料正己烷							
塔顶油相							
塔顶水相							
塔釜液							

表 6　实验中各组分的质量校正系数

组分	水	乙醇	正己烷
质量校正系数 f			

2. 实验数据处理

① 各组分含量计算：

$$x_i = \frac{A_i f_i}{\sum_{i=1}^{3} A_i f_i} \tag{4}$$

式中，A_i 为积分面积；f_i 为校正因子。

② 作全塔物料衡算，推算塔顶三元共沸物组成。

③ 根据表 7 的数据，画出 25℃的乙醇-水-正己烷三元物系溶解度曲线，标明恒沸物组成点，画出加料线，计算理论夹带剂量。

表 7　乙醇-水-正己烷 25℃下液液平衡数据　　单位：%（摩尔分数）

水相			油相		
水	乙醇	正己烷	水	乙醇	正己烷
69.423	30.111	0.466	0.474	1.297	98.230
40.227	56.157	3.616	0.921	6.482	92.597
26.643	64.612	8.745	1.336	12.540	86.124
19.803	65.678	14.517	2.539	20.515	76.946
15.284	61.759	22.957	3.959	30.339	65.702
12.879	58.444	28.676	4.940	35.808	59.253
11.732	56.258	32.010	5.908	38.983	55.109
11.271	55.091	33.639	6.529	40.849	52.622

④ 绘制精馏时间对塔釜温度、塔顶温度及乙醇浓度的影响关系曲线。

⑤ 计算乙醇的回收率。

七、结果与讨论

1. 由全塔物料衡算所得的三元共沸物组成与文献值比较，求出其相对误差，分析实验过程产生误差的原因。

2. 根据绘制的相图，对精馏过程作简要说明。

3. 讨论本实验过程对乙醇收率有影响的因素。

4. 分析实验成败的原因，写出实验的体会。

实验10　超滤膜分离聚乙二醇

膜分离是利用膜的选择透过性，在压力差或外界能量的作用下，对混合物各组分进行分离和提纯的方法。膜分离是在20世纪60年代后迅速崛起的一种新型分离技术，兼有分离、浓缩、纯化和精制的功能。膜分离与传统过滤的不同之处在于可进行分子范围内的分离，并且这一过程是物理过程，不需发生相的变化和添加助剂。目前已广泛应用于食品、医药、生物、化工、环保、水处理等领域。

大部分的分离膜都是固体膜，膜的孔径一般为微米级，依据其孔径（或称为截留分子量）的不同，可将膜分为微滤膜（MF）、超滤膜（UF）、纳滤膜（NF）和反渗透膜（RO）等。根据材料的不同，可分为无机膜和有机膜。无机膜主要是陶瓷膜和金属膜，有机膜通常由高分子材料制成，如纤维素衍生物类、芳香族聚酰胺、聚醚砜、聚酯类、含硅聚合物、含氟聚合物等。

膜分离的效能，取决于膜本身的属性，各种膜分离方法的分离范围如表1所示。

表1　各种膜分离方法的分离范围

膜分离类型	分离粒径/μm	近似分子量	常见物质
过滤	>1		砂粒、酵母、花粉、血红蛋白
微滤	0.06～10	>500000	颜料、油漆、树脂、乳胶、细菌
超滤	0.005～0.1	6000～500000	凝胶、病毒、蛋白、炭黑
纳滤	0.001～0.011	200～6000	燃料、洗涤剂、维生素
反渗透	<0.001	<200	水、金属离子

一、实验目的

1. 理解典型的压力驱动超滤膜分离原理。
2. 掌握超滤膜分离的实验操作技术。
3. 熟悉浓差极化、截留率、膜通量、膜污染等概念。

二、实验原理

超滤膜分离以压力差为推动力，利用膜孔的渗透和截留性质，使不同的组分实现分离。因此要达到良好的分离目的，要求被分离的组分间分子量至少要相差一个数量级以上。超滤膜的工作原理有内压式与外压式两种形式，如图1所示。超滤膜分离的工作效率以膜通量和组分截留率、浓缩因子等作为衡量指标。

1. 膜通量 J

膜通量，也称为透过速率，是指单位时间内通过单位膜面积的流体体积，一般以 $m^3/(m^2 \cdot s)$ 或 $L/(m^2 \cdot h)$ 表示，如式(1) 计算。

$$J=\frac{V}{A\theta} \tag{1}$$

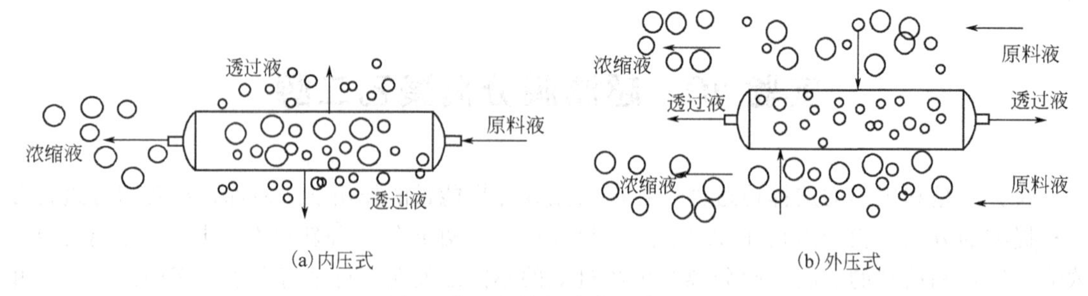

图1　中空纤维超滤膜工作原理

式中，V 为透过液体积，L；A 为膜面积，m^2；θ 为实验时间，h。

膜通量是膜分离过程的一个重要工艺参数，由外加推动力和膜的阻力共同决定，其中膜本身的性质起决定性作用。

2. 组分截留率 f

组分截留率是指膜阻止料液中某组分通过或截留其中某一组分的能力，是膜分离技术的一项重要指标。因计算公式不同，所得的数值会不同。本实验以式(2) 计算组分截留率 f。

$$f=\frac{C_0-C_1}{C_0}\times 100\% \tag{2}$$

式中，C_0 为原料液初始浓度，mg/L；C_1 为透过液浓度，mg/L。

3. 浓缩因子 N

浓缩因子是浓缩液与进料液中某一特定组分浓度的比值。

$$N=\frac{C_2}{C_0} \tag{3}$$

式中，C_2 为浓缩液浓度，mg/L。

4. 大分子回收率 Y

$$Y=\frac{浓缩液中大分子质量}{原料液中大分子质量}\times 100\% \tag{4}$$

超滤时，料液中的部分大分子会被膜截留，在膜表面富集，其浓度逐渐上升，形成指向料液主体的浓度梯度，在此梯度作用下，膜面附近的大分子又以相反方向向料液主体扩散，达到平衡时，膜表面形成有一定大分子浓度分布的边界层，对溶剂等小分子物质的运动起阻碍作用，这种现象称为膜的浓差极化。

膜污染是指由于机械作用或物理化学作用，物料中的微粒、胶体或大分子在膜表面或膜孔内吸附和沉积，造成膜孔径变小或孔堵塞，使膜通量和膜的分离特性产生不可逆转的下降的现象。

三、实验装置与流程

实验采用超滤膜分离水中分子量为 10000 的聚乙二醇（PEG10000），测定实验用膜的膜通量和 PEG10000 的截留率。

中空纤维超滤膜组件规格为：①PS10，截留分子量为 10000，内压式，膜面积为 $0.1m^2$，纯水通量为 3～4L/h；②PS50，截留分子量为 50000，内压式，膜面积为 $0.1m^2$，纯水通量为 6～8L/h；③PP100，截留分子量为 100000，外压式，膜面积为 $0.1m^2$，纯水通量为 40～60L/h。最高工作压力：0.1MPa。

超滤膜分离实验流程见图 2。

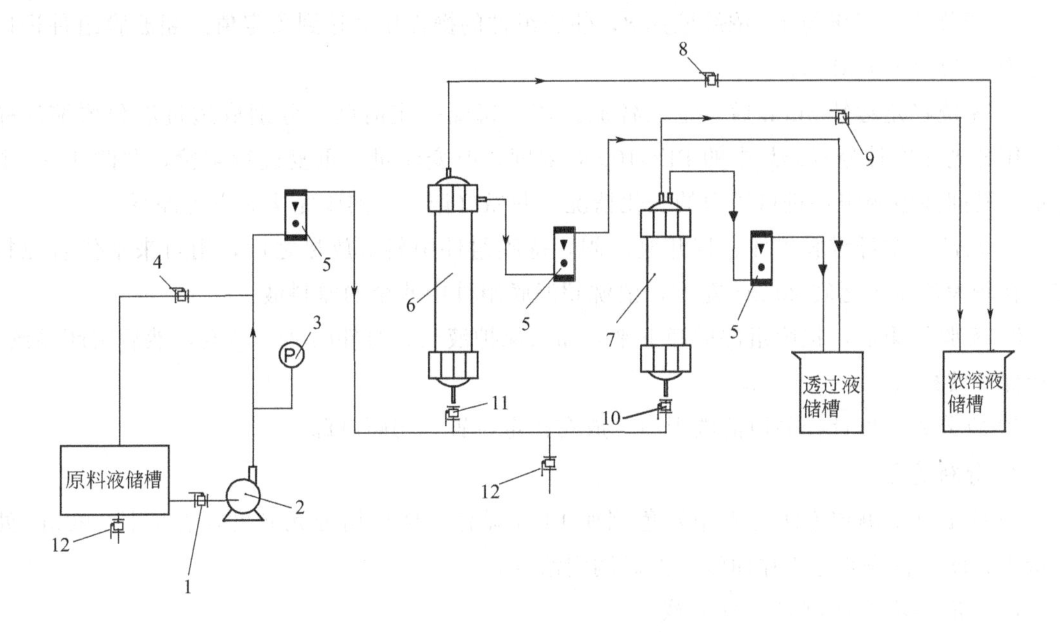

图 2　超滤膜分离实验装置流程图

1—原料液阀；2—进料泵；3—压力表；4—旁路调压阀；5—转子流量计；6—膜组件 PS10；7—膜组件 PP100；8、9—浓缩液阀；10、11—超滤膜进料阀；12—排液阀

四、实验内容及步骤

1. 准备工作

① 配制 1%～5%的甲醛溶液作为保护液。

② 配制 1%的聚乙二醇（PEG10000）溶液。

③ 配制发色剂。

A 液：准确称取 1.600g 次硝酸铋溶于 20mL 冰乙酸，全溶后用蒸馏水稀释并定容于 100mL 容量瓶中，有效期半年。

B 液：准确称取碘化钾 40.000g，加蒸馏水溶解并定容于 100mL 棕色容量瓶中。

碘化铋钾试剂（Dragendoff 试剂）：移取 A 液、B 液各 5mL 置于 100mL 棕色容量瓶中，加冰乙酸 40mL，用蒸馏水稀释至刻度，有效期半年。

④ 配制乙酸缓冲溶液：量取 0.2mol/L 乙酸钠溶液 590mL 及 0.2mol/L 冰乙酸溶液 410mL 置于 1000mL 容量瓶中，配制成 pH 值为 4.8 的乙酸缓冲溶液。

⑤ 打开分光光度计预热。

2. 实验操作

① 用自来水清洗膜组件 2～3 次，洗去组件中的保护液。排尽清洗液，安装膜组件。

② 打开原料液阀 1、旁路调压阀 4，关闭超滤膜进料阀 10、11 和排液阀 12。

③ 将配制好的料液加入原料液水箱中，分析料液的初始浓度并记录。

④ 开启电源，使泵正常运转，此时泵打循环水。

⑤ 选择需要做实验的膜组件，打开相应的进口阀，如选择做超滤膜分离溶液中的PEG10000的膜组件实验时，打开超滤膜进料阀11。

⑥ 调节旁路调压阀4、浓缩液阀8，使膜组件的操作压力达到预定值。超滤膜组件进口压力为0.04～0.07MPa。

⑦ 系统稳定运转5min后，记录各流量值，每隔一定时间，分别取透过液和浓缩液样品，用分光光度计分析样品中的PEG10000浓度。改变流量，重复进行实验，共测1～3个流量。其间注意膜组件进口压力的变化情况，并做好记录，实验完毕后方可停泵。

⑧ 清洗中空纤维膜组件。打开放液阀，待膜组件中料液放尽之后，用自来水代替原料液，在较大流量下运转20min左右，清洗超滤膜组件中残余的原料液。

⑨ 实验结束后，把膜组件拆卸下来，加入保护液至膜组件的2/3高度，然后密闭系统，避免保护液损失。

⑩ 将分光光度计样品池清洗干净，放在指定位置，切断电源。

3. 分析方法

PEG浓度的测定方法是先用发色剂使PEG显色，然后用分光光度计在波长690nm处测量吸光度。首先测定工作曲线，然后测定浓度。

（1）用标准溶液测定工作曲线

聚乙二醇样品首先在60℃下干燥4h，然后用分析天平准确称取1.000g，精确到mg，加蒸馏水溶解并定容于1000mL容量瓶中，分别移取0mL、1.0mL、3.0mL、5.0mL、7.0mL、9.0mL的聚乙二醇溶液于100mL容量瓶内，加蒸馏水定容，配制成浓度为0mg/L、10mg/L、30mg/L、50mg/L、70mg/L、90mg/L的标准溶液。分别准确移取25mL标准溶液于100mL容量瓶中，然后加入Dragendoff试剂和乙酸缓冲溶液各10mL，蒸馏水稀释至刻度，放置15min后加入1cm比色池，以空白溶液作为参比，放入分光光度计中测定690nm处吸光度，作出标准曲线。

（2）样品测量

取定量样品加入到50mL容量瓶中，加入Dragendoff试剂和乙酸缓冲溶液各5mL，蒸馏水稀释至标线，摇匀并放置15min后，测定溶液吸光度，查标准工作曲线即可得到PEG溶液的浓度。

五、预习与思考

1. 超滤膜分离的机理是什么？

2. 操作压力增大后，将主要影响哪些参数？结果将如何？如果操作压力过高会有什么后果？

3. 超滤膜组件长期不用时，为何要加保护液？

4. 提高料液的温度对膜通量有什么影响？

5. 膜组件运行一段时间后会出现什么现象？

6. 如何测定溶液中PEG的浓度？

六、实验数据记录与处理

1. 实验数据记录

数据记录表可参考表2、表3。

表2 标准曲线测定记录表

实验人员： 实验地点： 实验时间： 室温： 仪器型号： 吸光波长：

浓度/(mg/L)						…
吸光度						…

表3 实验过程数据记录表

压力(表压)： MPa； 温度： ℃； 膜组件： ； 膜面积： m^2

序号	时间 θ /h	原料液			透过液			浓缩液			原料液流量 L_0 /(L/h)	透过液流量 L_1 /(L/h)	浓缩液流量 L_2 /(L/h)
		取样量/mL	吸光度	C_0 /(mg/L)	取样量/mL	吸光度	C_1 /(mg/L)	取样量/mL	吸光度	C_2 /(mg/L)			
1													
2													
…													

2. 实验数据处理

① 以聚乙二醇浓度为横坐标，吸光度为纵坐标作图，绘制标准曲线。

② 计算膜通量 J，作出 J-θ 关系曲线。

③ 计算PEG截留率 f。

④ 计算PEG回收率 Y，并作出 Y-θ 关系曲线。

⑤ 计算浓缩因子 N。

⑥ 实验结果记录表见表4。

表4 实验结果记录表

序号	时间 θ/h	透过液体积 V/L	膜通量 J/[L/(m^2·h)]	截留率 f	回收率 Y	浓缩因子 N
1						
2						
…						

七、实验结果与讨论

1. 计算膜分离性能参数，绘制 J-θ 关系曲线，绘制 Y-θ 关系曲线。
2. 讨论 J、Y 随时间变化的趋势，并分析原因。
3. 讨论影响超滤膜分离效果的因素。
4. 分析实验成败的原因，写出实验体会。

实验 11　反渗透膜分离实验

一、实验目的

1. 理解典型的压力驱动反渗透膜分离原理。
2. 掌握反渗透膜分离的实验操作技术。
3. 掌握反渗透膜分离的主要工艺参数的测定方法。

二、实验原理

反渗透是利用半透膜的选择性进行分离，以膜两侧静压差为推动力，克服溶剂（通常是水）的渗透压，使溶剂透过膜而截留离子物质，从而实现混合物的分离，原理如图 1 所示。反渗透膜是实现反渗透过程的关键，要求膜具有较好的分离透过性和物化稳定性。

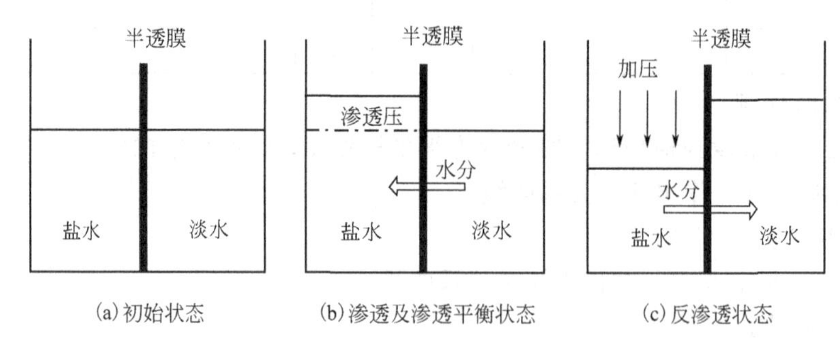

图 1　反渗透膜工作原理

反渗透膜的分离透过性可以用以下几个参数来描述。

1. 脱盐率 *R*

脱盐率指通过反渗透膜从系统进水中除去的可溶性杂质的浓度百分比。

$$R=\left(1-\frac{C_p}{C_f}\right)\times 100\% \tag{1}$$

式中，C_f 为主体溶液（进水）溶质浓度，mg/L；C_p 为透过液溶质浓度，mg/L。

在一定浓度范围内，溶质浓度与溶液的电导率成正比，由此可通过测定溶液的电导率来计算脱盐率。

2. 水通量 J_W

水通量是反渗透系统的产能，即单位时间内透过单位膜面积的水量。

$$J_W=\frac{V}{S\theta} \tag{2}$$

式中，J_W 为水通量，L/(m^2·h)；V 为透过液体积，L；S 为反渗透膜传质面积，m^2；θ 为操作时间，h。

3. 衰减系数 M

衰减系数是表示膜被压实后水通量衰减的指标。

$$M=\left(\frac{J_0-J_W}{J_0}\right)\times 100\% \tag{3}$$

式中，J_0 为初始运行时的水通量，$L/(m^2 \cdot h)$；J_W 为操作 θ 时间后的水通量，$L/(m^2 \cdot h)$。

4. 水的回收率 Y

系统中给水转化成为净水或透过液的百分比为水的回收率。

$$Y=\frac{Q_P}{Q_F}\times 100\%=\frac{Q_P}{Q_P+Q_M}\times 100\% \tag{4}$$

式中，Q_F 为进水流量，L/h；Q_P 为净水（透过液）流量，L/h；Q_M 为浓水（浓缩液）流量，L/h。

5. 浓缩倍数 C_F

浓缩倍数反映了反渗透系统对原水含盐量的浓缩程度。

$$C_F=\frac{Q_F}{Q_M}=\frac{1}{1-Y} \tag{5}$$

三、实验装置与流程

反渗透膜分离实验主要根据进水浓度和流量、净水的流量及含盐量，计算回收率、脱盐率等参数，研究影响反渗透膜分离性能的主要因素。实验装置与流程如图2所示。

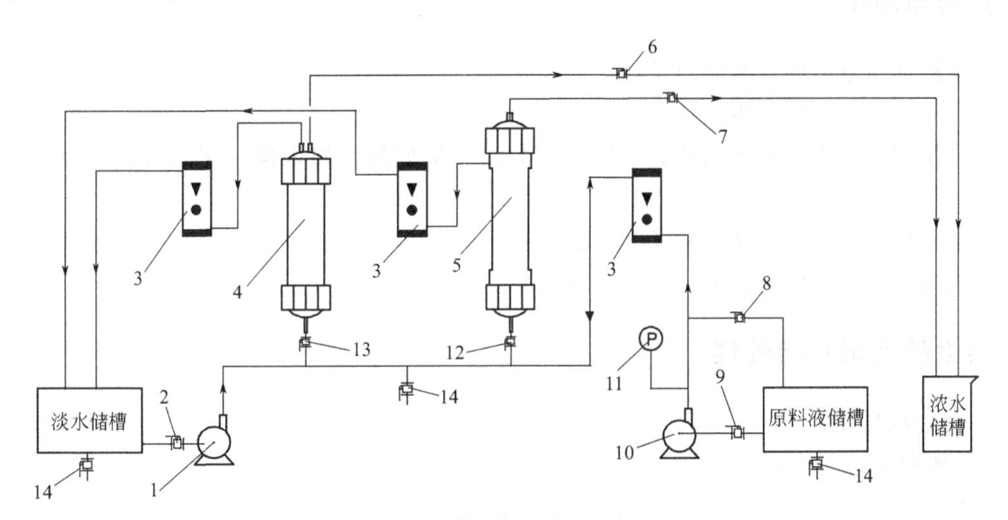

图2　纳滤膜、反渗透膜分离实验装置流程图

1—反冲洗泵；2—反冲洗阀；3—转子流量计；4—纳滤膜组件；5—反渗透膜组件；6、7—浓缩液阀；8—旁路调压阀；9—原料液阀；10—循环泵；11—压力表；12、13—进料阀；14—排液阀

反渗透膜分离装置包括：

（1）纳滤膜组件

纯水通量为12L/h；膜面积为0.4m²；氯化钠脱盐率为40%～60%；操作压力

为 0.6MPa。

（2）反渗透膜组件

纯水通量为 10L/h；膜面积为 0.4m^2；脱盐率为 90%～97%；操作压力为 0.6MPa。

泵的最高工作压力为 0.8MPa。

四、实验内容及步骤

① 打开反冲洗阀 2，启动反冲洗泵 1，打开进料阀 12、13。

② 冲洗 5～10min，关闭进料阀 12、13，停泵，关闭反冲洗阀 2。

③ 打开旁路调压阀 8 和原料液阀 9，开启电源，使循环泵 10 正常运转。

④ 选择需要做实验的膜组件，打开相应的进口阀，如选择做反渗透膜组件实验时，打开进料阀 12。

⑤ 调节旁路调压阀 8、浓缩液阀 7，使反渗透操作压力为 0.4 MPa，稳定 5min 后，测定浓缩液流量、纯水流量，每隔一定时间取样测定原料液电导率、浓缩液电导率、纯水的电导率（若需要求取盐浓度的准确值，建议用 KCl 水溶液，可利用盐浓度与电导率关系计算出盐含量）。

⑥ 调节浓缩液阀 7，使反渗透操作压力为 0.6MPa，稳定 5min 后，测定浓缩液流量、纯水流量，每隔一定时间取样测定原料液电导率、浓缩液电导率、纯水电导率。

⑦ 实验结束后，关闭进水阀门，关闭泵。放尽膜组件中料液后按步骤①～②进行反冲洗，最后关闭所有电源，结束实验。

五、预习与思考

1. 反渗透膜分离的基本原理是什么？
2. 实验中反冲洗的作用是什么？
3. 操作压力增大后，将主要影响哪些参数？结果如何？如果操作压力过高，会有什么后果？
4. 浓差极化对反渗透操作有什么影响？
5. 提高料液的温度对膜通量有什么影响？

六、实验数据记录与处理

1. 原始数据记录

实验数据记录表见表 1。

表 1　实验数据记录表

实验人员：　　实验地点：　　操作压力(表压)/MPa：　　温度/℃：　　膜参数：

序号	时间 θ/h	累积通过水量 V/m^3	溶液电导率/(S/m)			流量/(L/h)		
			进水	透过液	浓缩液	进水 Q_F	浓缩液 Q_M	透过液 Q_P
1								
2								
…								

2. 实验数据处理

① 计算水通量 J，作出 J-θ 关系曲线。

② 计算脱盐率、衰减系数、水的回收率和浓缩倍数。

③ 实验结果记录表见表 2。

表 2　实验结果记录表

序号	时间 θ/h	水通量 J_w/[L/(m^2·h)]	脱盐率 R	水的回收率 Y	浓缩倍数 C_F	衰减系数 M
1						
2						
…						

七、实验结果与讨论

1. 计算膜分离性能参数，将结果列表给出，绘制 J-θ 关系曲线。
2. 讨论各参数随时间变化的趋势，并分析原因。
3. 分析操作条件变化对反渗透结果的影响。
4. 分析实验成败的原因，写出实验体会。

实验 12 液膜分离法脱除废水中的污染物

乳状液膜分离技术是一种新兴的分离手段，模拟了生物细胞的富集功能，通过液体界面膜，经选择性渗透，将两种组成不同但又互相混溶的溶液隔开，达到分离提纯的目的。乳状液膜分离技术综合运用了生物化学、物理化学和有机化学等相关理论，兼具固体膜分离法和溶剂萃取法的特点，具有选择性好、传质速率高、通量大、能耗低及膜相能够重复利用等优点，广泛应用于化工、生化、医药、环保、有色冶金等行业。

一、实验目的

1. 了解两种不同的液膜传质机理。
2. 掌握液膜的制备方法。
3. 掌握用液膜分离技术脱除废水中污染物的实验操作。

二、实验原理

液膜是分隔两液相的第三种液体，它与被分隔的两种液体必须完全不互溶或溶解度很小。液膜分离就是将这第三种液体展成膜状以分隔另外两相液体，由于液膜的选择性透过，第一种液体（料液）中的某些成分会透过液膜进入第二种液体（接受相），最后将三相各自分开，实现料液中组分的分离。根据被处理料液为水溶性或油溶性可分别选择油或水溶液作为液膜。根据液膜的形状，可分为乳状液膜和支撑液膜。

溶质透过液膜的迁移过程，是利用液膜对溶质的选择性而进行的传质过程，存在两种传质形式。促进迁移Ⅰ型传质，是利用液膜本身对溶质有一定的溶解度，选择性地传递溶质，见图 1。促进迁移Ⅱ型传质，如图 2 所示，是在液膜中加入一定的流动载体 C（通常为此溶质的萃取剂），选择性地与溶质在界面处形成络合物，然后此络合物在浓度梯度的作用下向内相扩散，至内相界面处被内相试剂解络（反萃），溶质进入内相而载体 C 则扩散至外相界面处再与溶质络合。促进迁移Ⅱ型传质，更大程度地提高了液膜的选择性及应用范围。

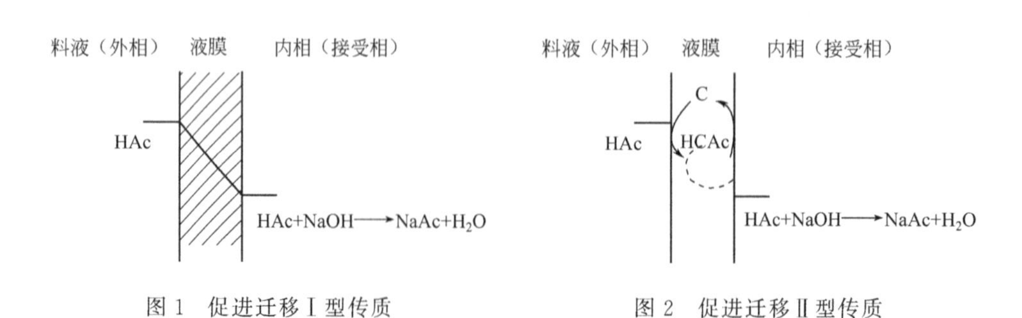

图 1 促进迁移Ⅰ型传质

图 2 促进迁移Ⅱ型传质

综合上述两种传质机理，可以看出传质过程实际上相当于萃取与反萃取两步过程同时进行。液膜将料液中的溶质萃入膜相，然后扩散至内相界面处，被内相试剂反萃至内相（接受相）。因此，萃取过程中的一些操作条件（如相比等）在此也同样影响液膜传质速率。

本实验用乳状液膜将水中的 HAc 分离出去，由于被处理料液为水溶性，所以可选用与之不互溶的油性液膜，并选用 NaOH 水溶液作为接受相。首先将液膜相与接受相（也称内相）在一定条件下乳化，使之成为稳定的油包水（W/O）型乳状液，然后将此乳状液分散于含 HAc 的水溶液中（此处称为外相），这样，外相中 HAc 以一定的方式透过液膜向内相迁移，并与内相 NaOH 反应生成 NaAc 而被保留在内相，然后乳液与外相分离，再经过破乳得到内相中高浓度的 NaAc，而液膜则可以重复使用。

制备稳定的乳状液膜需要加入乳化剂，乳化剂可以根据亲水亲油平衡值（HLB）来决定，一般对于 W/O 型乳状液，选择 HLB 值为 3～6 的乳化剂。有时，为了提高液膜强度，也可以在膜中加入一些膜增强剂（一般为黏度较高的液体）。

三、实验装置与流程

实验装置主要包括：可控硅直流调速搅拌器两套；标准搅拌釜两只，250mL 的为制乳时用，500mL 的进行传质实验；砂芯漏斗两只，用于液膜的破乳。液膜分离的工艺流程如图 3 所示。

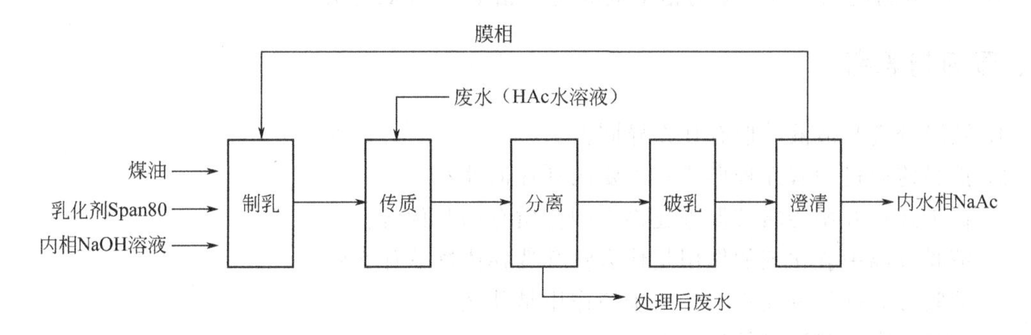

图 3 液膜法处理乙酸废水的流程

四、实验内容及步骤

本实验为乳状液膜法脱除水溶液中的 HAc，内相用 2mol/L 的 NaOH 水溶液，以 0.05mol/L 的 HAc 水溶液作为料液模拟液膜传质实验。外相 HAc 的初始溶度在实验时测定。

具体步骤如下：

1. 乳液制备

① 乳液 1#：在制乳搅拌釜中加入 45mL 膜溶剂煤油、2mL 膜增强剂石蜡和 3mL 乳化剂 Span80，搅拌混合均匀，然后在 1600r/min 的转速下滴加内相 2mol/L 的 NaOH 水溶液 15mL（约 1min 加完），在此转速下搅拌 15min，待形成稳定乳状液后停止搅拌，待用。

② 乳液 2#：在制乳搅拌釜中加入 42mL 膜溶剂煤油、2mL 膜增强剂石蜡、3mL 载体 TBP（磷酸三丁酯）和 3mL 乳化剂 Span80，搅拌混合均匀，然后在 1600r/min 的转速下滴加内相 2mol/L 的 NaOH 水溶液 15mL（约 1min 加完），在此转速下搅拌 15min，待形成稳

定乳状液后停止搅拌，待用。

2. 传质过程测定

在传质釜中加入待处理的料液 200mL，在约 400r/min 的搅拌速度下加入乳液 1# 50mL，进行传质实验，在一定时间下取少量料液进行分析，测定外相 HAc 浓度随时间的变化（取样时间为 0min、2min、5min、10min、15min、25min），并作出外相 HAc 浓度与时间的关系曲线。待外相中所有 HAc 均进入内相后，停止搅拌。放出釜中液体，静置分层。传质釜洗净待用。

在传质釜中加入 200mL 料液，在约 400r/min 的搅拌速度下加入乳液 2# 50mL，进行传质实验，在一定时间下取少量料液进行分析，测定外相 HAc 浓度随时间的变化（取样时间为 0min、2min、5min、10min、15min、25min），并作出外相 HAc 浓度与时间的关系曲线。待外相中所有 HAc 均进入内相后，停止搅拌。放出釜中液体，静置分层。传质釜洗净待用。

3. 分离与破乳

收集经沉降澄清后的上层乳液，采用砂芯漏斗抽滤破乳，破乳得到的膜相可返回制乳工序，NaAc 进一步精制回收。

4. 含量测定

应用酸碱滴定法，以酚酞为指示剂测定外相中的 HAc 浓度。

五、预习与思考

1. 液膜分离与液液萃取有什么异同？
2. 液膜传质机理有几种形式？主要区别在何处？
3. 促进迁移Ⅱ型传质较促进迁移Ⅰ型传质有哪些优势？
4. 液膜分离中乳化剂的作用是什么？其选择依据是什么？
5. 液膜分离操作分几步？每一步的作用是什么？
6. 如何提高乳状液膜的稳定性？
7. 如何提高乳状液膜传质的分离效果？

六、实验数据记录与处理

1. 实验数据记录

设计数据记录表，可参考表 1、表 2。记录乳状液的制备实验数据及过程，记录传质过程的取样量及滴定数据。

表 1　乳液制备实验记录表

实验人员：　　实验地点：　　实验时间：　　外相溶液：　　实验仪器信息：

	配方					乳液制备过程
	煤油/mL	石蜡/mL	Span80/mL	TBP/mL	内相/mL	
乳液 1#						
乳液 2#						
…						

表 2　传质过程实验记录表

实验人员：　　实验地点：　　实验时间：　　内相溶液：　　标准 NaOH 溶液的浓度：

取样时间/min	取样量/mL	滴定实验数据		
		初读数/mL	末读数/mL	消耗量/mL
0				
2				
…				

2. 计算外相中 HAc 浓度 C_{HAc}

$$C_{HAc}=\frac{C_{NaOH}V_{NaOH}}{V_{HAc}} \tag{1}$$

式中，C_{NaOH}为标准 NaOH 溶液的浓度，mol/L；V_{NaOH}为滴定所消耗的标准 NaOH 溶液体积，mL；V_{HAc}为外相料液取样量，mL。

3. 计算乙酸脱除率 η

$$\eta=\frac{C_0-C_t}{C_0}\times 100\% \tag{2}$$

式中，C_0 为初始外相 HAc 浓度，mol/L；C_t 为 t 时的外相 HAc 浓度，mol/L。

七、结果与讨论

1. 绘制乙酸浓度与时间曲线，绘制乙酸脱除率与时间的关系曲线。
2. 讨论各参数随时间变化的趋势，并分析原因。
3. 分析比较不同液膜组成的传质速率，并分析其原因。
4. 分析实验成败的原因，写出实验体会。

第 5 章　化学工艺实验

化学工艺，即化工技术或化学生产技术，是指主要经过化学反应将原料转变为产品的方法和实现这一转变过程的全部措施。生产技术通常是对一定的产品或原料提出的，例如苯乙烯的生产、甲醇的合成、硫酸的生产、烃类裂解等，因此具有个别生产的特殊性，但同时也具有工艺过程的普遍性，即原料和生产方法的选择、流程组织、设备（反应器、分离器、热交换器等）的选择、催化剂及其他物料的影响、操作条件的确定、生产过程的自动控制、产品规格及副产品的分离和利用，以及安全技术和技术经济等。

化学工艺实验主要研究化工生产过程及技术的基本规律、基本理论和基本方法，并用以解决与生产、控制、设计和优化等有关的工程技术问题，是培养学生工程能力的一个重要环节。通过实验训练，学生了解化工产品生产方法选择的原则，掌握工艺实验的基本方法和操作，加深对流程组织、过程控制与设备的认识。化学工艺实验对提升学生综合运用数学、化学和工程知识解决化工生产中实际问题的能力具有重要意义。

实验 13　乙苯脱氢制苯乙烯

苯乙烯单体（styrene monomer，SM）是一种重要的基本有机化工原料，能够进行多种机理的聚合反应，如自由基聚合、阴离子聚合、阳离子聚合、配位聚合等，主要用于生产通用或高抗冲聚苯乙烯（GPPS/HIPS）、发泡聚苯乙烯（EPS），还可与其他单体共聚得到共聚高分子产品，如丙烯腈-丁二烯-苯乙烯共聚物（ABS 树脂）、苯乙烯-丙烯腈共聚物（SAN 树脂）、丁二烯-苯乙烯共聚物（SBR 橡胶和 SBS 胶乳）等。此外，还可用于制药、染料、农药以及选矿等行业，用途十分广泛。

苯乙烯的生产方法主要有乙苯脱氢法、环氧丙烷-苯乙烯联产法、热解汽油抽提法等。其中乙苯催化脱氢法最早由美国陶氏（Dow）公司开发，是目前国内外生产苯乙烯的主要方法，世界上约有 90%的苯乙烯是通过该方法进行生产的。

一、实验目的

1. 了解以乙苯为原料，氧化铁为催化剂，在固定床单管反应器中制备苯乙烯的过程。

2. 学会使用操作过程中用到的工艺参数测量和控制仪器、仪表。

3. 学会工艺过程稳定操作的方法。

二、实验原理

1. 乙苯催化脱氢的主副反应

乙苯脱氢反应是一个可逆的强吸热反应，高温催化条件下，主反应为：

$$C_6H_5-CH_2-CH_3 \rightleftharpoons C_6H_5-CH=CH_2+H_2 \quad 117.8kJ/mol \tag{1}$$

副反应：

$$C_6H_5-C_2H_5 \longrightarrow C_6H_6+C_2H_4 \quad 105kJ/mol \tag{2}$$

$$C_6H_5-C_2H_5+H_2 \longrightarrow C_6H_6+C_2H_6 \quad -31.5kJ/mol \tag{3}$$

$$C_6H_5-C_2H_5+H_2 \longrightarrow C_6H_5-CH_3+CH_4 \quad -54.4kJ/mol \tag{4}$$

在水蒸气存在的条件下，还可能发生下列反应：

$$C_6H_5-C_2H_5+2H_2O \longrightarrow C_6H_5-CH_3+CO_2+3H_2 \tag{5}$$

此外，还有少量芳烃缩合及苯乙烯聚合生成焦油和焦等。这些连串反应的发生不仅使反应选择性下降，而且极易使催化剂表面结焦而降低催化活性。反应所得液态粗产物中主要包括主产物苯乙烯和副产物苯、甲苯，以及未反应的乙苯等，不凝气中有90%左右的氢气，可作为氢源，也可作为燃料气。

2. 影响乙苯脱氢反应的主要因素

（1）反应温度

乙苯脱氢反应为吸热反应，即 $\Delta H^{\ominus}>0$，平衡常数与反应温度的关系如式(6)所示。

$$\left[\frac{\partial \ln K_p}{\partial T}\right]_p=\frac{\Delta H^{\ominus}}{RT^2} \tag{6}$$

式中，$\Delta H^{\ominus}$ 为温度 T 时化学反应的标准焓变，即反应热，kJ/mol；K_p 为以分压表示的平衡常数；R 为气体常数，8.314J/(mol·K)；T 为温度，K。

由式(6)可知，提高温度可增大平衡常数，从而提高脱氢反应的平衡转化率。但是温度过高，副反应也会增加，使苯乙烯的选择性下降，能耗增大，对设备材质的要求增加，故应控制适宜的反应温度。

本实验的反应温度为：540～620℃。

（2）压力

乙苯脱氢为分子数增多、体积增加的反应，平衡常数与压力的关系如式(7)所示。

$$K_p=K_n\left[\frac{p_{总}}{\sum n_i}\right]^{\Delta v} \tag{7}$$

式中，Δv 为反应前后物质的量变化；K_n 为以物质的量表示的平衡常数；n_i 为 i 组分的物质的量；$p_{总}$ 为系统压力。

由式(7)可知，当 $\Delta v>0$ 时，降低总压 $p_{总}$ 可使 K_n 增大，从而增加了反应的平衡转化率，故降低压力有利于平衡向脱氢方向移动，通常采用减压或通入惰性气体的方法降低反应压力。

本实验通过加入水蒸气作为稀释剂，降低乙苯的分压，提高平衡转化率，但水蒸气增大到一定程度后，乙苯的转化率提高有限，而能耗增加。较适宜的用量为水和乙苯的体积比为(1.5～2)∶1。

(3) 空速

空速是在规定的条件下，单位时间内（一般指 1h）通过单位质量（或体积）催化剂的反应物的质量（或体积），单位为 h^{-1}。以体积空速［原料体积流量（20℃，m^3/h）/催化剂体积（m^3）］或质量空速［原料质量流量（kg/h）/催化剂质量（kg）］表示。

空速是对反应停留时间的一种反映，空速大意味着单位时间里通过催化剂的原料多，原料在催化剂上的停留时间短，反应程度浅。空速小意味着反应时间长，有利于提高反应的转化率，但因为乙苯脱氢反应系统中有平行副反应和连串副反应，随着接触时间的增加，副反应也增加，苯乙烯的选择性可能下降。适宜的空速与催化剂的活性及反应温度有关，本实验的液空速以 0.6～$1h^{-1}$为宜。

(4) 催化剂

乙苯脱氢反应中，催化剂是提高反应转化率、实现高选择性的关键，其中铁系催化剂是应用较广的一种。以氧化铁为主，添加铬、钾等助催化剂，可使乙苯的转化率达到 40%，选择性达到 90%。本实验采用氧化铁系催化剂，其组成为 Fe_2O_3-CuO-K_2O-Cr_2O_3-CeO_2。

3. 工艺参数的计算

(1) 乙苯的转化率 α

转化率是指某一原料在反应中转化的比例或分数，也就是参加反应的某一反应物占起始反应物的分数。乙苯的转化率 α 可由式(8) 计算。

$$\alpha=\frac{R_F}{F_F}\times 100\% \tag{8}$$

式中，α 为转化率；R_F 为消耗的原料量，g；F_F 为原料加入量，g。

(2) 苯乙烯的选择性 S

选择性是指在反应中反应物转化为某一期望产物的比例。反应的选择性是评价反应效率高低的重要标志。本实验中，苯乙烯是期望得到的产物，其选择性可由式(9) 计算。

$$S=\frac{P}{R_F}\times 100\% \tag{9}$$

式中，S 为目的产物的选择性；P 为转化为苯乙烯的乙苯量，g。

(3) 苯乙烯的收率 Y

收率是指目的产物的实际生成量占理论生成量的比例。如果按反应物进料量计算，则是理论上生成目的产物消耗的原料量占实际原料进料量的百分比，可由转化率和选择性计算。

苯乙烯的收率如式(10) 计算所得。

$$Y=\alpha S\times 100\% \tag{10}$$

三、实验装置与流程

实验装置由进料系统、气化器、反应装置及冷却系统构成，如图 1 所示。

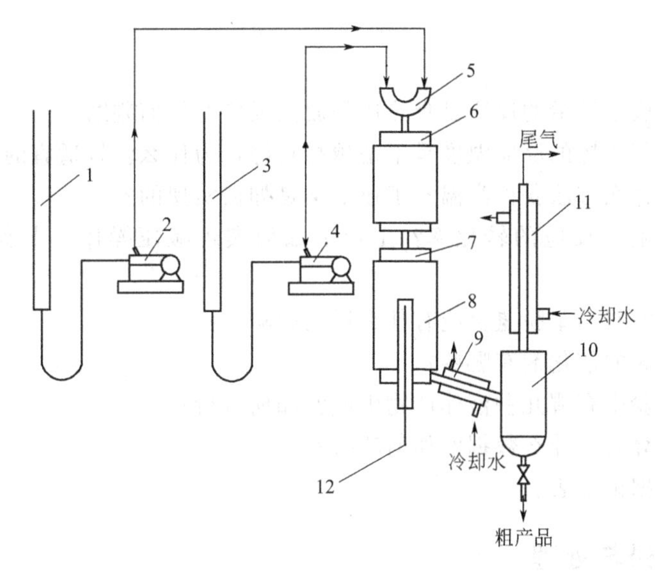

图 1　乙苯脱氢制苯乙烯工艺实验流程图

1—乙苯计量管；2、4—加料泵；3—水计量管；5—混合器；6—气化器；7—反应器；8—电热夹套；9、11—冷凝器；10—分离器；12—热电偶

四、实验内容及步骤

1. 反应条件控制

预热器（又称气化器）温度 300℃，脱氢反应温度 540～620℃，水：乙苯＝1.5：1（体积比），乙苯空速 $0.6h^{-1}$，50mL 催化剂，相当于乙苯加料 0.5mL/min，蒸馏水 0.75mL/min。

2. 操作步骤

① 了解并熟悉实验装置及流程，搞清物料走向及加料、出料方法。

② 打开冷却水，接通电源，检查各仪表显示正常。设定升温程序，使预热器、反应器分别逐步升温至预定的温度。

③ 分别校正蒸馏水和乙苯的流量。当预热器温度达到 300℃，反应器升温至 400℃，开始加入蒸馏水，并校正好流量 0.75mL/min。继续升温至 450℃，开始加入乙苯，并校正好流量 0.5mL/min。继续升温至 540℃，保持稳定约 20min。

④ 排尽分离器中的液体，实验测定正式开始。记录原料计量管初读数，10～20min 后，再次读取原料计量管读数，计算加入的原料量。

⑤ 从分离器中放出粗产品，用分液漏斗分去水层，称出烃层质量。取少量烃层液体样品，由气相色谱仪分析其组成，并计算各组分的含量。每个温度最好重复两次测试。

⑥ 继续升温，在 540～620℃取 2～3 个温度，重复步骤④和⑤。

⑦ 可选择改变空速、进料体积比等工艺参数进行重复实验。

⑧ 全部测试结束后，停止加乙苯，继续通蒸馏水，反应器温度维持在 500℃左右进行催化剂的清焦再生，约半个小时后停止加蒸馏水。关闭加热电源，待反应器降温至 100℃以下，关闭总电源、冷却水源，整理实验室，结束实验。

五、预习与思考

1. 乙苯脱氢生成苯乙烯的反应是吸热还是放热反应？如何判断？

2. 乙苯脱氢制苯乙烯的反应温度是不是越高越好，为什么？较适宜的反应温度是多少？

3. 本实验采用什么方法获得高温？工业上又是如何实现的？

4. 压力如何影响本反应的转化率？工业上如何实现减压操作？本实验采用的是什么方法？

5. 什么是空速？对乙苯脱氢反应有什么样的影响？

6. 乙苯脱氢反应的催化剂有哪些？

7. 乙苯脱氢实验中有哪几种液体产物生成？如何分析？

8. 进行物料衡算需要什么数据？如何获得？

9. 设计原始数据记录表。

六、实验数据记录与处理

1. 实验数据记录

实验数据记录表见表1。

表1　工艺过程原始数据记录表

实验人员：　实验地点：　实验时间：　水进料速率：　乙苯进料速率：　空速：

取样时间/min	温度/℃		原料量						粗产品	
	气化器	反应器	乙苯/mL			水/mL			烃层/g	水层/g
			始	终	总量	始	终	总量		
					10				7	
…										

2. 粗产品色谱分析数据记录

粗产品分析数据记录表及各组分的质量校正系数见表2和表3。

表2　粗产品色谱分析数据记录表

实验人员：　实验地点：　实验时间：　色谱型号：　分析条件：

反应温度/℃	粗产品							
	苯		甲苯		乙苯		苯乙烯	
	积分面积	含量/%	积分面积	含量/%	积分面积	含量/%	积分面积	含量/%
	200000	1.7	400000	2.9	4000000	34.1	7000000	61.3
…								

表3　实验中各组分的质量校正系数

组分	苯	甲苯	乙苯	苯乙烯
质量校正系数 f	1.000	0.8539	1.006	1.032

3. 计算工艺数据

计算各工艺条件下的乙苯转化率、苯乙烯的选择性及苯乙烯的收率。

4. 计算示例

(1) 粗产品中各组分含量的计算

$$x_i=\frac{A_if_i}{\sum_{i=1}^{4}A_if} \tag{11}$$

式中，A 为积分面积；f 为校正因子。

以表2中数据为例，计算产物中苯的含量：

$$x_{苯}=\frac{200000\times1}{200000\times1+400000\times0.8539+4000000\times1.006+7000000\times1.032}=0.017$$

同理得，$x_{甲苯}=0.029$，$x_{乙苯}=0.341$，$x_{苯乙烯}=0.613$

(2) 乙苯的转化率

由表1中数据可知共加入乙苯10mL，乙苯密度为$0.87g/cm^3$，则加入原料乙苯的质量为8.7g。得到的粗产品质量为7g，其中乙苯含量0.341，则未转化的乙苯质量为7×0.341=2.387g，由此得到消耗的乙苯量为加入量－未转化量=8.7－2.387=6.313g，乙苯的转化率计算过程为：

$$\alpha=\frac{R_F}{F_F}\times100\%=\frac{10\times0.87-7\times0.341}{10\times0.87}\times100\%=72.56\%$$

(3) 苯乙烯的选择性

由化学反应可知，乙苯发生反应生成等摩尔的苯乙烯，从粗产品的分析可知生成苯乙烯的量为7×0.613=4.291g，苯乙烯的分子量104.15，乙苯的分子量106.16，则苯乙烯的选择性为：

$$S=\frac{P}{R_F}\times100\%=\frac{\dfrac{7\times0.613}{104.15}}{\dfrac{(10\times0.87-7\times0.341)}{106.16}}\times100\%=69.28\%$$

(4) 苯乙烯的收率

$$Y=\alpha S\times100\%=0.7256\times0.6928\times100\%=50.27\%$$

七、结果与讨论

1. 处理实验数据，将计算结果列表给出。
2. 分别将转化率、选择性及收率对反应温度作图，找出最适宜的反应温度区域，分析曲线图趋势的合理性，并对所得的实验结果进行讨论。
3. 分析误差来源，分析实验成败的原因。
4. 写出实验体会。

实验 14　煤油裂解制烯烃

高温裂解的实质是加热有机分子使之裂解成小分子的过程，包含了许多复杂的物理化学过程。热裂解的温度较高（通常＞700℃），且物料在反应器中停留时间较短，其目的是获得石油化工的基本原料如乙烯、丙烯、丁二烯、芳烃等，是工业上生产低级烯烃的主要方法。

一、 实验目的

1. 学习小型管式裂解炉的操作控制及实验方法。
2. 掌握获取工艺数据、进行物料衡算及数据处理的方法。
3. 了解、掌握裂解气的分析测试方法。

二、实验原理

煤油是含有 9～15 个碳原子的饱和烃，在高温下不稳定，极易发生碳-碳键断裂的裂解反应，裂解反应很复杂，包括一次反应和二次反应。裂解产物主要成分为甲烷、氢、乙烯、乙炔、乙烷、丙烯、丙烷、丁烯、异丁烯、丁烷、戊烯及二氧化碳、焦油、焦炭等。

烷烃热裂解一般存在脱氢和断裂反应，如式(1)、式(2) 所示。

脱氢反应：
$$R{-}CH_2{-}CH_3 \longrightarrow R{-}CH{=}CH_2 + H_2 \tag{1}$$

断裂反应：
$$R{-}CH_2{-}CH_2{-}R' \longrightarrow R{-}CH{=}CH_2 + R'H \tag{2}$$

由一次反应生成的低级烯烃可进一步反应，直至最后生成焦或炭。正构烷烃最利于生成乙烯、丙烯，分子量越小则烯烃的总收率越高。

煤油裂解是一个吸热、体积增大的反应，影响裂解反应的主要因素有温度、压力和停留时间。由于此裂解反应是体积增大的反应，因此减压有利于反应的进行。如果采用负压操作，会因漏入空气而引起爆炸，通常采用加入稀释剂的方法降低烃类的分压。实验中可加入水作为稀释剂，工业上通常配入蒸汽，水蒸气可事先预热到较高的温度，用作热载体将热量传递给原料烃，避免原料烃因预热温度过高而在预热器中结焦，也可防止炭在炉管中的沉积。

提高裂解温度有利于乙烯产率的增加，过高的裂解温度，将使丙烯和丁烯的收率下降。裂解温度越高，允许停留的时间则越短，以减少和控制二次反应。

本实验热裂解温度为 760℃和 780℃，压力为常压，水为稀释剂。

三、实验装置与流程

1. 裂解装置与流程

实验装置由进料系统、裂解器、冷却器及气体计量系统构成，如图 1 所示。

2. 裂解气分析装置与流程

裂解气的组成可以采用 QF1902 型奥氏气体分析仪分析，也可以用气相色谱仪分析。

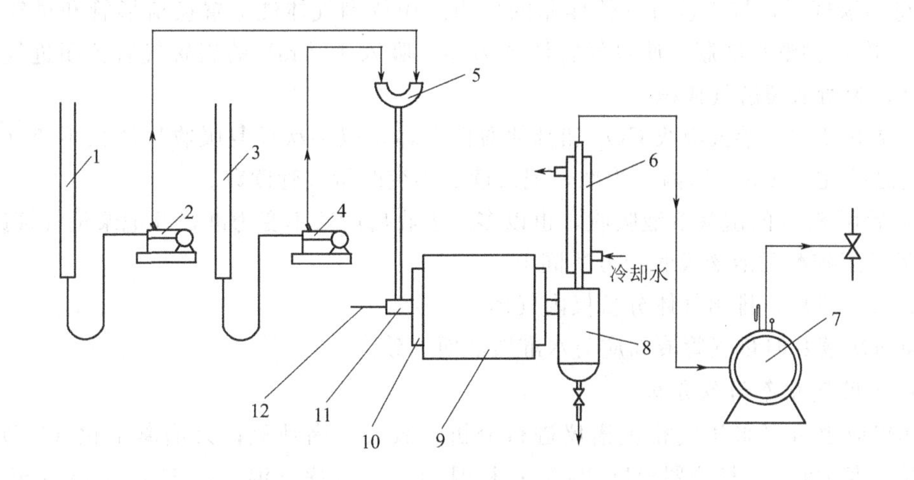

图1　煤油裂解制烯烃装置示意图

1—煤油计量管；2—煤油加料泵；3—水计量管；4—水加料泵；5—混合器；6—冷却器；7—湿式气体流量计；8—分离器；9—保温层；10—电加热套；11—裂解器；12—热电偶

（1）采用QF1902型奥氏气体分析仪分析

利用待测气体被液体吸收后体积发生变化来分析气体中的某组分含量。

① 配制吸收剂

a. 20% KOH水溶液，吸收混合气中的二氧化碳。

b. 87%硫酸，吸收除乙烯外的不饱和化合物。

c. 硫酸汞溶液：将浓硫酸缓慢加入200mL水中配成22%的硫酸溶液，称取硫酸汞固体37g，用22%的硫酸溶液刚好溶解成透明溶液。制备的硫酸汞溶液用来吸收乙烯，也可以吸收所有不饱和化合物。

② 气体分析仪操作方法　奥氏气体分析仪的结构如图2所示。

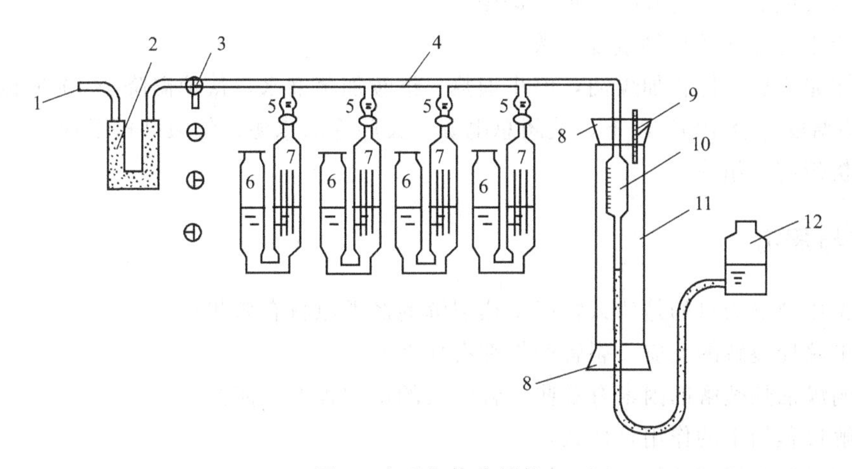

图2　奥氏气体分析仪

1—进气管；2—干燥管；3—三通旋塞；4—梳形管；5—旋塞；6—缓冲瓶；7—吸收瓶；8—胶塞；9—温度计；10—量气管；11—水套管；12—水准瓶

a. 首先排除吸收瓶中的空气，试漏。

b. 待不漏气后，接入装有气体样品的球胆。用待测气体洗涤置换梳形管和量气管中的空气 2～3 次，调整水准瓶，使量气管读数为零，吸入 100 mL 的裂解气后关闭进气口。两次读数之差为所取裂解气体积。

c. 首先用 KOH 溶液吸收 CO_2 和其他酸性气体，以多次反复吸收后读数不变（相邻两次测量值之差在 0.2 mL 以内）为准，记录读数不变时量气管读数。

d. 然后用 87%的硫酸溶液吸收，也以多次吸收后读数不变为准，并记录量气管读数。

e. 最后用硫酸汞溶液吸收，方法同上。

f. 分析完成后，排出气体分析仪内气体。

注意每次读数时量气管液面应与水准瓶液面一致。

（2）采用气相色谱仪分析

气体组成也可以采用气相色谱仪进行分析。载气为高纯氮；火焰离子化（FID）检测器；进样温度 180℃；检测器温度 200℃；柱温 40℃；程序升温：以 10℃/min 升至 120℃；气体进样量 0.15mL。

四、实验内容及步骤

① 检查实验装置，注意各接口密闭连接，将煤油及蒸馏水加入计量管。

② 打开放空阀，将尾气管通到室外。

③ 开冷却水，开启总电源和加热电源，设定反应温度为 760℃。

④ 当反应温度升至 400℃时，加入蒸馏水并校正好流量为 0.5 mL/min。

⑤ 当反应温度升至 700℃时，加入煤油并校正好流量为 0.5 mL/min。

⑥ 待达到设定的反应温度并稳定后，放尽气液分离器中的物料，同时记录水、煤油、气体流量计的初读数，接好球胆开始取样，裂解气球胆取样时间为 5～10min 即可，记录取样量。反应 20～30min 后，记录水、煤油、气体流量计的终读数，气液分离器中的焦油和水排入烧杯，用天平进行称量，得到焦油质量。

⑦ 控制反应温度为 780℃，重复步骤⑥。

⑧ 改变水与煤油的比例重复步骤⑥。

⑨ 取样完成后，停止加煤油，停止加热，继续加蒸馏水，待炉温降至 400℃以下时，停止通水，待温度降至 100℃以下，关闭总电源，关闭冷却水源，结束裂解反应。

⑩ 分析裂解气组成。

五、预习与思考

1. 烃类热裂解的目的是什么？用于热裂解的烃类原料有哪些？
2. 写出烷烃裂解的反应。裂解产物都有什么？
3. 影响煤油热裂解的因素有哪些？各因素的影响程度如何？
4. 裂解过程加水的作用是什么？
5. 如何定量分析煤油热裂解产物？
6. 裂解气如何计量？
7. 设计原始数据记录表。

六、实验数据记录与处理

1. 实验数据记录

裂解反应数据记录表见表 1。

表 1　裂解反应数据记录表

大气压：　　　　室温：　　　　煤油密度：ρ=0.83g/mL
水进料速率：　　　　　煤油进料速率：　　　　　　裂解气平均分子量：M=44g/mol

取样时间/min	裂解温度/℃	原料						产品			
		煤油/mL			水/mL			焦油质量/g	裂解气/mL		
		始	末	总量	始	末	总量		始	末	总量
…											

2. 气体组成分析数据记录

根据所用的分析方法，列表记录测试数据。

3. 工艺数据计算

（1）计算产气量

由理想气体状态方程计算。

（2）计算乙烯收率

$$乙烯收率=(裂解气乙烯组成\times气体总量)/原料煤油质量$$

（3）计算产气率

$$产气率=产生的气体质量/加入的煤油质量$$

七、结果与讨论

1. 处理实验数据，计算乙烯的质量收率，计算裂解产气率，将计算结果列表显示。
2. 讨论工艺条件对乙烯收率的影响。
3. 分析物料平衡数据，对实验结果进行分析讨论。
4. 分析误差来源，分析实验成败的原因。
5. 写出实验的体会。

实验 15　反应精馏制备乙酸乙酯

将化学反应和精馏结合起来同时进行的操作过程称为反应精馏。与反应、精馏分别进行的传统方法相比，它具有产品收率高（反应选择性高且不受反应平衡的限制）、节能（放热反应放出的热量可用于蒸馏）、投资少、流程简单等优点。在酯化、醚化、酯交换、水解等化工生产中，反应精馏越来越显示其优越性。

一、实验目的

1. 了解反应精馏既服从质量守恒又服从相平衡的复杂过程。
2. 掌握反应精馏的操作。
3. 能进行全塔物料衡算和塔操作的过程分析。
4. 了解反应精馏与常规精馏的区别。
5. 学会分析塔内物料组成。

二、实验原理

反应精馏过程不同于一般精馏，它既有精馏的物理相变的传递现象，又有新物质产生的化学反应现象。两者同时存在，相互影响，使过程更加复杂。反应精馏对下列两种情况特别适用：

（1）*可逆反应*

可逆反应受化学平衡影响，转化率只能维持在平衡转化的水平。若反应产物中有低沸点或高沸点物质存在，则精馏过程可使其连续地从系统中排出，从而使反应的转化率超过平衡转化率，大大提高生产效率。

（2）*异构体混合物分离*

异构体的沸点接近，通常简单精馏的方法不易分离提纯，若异构体中某组分能发生化学反应并生成沸点不同的物质，可通过反应精馏在此过程中得以分离。

醇、酸酯化反应属于第一种情况，若无催化剂存在时，酯化反应的速度非常缓慢，仅仅采用反应精馏操作并不能达到高效分离的目的，需要加入催化剂提高反应速率才能达到反应精馏的目的。酸是酯化反应的有效催化剂，常用的均相催化剂是硫酸，此外，还可用离子交换树脂、重金属盐类和丝光沸石分子筛等固体催化剂。均相催化剂的催化作用不受塔内温度限制，全塔都可进行催化反应，固体催化剂则由于存在一个最适宜的温度，精馏塔本身难以达到此条件，故很难实现最佳操作。

本实验以乙酸和乙醇为原料，在硫酸催化作用下生成乙酸乙酯，酯化反应随催化剂浓度增高而加快，反应方程式为：

$$CH_3COOH + C_2H_5OH \rightleftharpoons CH_3COOC_2H_5 + H_2O \tag{1}$$

反应物料的进料方式有两种：一种是直接从塔釜进料；另一种是在塔的某处进料。前者有间歇式和连续式两种操作；后者只有连续式。以塔釜进料方式进行的酯化反应，塔釜作为反应器，塔体只起到了精馏分离的作用。若采用后一种方式进料，即在塔上部某处加入带有催化剂的乙酸，塔下部某处加乙醇，在塔釜沸腾状态下，乙酸从塔上段向下段移动时，与向塔上段移动的乙醇接触，在不同填料高度上均发生反应，生成酯和水，塔内同时存在四组分。原料乙酸在气相中有缔合作用，除乙酸外，其他三个组分会形成三元或二元共沸物，其中水-酯、水-醇的共沸物沸点较低，在塔内逐渐向上移动，不断从塔顶排出，因此反应精馏的分离塔也是反应器。若控制反应原料比例，可使某组分全部转化。

反应精馏的全塔物料总平衡，以及第 j 块理论板上 i 组分的物料流动状况如图 1 所示。

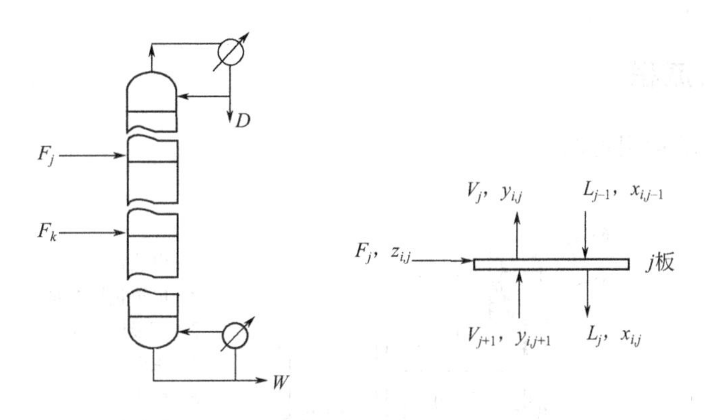

图 1　反应精馏过程的气液流动示意图

1. 物料平衡

对第 j 块理论板上的 i 组分进行物料衡算，如式(2) 所示。

$$L_{j-1}x_{i,j-1}+V_{j+1}y_{i,j+1}+F_jz_{i,j}+R_{i,j}=V_jy_{i,j}+L_jx_{i,j}\quad (2\leqslant j\leqslant n) \tag{2}$$

式中，L_{j-1}为 $j-1$ 板下降液体量；$x_{i,j-1}$为 $j-1$ 板上组分 i 的液相摩尔分数；V_{j+1}为 $j+1$ 板上升蒸汽量；$y_{i,j+1}$为 $j+1$ 板上组分 i 的气相摩尔分数；F_j 为 j 板进料流量；$z_{i,j}$ 为 j 板上 i 组分的进料组成；$R_{i,j}$ 为单位时间 j 板上单位液体体积内 i 组分反应量；V_j 为 j 板上升蒸汽量；$y_{i,j}$ 为 j 板上组分 i 的气相摩尔分数；L_j 为 j 板下降液体量；$x_{i,j}$ 为 j 板上组分 i 的液相摩尔分数。

2. 气液平衡方程

每块板上某组分 i 的相平衡关系见式(3)。

$$K_{i,j}x_{i,j}-y_{i,j}=0 \tag{3}$$

每块板上组成的总和应符合式(4)。

$$\sum_{i=1}^{n}x_{i,j}=1,\quad \sum_{i=1}^{n}y_{i,j}=1 \tag{4}$$

式中，$K_{i,j}$ 为 i 组分的气液平衡常数。

3. 反应速率方程

若原料中各组分按反应计量比进料，且反应为二级反应时，每块板上的酯化反应速率关系可由式(5) 描述。若不满足以上条件，则应对式(5) 予以修正。

$$R_{i,j}=k_jU_j\left(\frac{x_{i,j}}{\sum\theta_i x_{i,j}}\right)^2 \tag{5}$$

式中，k_j 为 j 板上反应速率常数；U_j 为 j 板上液体混合体积（持液量）；θ_i 为 i 组分的反应计量数。

4. 热量衡算方程

对平衡级进行热量衡算，最终得到式(6)。

$$L_{j-1}h_{j-1}-V_jH_j-L_jh_j+V_{j+1}H_{j+1}+F_jH_{jF}+R_jH_{jR}+Q_j=0 \tag{6}$$

式中，h_{j-1} 为 $j-1$ 板上液体焓值；H_j 为 j 板上气体焓值；h_j 为 j 板上液体焓值；H_{j+1} 为 $j+1$ 板上气体焓值；H_{jF} 为 j 板上进料焓值；H_{jR} 为 j 板上反应热焓值；Q_j 为 j 板上冷却或加热的热量。

三、实验装置与流程

反应精馏装置示意图见图 2。

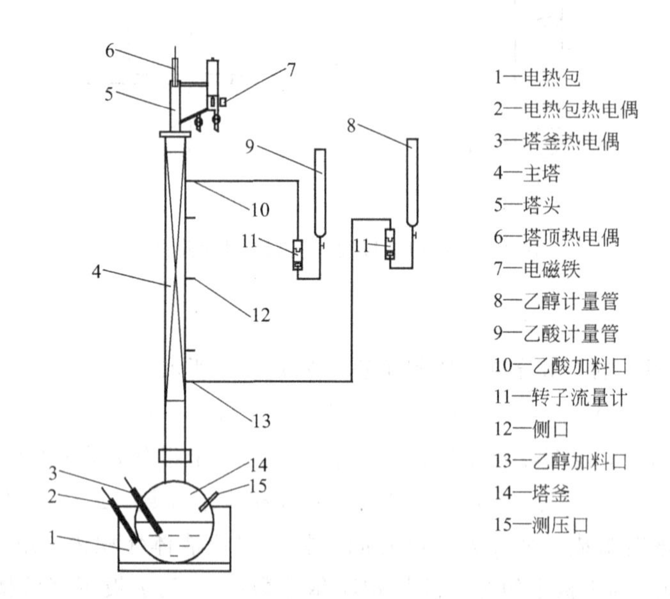

图 2　反应精馏装置示意图

反应精馏塔用玻璃制成，直径 20mm，塔高 1500mm，塔内填装 ϕ3mm×3mm 不锈钢 θ 网环型填料（316L）。塔釜为四口烧瓶，容积 500mL，塔外壁镀有金属膜，通电流使塔身加热保温。塔釜置于 500W 电热包中，由温度控制器控制釜温。塔顶冷凝液体的回流采用摆动式回流比控制系统，由塔头上摆锤、电磁线圈、回流比计时控制电子仪表组成。加热电压由固态调节器调节，加热温度由智能仪表通过固态继电器控制。温度及回流比均由数字智能仪表显示。

实验中各组分含量由配备热导检测器的气相色谱仪分析。

四、实验内容及步骤

1. 间歇反应精馏

① 检查各管线是否连接正常。

② 釜内加入 250～350g 乙醇、乙酸的混合液（醇酸的摩尔比为 1.1～1.7），催化剂浓硫

酸的量取为乙酸的 0.5%～1%加入塔釜内。开启塔顶冷却水，开启塔釜加热系统，开启塔身保温，调节仪表电流在合适的范围。

③ 当塔顶摆锤上有液体出现时，进行全回流操作，稳定 15～20min，设定回流比为 4∶1～8∶1，启动回流比控制。出料后观察塔顶、塔底的温度和压力，及时调节使之处于平衡状态。

④ 每隔 20～30min，在塔顶、塔釜以及不同高度的侧口取样，由气相色谱仪分析各样品组成。取样应尽量保证同步。

本实验可改变回流比、醇酸摩尔比、催化剂用量等进行工艺条件的研究。

⑤ 实验结束后，关闭塔釜及塔身加热电源，待不再有液体流回塔釜时，关闭冷却水，关闭总电源，对馏出液及釜残液进行称重和色谱分析。

2. 塔体进料的连续反应精馏

① 检查各管线连接正常后，向釜内加入 150～200g 接近稳定操作组成的釜液，并分析其组成。将乙酸、乙醇注入计量管内（乙酸内含 0.3%硫酸）。

② 接通塔顶冷却水，打开总电源，开启泵，微调泵的流量给定转柄，让液料充满管路后停泵。开启反应釜的加热系统，加热系统为集中控制的智能仪表，每套装置有四段控温，即釜温控制、塔下部保温、塔中部保温、塔上部保温，釜温一般设置为 130～140℃，塔下部保温设置在 120℃左右，塔中部设置在 100℃左右，塔上部设置在 70℃左右。设置时可分步达到指定温度，以免设备突然受热而损坏。

③ 当釜液开始沸腾，开启塔身保温控制，当塔顶有液体出现时，先全回流稳定操作 10～15min，然后开始进料，塔的上侧口以 20mL/h 加入配好催化剂的乙酸，塔的下侧口按醇酸摩尔比 1.1～1.7 设定乙醇的进料速度。进料后仔细观察塔底和塔顶温度与压力，调节使其稳定。

④ 设定回流比为 4∶1～8∶1，开启回流比控制。塔顶出料的同时塔釜也出料，保持总物料平衡，观察仪表显示的各温度及各进出料速度，及时调整参数使精馏塔操作处于稳定状态。

⑤ 全塔操作稳定后，每隔 20～30min，在塔顶、塔釜以及不同高度的侧口取样，用气相色谱仪分析各样品组成。取样应尽量保证同步。

本实验可改变回流比、醇酸摩尔比、进料速度、催化剂用量等进行工艺条件的研究。

⑥ 实验完成后，停止加料，停止加热，让塔内滞留液全部流回至塔釜，待不再有液体流回塔釜后，塔顶、塔釜料液称重并分析组成，关闭冷却水，关闭总电源。

五、预习与思考

1. 反应精馏有哪些特点？

2. 除乙酸乙酯外，还有哪些产品可以用反应精馏制备？

3. 如何提高酯化反应的转化率？

4. 不同回流比对产物分布影响如何？进料摩尔比应保持多少为最佳？

5. 确定乙酸和乙醇加料位置的依据是什么？若进料位置改变，塔内物料分布有哪些变化？酯化率有何改变？

6. 反应精馏过程中，塔内各段的温度分布主要由哪些因素决定？

7. 设计原始数据记录表。

六、实验数据记录与处理

1. 实验数据记录

实验数据记录表见表 1 和表 2。

表 1 酯化反应数据记录表

乙醇进料速率： 乙酸进料速率： 醇酸摩尔比： 回流比：
塔顶温度： 塔釜温度： 塔顶冷凝液质量： 塔釜残液质量：

取样时间/min	取样位置	气相色谱分析数据							
		水		乙醇		乙酸乙酯		乙酸	
		积分面积	含量/%	积分面积	含量/%	积分面积	含量/%	积分面积	含量/%

表 2 实验中各组分的质量校正系数

组分	水	乙醇	乙酸	乙酸乙酯
质量校正系数 f				

2. 实验数据处理

(1) 计算各组成含量

$$x_i = \frac{A_i f_i}{\sum_{i=1}^{4} A_i f} \tag{7}$$

其中，A 为积分面积；f 为校正因子。

(2) 计算乙酸和乙醇的转化率

$$\alpha = \frac{Fx_f - Dx_d - Wx_w}{Fx_f} \times 100\% \tag{8}$$

式中，α 为乙酸（乙醇）的转化率；F 为乙酸（乙醇）的进料量；x_f 为进料中乙酸（乙醇）的质量分数；D 为塔顶馏出液质量；x_d 为塔顶馏出液中乙酸（乙醇）的质量分数；W 为塔釜液体质量；x_w 为塔釜出料中乙酸（乙醇）的质量分数。

(3) 计算乙酸乙酯收率 Y

$$Y = \frac{\dfrac{(Dx_d + Wx_w)}{M_{EA}}}{\dfrac{Fx_f}{M_{Ac}}} \times 100\% \tag{9}$$

式中，Y 为乙酸乙酯的收率；D 为塔顶馏出液质量；x_d 为塔顶馏出液中乙酸乙酯的质量分数；W 为塔釜液体质量；x_w 为塔釜出料中乙酸乙酯的质量分数；F 为进料量；x_f 为进料中乙酸的质量分数；M_{EA}为乙酸乙酯的分子量；M_{Ac}为乙酸的分子量。

(4) 乙酸和乙醇的全塔物料衡算

七、结果与讨论

1. 处理实验数据，计算乙酸和乙醇的转化率，计算乙酸乙酯的收率，将计算结果列表。
2. 对全塔进行物料衡算。
3. 绘制塔内各组分浓度分布图。
4. 对实验结果进行分析讨论。
5. 分析误差来源及实验成败的原因，写出实验体会。

第6章 化工安全实验

化工生产涉及的危险化学品数量众多，生产工艺比较复杂，生产装置越来越趋于大型化、连续化和自动化，因此针对化学反应、化学工程、化学工艺过程的安全问题在化工生产中占据着非常重要的位置。化工安全不仅涉及安全工程的主要基础问题，还包括燃烧、爆炸、毒害等与介质风险相关的问题，以及与过程装备可靠性有关的问题等。

化工安全实验使学生对化工行业的火灾、爆炸等问题，以及设备安全检测方法等有较深的理解。

实验16 可燃液体开/闭口闪点测定实验

闪点是衡量可燃液体火灾危险性的重要依据，闪点测试是评价化学品安全的重要实验项目，可用于鉴定化学品发生火灾的危险性，对保障危险化学品的生产、储存、运输至关重要。

一、实验目的

1. 明确闪点的定义，了解开口闪点和闭口闪点的差别及其对防止可燃液体火灾的重要意义。
2. 掌握闪点测定的原理和方法，熟练使用开/闭口闪点全自动测量仪。
3. 了解混合液体闪点的变化规律。

二、实验原理

1. 闪点

可燃液体遇火源后，在其液面上方产生的一闪即灭（少于5s）的燃烧现象称为闪燃。闪燃是可燃液体着火的前奏和火险的警告，是研究可燃液体火灾危险性时必须掌握的一种燃烧类型。闪点是在规定的实验条件下，可燃液体表面产生闪燃的最低温度，有开口闪点和闭口闪点。闪点越低，液体火灾危险性越高。根据闪点值将可燃液体火灾危险性进行分类、分级：闪点＜28℃为甲类危险可燃液体；28℃≤闪点＜60℃为乙类危险可燃液体；闪点≥60℃为丙类危险可燃液体。

闪点是灭火剂选择和灭火强度确定的依据。在确定和选择可燃液体生产和储存的建筑物层数、建筑物耐火等级、生产占地面积、安全通道、防火安全间距、防爆设施等过程中，闪点值也是重要的依据之一。

2. 开口闪点

开口闪点的测定是把试样按要求装入油杯中，先快速升高试样的温度，然后缓慢升温，当接近闪点时，恒速升温。在规定的温度间隔，以一个小的试验火焰横扫油杯上方，使液体表面上的蒸气发生点火的最低温度作为开口闪点的测定结果。一般蒸发性小的石油产品多测开口闪点。

3. 闭口闪点

闭口闪点的测定是把试样按要求装入油杯中，试样在连续搅拌下以缓慢的、恒定的速度加热，在规定的温度间隔，同时中断搅拌的情况下，将一小火焰引入杯中，试验火焰引起待测样品的蒸气闪火时的最低温度作为闭口闪点。一般蒸发性较大的石油产品多测闭口闪点。

4. 混合液体的闪点

许多工业生产如油漆、涂料、冶金、精细化工、制药等行业，常常大量使用混合可燃液体，这些场所的危险等级取决于混合液体的闪点。混合液体的闪点随组成、配比的不同而变化，很难从文献上直接查得，需要实际测量混合闪点，为研究其变化规律提供依据。

可燃液体混合后的闪点，一般低于各组分闪点的算术平均值，并接近于含量大的组分的闪点。可燃液体与不可燃液体混合后的闪点随不可燃液体含量的增加而升高，当不可燃液体含量超过一定值后，混合液体不再发生闪燃。重质油使用过程中，即使混入少量轻组分油品，闪点也会降低。

混合可燃液体的闪点可用式(1) 估算：

$$\frac{1}{T_{\mathrm{mix}}}=\frac{V_1}{T_1}+\frac{V_2}{T_2}+\cdots+\frac{V_n}{T_n} \tag{1}$$

式中，V_i 为第 i 组分可燃液体在混合可燃液体的体积分数；T_i 为第 i 组分可燃液体的闪点；T_{mix}为混合可燃液体的闪点。

三、实验装置与流程

该实验主要的实验装置是 VKK3000 型开口闪点全自动测定仪和 VBK3001 型闭口闪点全自动测定仪，图 1、图 2 分别为开口闪点全自动测定仪和闭口闪点全自动测定仪实物图。图 3 为开口闪点测定仪的示意图，闭口闪点测定仪与开口闪点测定仪原理相似，只是闭口杯的闪点测试是在密闭空间中完成。

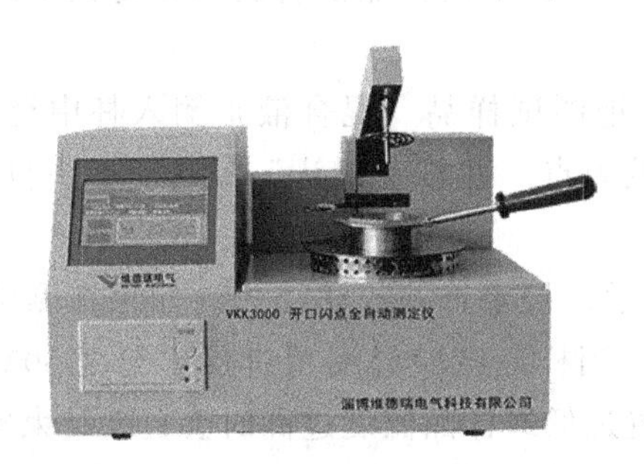

图 1　开口闪点全自动测定仪

图 2　闭口闪点全自动测定仪

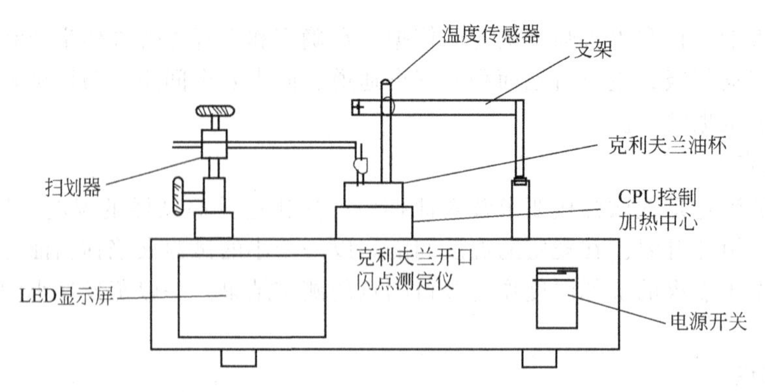

图 3　开口闪点测定仪结构示意图

VKK3000 型开口闪点全自动测定仪按 ASTM D92—2018、GB/T 3536—2008 方法规定的升温曲线，由中央处理器（CPU）控制加热器对样品加热，蓝色发光＝极管（LED）显示器显示状态、温度、设定值等，在样品温度接近设定的闪点值时（低于设定值 10℃），CPU 控制电点火系统自动点火，自动划扫。在出现闪点时仪器自动锁定闪点值，同时自动对加热器进行风冷。VBK3001 型闭口闪点全自动测定仪按 ASTM D93—2020、GB/T 261—2008 方法规定的升温曲线加热，在温度接近闪点值时，CPU 控制气路系统自动打开气阀、点火器探入到杯内自动点火，当出现闪点时，仪器自动锁定显示，打印结果，同时自动对加热器进行冷却。电点火时无需使用气源和气路系统。

实验所用试剂为：机械油、煤油等。

四、实验内容及步骤

1. 实验步骤

① 开机前检查所有连接是否正确无误，然后打开电源开关，仪器测试头自动抬起，按显示器提示进行设定。

② 首先进入“方法选择”，根据实验具体要求进行 ASTM D92—2018、GB/T 3536—2008(ASTM D93—2020、GB/T 261—2008）和预测试的选择。

③ 设定“预置温度”，按“△”或“▽”键设定温度，完毕后按“确认”键返回主菜单。日期设定、大气压设定、打印设置等都按“△”或“▽”键设定，完成设置后，按“确认”键回主菜单。

④ 混合液配制：根据要求选取样品，按体积比将不同样品混合均匀，得到不同比例的待测混合液。

⑤ 将样品杯用石油醚或汽油清洗干净后，把测试样品（混合液）倒入杯中至刻度线，将其放入仪器加热桶内。在主菜单中选择“测试闪点”并按“确认”键，测试头自动落下，测试开始。

⑥ 当出现闪点时，测试头自动抬起锁定显示、报警，并打印结果。如果在测试中需要终止实验，可按两次“确认”键，即结束实验。当样品试验温度超过预置温度 50℃未发生闪点时，仪器会自动终止实验。当样品温度预置过低或样品温度过高时会自动结束实验，并在“状态”栏中显示“预置过低”或“样温过高”，需重设“预置温度”再次实验。

⑦ 测试完毕，待仪器冷却后，更换样品，按“确认”键进行第二次测试。如需更改仪

器设置，可按“△”或“▽”键，返回主菜单进行更改。

⑧ 所有样品测试完毕后，等待仪器冷却，关闭电源，清洗样品杯，整理实验台。

2. 注意事项

① 因仪器有点火装置，需在通风橱内操作（不要开风机），防止外部气流造成测试误差。

② 温度传感器由玻璃制成，使用时不要与其他物体相碰。

③ 每次换样品都要将样品杯清洗干净，加热桶内不要放入其他物体，否则将无法进行实验。

④ 测试头部分为机械自动传动，切勿用手强制动作，否则将造成机械损伤。

⑤ 当仪器未能正常工作时，要及时与指导教师联系。

五、预习与思考

1. 什么是闪点？
2. 闪点测量的意义是什么？
3. 闪点测定的方法有几种？分别适于哪一类油品的测定？
4. 组成对可燃性混合液体的开口闪点和闭口闪点有什么影响？如何估算？

六、实验数据记录与处理

1. 实验数据记录

闪点测试实验数据记录表见表 1。

表 1　闪点测试实验数据记录表

实验时间：　　　室温：　　气压：　　参考标准：　　　　仪器：

序号	预置温度/℃	煤油体积分数/%	机油体积分数/%	开口闪点值/℃	闭口闪点值/℃
1	170	0	100		
2	80	20	80		
3	70	50	50		
4	60	80	20		
5	50	100	0		

2. 数据处理

① 记录两种纯样品，以及配制的混合液的开/闭口闪点测试值。

② 估算混合液的闪点值，比较样品实测闪点值与估算值的差别，作曲线图（如图 4 所示）。

③ 比较相同组分开口闪点和闭口闪点值的差别，作曲线图（如图 5 所示）。

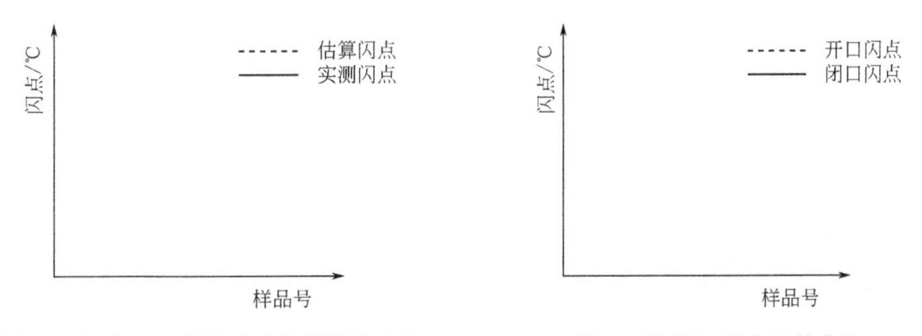

图 4　开（闭）口闪点实验与计算值比较　　　图 5　开/闭口闪点比较曲线

七、结果与讨论

1. 估算闪点值，将实验结果列表。
2. 比较实验值、估算值，总结图线规律，给出结论。
3. 分析同一样品的开口闪点和闭口闪点值的差别和变化规律，给出结论。
4. 分析开/闭口闪点测定过程中产生误差的原因，提出解决方法。
5. 写出实验体会。

实验 17　可燃液体自燃点测定实验

自燃有两种情况，一是由于外来热源的作用而发生的受热自燃，二是本身自燃，指某些可燃物质因本身内部进行的生物、物理或化学过程而产生热，这些热在条件适合时使物质自动燃烧。两者只是热的来源不同，本质是一样的。本身自燃的现象说明，这种物质潜伏的火灾危险性比其他物质要大，自燃点越低，发生自燃火灾的危险性越大。因此自燃点是判断、评价可燃物质火灾危险性的重要指标之一。

一、实验目的

1. 掌握自燃点的概念及可燃液体自燃点的测定原理。
2. 了解自燃点测定仪的构造。
3. 快速、熟练地测定可燃液体的自燃点。

二、实验原理

1. 基本概念

在空气中没有外来火源（火焰或火花）的情况下，可燃物靠自热或外热而发生燃烧的现象，称为自燃。可燃物质发生自燃的主要方式有：①氧化发热；②分解发热；③聚合放热；④吸附放热；⑤发酵发热；⑥活性物质遇水发热；⑦可燃物与强氧化剂的混合发热等。

在规定的条件下，可燃物产生自燃的最低温度，即为自燃点。自燃点不是一个固定不变的数值，它主要取决于物质氧化反应的放热量和向外散发热量的情况。因此，即使是同一种可燃物质，由于氧化反应条件、所处环境以及受热时间等因素不同，会有不同的自燃点。有的物质自燃在常温下发生，有的在低温下发生。

本实验测定的自燃点是物质在大气压下，没有外界火源（如火焰或火花）的帮助，易燃混合气体因氧化反应的放热速率高于热量散发速率而使温度升高引起着火的最低温度。

2. 实验操作原理

着火是燃烧的开始，实验中若观察到清晰可见的火焰和爆炸，且伴随着气体混合物温度的突然升高，则认为发生着火。本实验中用注射器将 0.05mL 的待测试样快速注入加热到一定温度的 200mL 开口耐热锥形瓶内，当试样在锥形瓶里燃烧产生火焰（或锥形瓶内气体温度突然上升至少 200～300℃）时，表明试样发生了自燃。

物质从加热到着火需要经过一定时间，即着火延迟时间。实验中对应的是试样从加入烧瓶到着火瞬间的时间。温度越高，着火延迟时间越短，理论上着火延迟时间趋向于无穷大时的温度为最低自燃温度。工业应用中通常要求着火延迟时间不大于 5min。如果可燃物质与空气混合物在一定温度下的着火延迟时间大于 5min，则认为该温度低于自燃点，否则认为温度高于自燃点。因此，可通过设定不同温度的重复实验以确定自燃点的范围，当此温度范围足够小时，将发生自燃现象时的最低温度作为大气压下该试样在空气中的自燃点。

三、实验装置与流程

VZRD2000 液体自燃点测定仪，其结构如图 1 所示，主要由炉腔、炉内锥形瓶、测温热电偶、电加热丝、保温层、反光镜、壳体等组成。其中加热炉的温控系统采用三点测温，测点分别位于炉内锥形瓶底部中心、侧壁和上部，且紧贴瓶壁，可通过调节电加热丝的功率使 3 个测点的温度相差在 1℃以内。反光镜一般安装在锥形瓶上方大约 250mm 处，以便于观察锥形瓶内部的引燃情况。

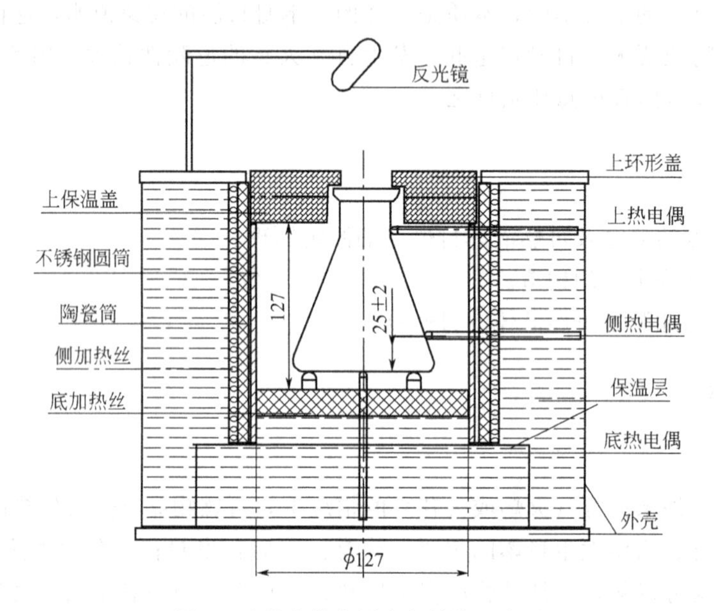

图 1　液体自燃点测定仪结构示意图

实验试剂为煤油、机油、柴油。已知煤油的自燃点温度范围是 200～300℃，机油和柴油的自燃点温度范围是 300～400℃。

四、实验内容及步骤

1. 实验前准备

检查电路及注入系统等是否完好。准备好试样，液体试样应置于密闭容器中，当试样沸点接近室温时，要保证该试样注入锥形瓶前状态不变。测定有毒试样的自燃温度时，实验应在通风橱内进行。

2. 调节温度

根据已知样品的自燃点温度范围，预设加热温度。开启加热炉，加热锥形瓶到所要求的温度，调整温控仪使温度均匀，且保持稳定 10min 左右。

3. 实验操作

用试样反复洗涤最小分度值为 0.01mL 的注射器，吸入 0.05mL 试样并将试样呈小滴状快速平稳地垂直注入锥形瓶底部中心，然后立即抽出注射器，开始计时（整个操作要在 2s 内完成，注样时应避免样品沾湿或飞溅到瓶壁），同时由反光镜观察瓶内状态。当出现火焰或爆炸时，应立即停止计时，记录对应的温度和引燃延迟时间。如果计时到 5min 时没有发生上述现象，则停止计时并终止实验，用清洁、干燥的空气彻底吹出锥形瓶中的残余气体。如发现瓶内有黏附物，应及时更换干净的锥形瓶。

4. 连续性实验

在不同温度下重复步骤（2）～（3）。

① 如果在初始设定温度下，试样在 5min 内着火，则每次将温度降低 10℃进行实验，直至在 5min 内观察不到自燃现象为止，此时对应的温度为 T_0。

② 如果在初始设定温度下，试样在 5min 内没有着火，将温度每次升高 10℃进行实验，直到样品在 5min 内发生自燃为止，此时对应的温度为 T_1，并将实验的各温度点中不发生自燃的最高温度记为 T_0。

③ 将 T_1 降低 5℃，记录该温度为 T_2，并进行实验。如果在 5min 内发生自燃，则再降低约 2℃，记录该温度为 T_3，并进行实验。若在 5min 内自燃，则 T_3 确定为样品的自燃点，否则 T_2 确定为样品的自燃点。

④ 如果 T_2 下没有发生自燃，则升高约 2℃，记录该温度为 T_4。若在 5min 内自燃，则 T_4 确定为样品的自燃点，否则 T_1 确定为样品的自燃点。

5. 确认实验

在下列温度点重复实验至少 2 次。

① 若 T_3 被确定为样品的自燃点，则在 T_0、T_3 重复实验，并确认 T_0 温度下不自燃，T_3 温度下自燃。

② 若 T_2 被确定为样品的自燃点，则在 T_2、T_3 重复实验，并确认 T_3 温度下不自燃，T_2 温度下自燃。

③ 若 T_4 被确定为样品的自燃点，则在 T_1、T_4 重复实验，并确认 T_4 温度下不自燃，T_1 温度下自燃。

6. 结束实验

测试完成后，降低加热炉温度，关闭电源。取出锥形瓶并清洗、烘干，处理未用完的样品。归还样品、器具，并整理实验室。

7. 注意事项

① 实验中应开启通风系统，及时将样品分解挥发的气体排出室外。

② 实验中要通过反光镜观察瓶内是否出现火焰，绝对不能将身体的任何部位置于锥形瓶口上方，以免火焰或爆炸对身体造成伤害。

③ 注射器针头要紧固，以防掉落锥形瓶内。

④ 注射试样时不可用力过猛，以免造成针头偏斜而将试样注射到瓶壁。

五、预习与思考

1. 什么是自燃点？引起自燃的原因是什么？
2. 自燃点测定的意义是什么？
3. 影响液体可燃物自燃点的主要因素有哪些？
4. 为什么石油产品中闪点低的其自燃点反而较高？
5. 自燃点与着火延迟时间有何关系？

六、数据记录与处理

1. 数据记录

自燃点测试实验数据记录表见表 1。

表 1　自燃点测试实验数据记录表

实验时间：　　　环境温度：　　　湿度：　　　大气压：

试样名称：　　　试样体积：　　　仪器信息：

实验温度/℃												…
延迟时间/min												…

2. 数据处理

分析表 1 的实验记录数据，整理得到自燃点测试结果并列表（见表 2）。

表 2　自燃点测试结果

样品	T_0/℃	T_1/℃	T_2/℃	T_3/℃	T_4/℃	自燃点 T/℃
煤油						
柴油						
机油						

七、结果与讨论

1. 实验结果列表。
2. 讨论自燃点测定方法的依据。
3. 比较样品的自燃点和闪点数据，对结果进行分析和讨论。
4. 分析自燃点测定过程中产生误差的因素有哪些，如何避免？
5. 总结实验体会。

实验18 氧指数测定实验

随着合成材料的快速发展，各类新型材料在民用和工业的各个行业大量出现，如果不了解材料的安全性能，则可能因使用不当引起材料燃烧而造成火灾，并伴随释放出大量的有毒烟气，造成人身伤害和环境污染，带来不必要的经济损失。为了安全使用各类材料，各个国家都提出了相应的使用安全性评价标准，其中氧指数值是国际上最常用的评定固体材料易燃性的有效方法，也是判定聚合物阻燃性能的指标之一。氧指数测定作为一种实验方法，可以测定物质的燃烧性能，也可作为一种技术用于研究燃烧和火焰化学。

一、实验目的

1. 明确氧指数的定义及其用于评价聚合物材料相对燃烧性的原理。
2. 了解氧指数测定仪的结构和工作原理。
3. 掌握运用氧指数测定仪测定常见材料氧指数的基本方法。
4. 评价常见材料的燃烧性能。

二、实验原理

物质燃烧需要消耗大量的氧气，不同可燃物在燃烧时的耗氧量不同，通过测定物质燃烧过程中消耗的最低氧气量，可计算出物质的氧指数值，以评价材料的燃烧性能。

所谓氧指数OI（oxygen index），是指在规定的实验条件下，试样在氧氮混合气流中，维持平稳燃烧（即进行有焰燃烧）所需的最低氧气浓度，以氧所占的体积分数表示。实验中指试样引燃后，能保持燃烧长度50mm或燃烧时间3min时所需要的氧、氮混合气体中最低的氧体积分数。如式(1)所示。

$$OI=\frac{[O_2]}{[O_2]+[N_2]}\times 100\% \tag{1}$$

式中，$[O_2]$为测定浓度下氧的体积流量，L/min；$[N_2]$为测定浓度下氮的体积流量，L/min。

测试所用的仪器为氧指数测定仪，可用来检测材料的阻燃性能。在规定的实验条件下，测定材料在氧气和氮气混合气体中刚好维持燃烧所需要的最低氧气浓度。具体测试方法是把一定尺寸的试样用试样夹垂直夹持于透明燃烧筒内，筒内通有按一定比例混合的向上流动的氧氮气流。点着试样的上端，观察随后的燃烧现象，记录持续燃烧时间或燃烧过的距离。若试样的燃烧时间超过3min或火焰前沿超过50mm标线时，降低氧浓度；若试样的燃烧时间不足3min或火焰前沿不到标线时，增加氧浓度。如此反复操作，根据材料性质选用相应标准，测出材料的氧指数。

氧指数可作为判断材料在空气中与火焰接触时燃烧的难易程度的参数，一般认为$OI<27$的属易燃材料，$27\leqslant OI<32$的属可燃材料，$OI\geqslant 32$的属难燃材料。

三、实验装置与流程

氧指数测定仪由燃烧筒、试样夹、流量控制系统及点火器组成，如图1所示。

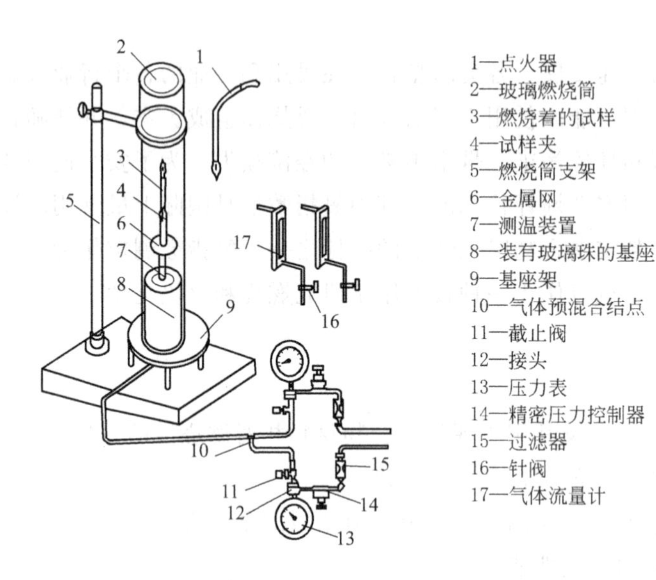

图1　氧指数测定仪示意图

燃烧筒为耐热玻璃管，筒的下端插在基座上，基座内填充一定高度的玻璃珠，玻璃珠上放置一金属网，用于遮挡燃烧滴落物。试样夹为金属弹簧片，对于薄膜材料，应使用U形试样夹。流量控制系统由压力表、稳压阀、调节阀、转子流量计及管路组成。点火器火焰长度可调，实验时火焰长度为10mm。

实验材料为地板革，每个试样的尺寸为120mm×(6.5±0.5)mm×(3.0±0.5)mm，每组应至少制备10个标准试样，并在距离点燃端50mm处划一条刻线作为标线。

试样表面要求清洁、平整、光滑，无影响燃烧行为的缺陷，如气泡、裂纹、飞边、毛刺等。

四、实验内容及步骤

1. 检查气路

检查气路各部分连接无误，在各接口涂抹肥皂水，然后通气检漏，确保无漏气现象。

2. 安装试样

用夹具夹住试样，使试样垂直位于燃烧筒的中心，并保证试样顶端低于燃烧筒顶至少100mm，罩上燃烧筒。

3. 确定起始氧气浓度

根据试样在空气中的点燃情况估计开始实验时的氧气浓度。如果试样在空气中能迅速燃烧，则起始氧浓度设为18%左右；若试样在空气中为缓慢燃烧或时断时续，则起始氧浓度设为21%左右；若试样在空气中无法点燃，则起始氧浓度设为25%左右。

4. 通气并调节流量

开启氧气、氮气钢瓶阀门（淡蓝色钢瓶为氧气瓶，黑色钢瓶为氮气瓶），调节减压阀压力为0.2～0.3MPa，然后开启氮气和氧气管道阀门（注意先开氮气，后开氧气，且阀门不宜开得过大），调节稳压阀，使仪器压力表指示压力为（0.1±0.01）MPa，并保持该压力（禁止使用过高气压）。根据初始氧气浓度值，调节流量阀得到稳定流速的氧气、氮气流，由转子流量计读取数据（应读取浮子上沿所对应的刻度）。调节好氧气、氮气浓度后，以此流量的氧氮混合气流冲洗燃烧筒至少30s，以排出燃烧筒内的空气。

5. 点燃试样

采用顶面点燃法，即将火焰的最低部分施加于试样的顶面，点火器火焰长度为1～2cm，从试样顶部中间点燃，点火时切勿使火焰碰到试样的棱边和侧表面。施加火焰30s内，每隔5s移开一次，移开时恰好有足够时间观察试样的整个顶面是否处于燃烧状态，在每增加5s后，观察到整个试样顶面持续燃烧，立即移去点火器，此时试样被点燃并开始计时和观察试样燃烧长度。点燃试样时，火焰作用的时间最长为30s，若在30s内不能点燃，则应增大氧浓度，继续点燃，直至30s内点燃为止。

6. 确定初始氧气浓度

点燃试样后，立即开始计时，观察试样的燃烧长度和燃烧行为。若燃烧终止，但在1s内又自发再燃，则继续观察和计时。如果试样的燃烧时间超过3min，或燃烧长度超过50mm，说明氧气浓度过高，必须降低，此时记录的燃烧结果为“×”。如果试样燃烧时间在3min内或者燃烧长度小于50mm即熄灭，说明氧气浓度太低，需要提高，此时记录的燃烧结果为“O”。采用任意合适的步长，如此反复操作，从上下两侧逐渐接近规定值，直到氧浓度（体积分数）之差≤1.0%，且一次是“O”反应，另一次是“×”反应为止。将这组结果中的“O”反应的氧浓度，记作初始氧浓度C_0。

7. 改变初始氧气浓度重复测试

① 再次利用初始氧浓度，重复上述步骤测试一个试样，记录所用的氧浓度（C_0）和“×”或“O”反应，作为N_L系列的第一个值。

② 改变氧浓度（体积分数）的量d为总混合气体的0.2%，测试其他试样，记录C_0值及相应的反应，直到与按①获得的相应反应不同为止。

③ 保持$d=0.2\%$，按照上述步骤再试验4个以上的试样，并记录每个试样的氧浓度C_0值及相应的反应类型，最后一个试样的氧浓度记为C_f。这4个结果连同②获得的最后结果构成最后5次结果。

8. 确定氧指数OI

氧指数OI，以体积分数表示，由式(2)计算。

$$\mathrm{OI}=C_f+kd \tag{2}$$

式中，C_f为记录的改变初始氧气浓度重复测试③实验中最后一个氧浓度值，以体积分数表示，取一位小数；d取0.2%；k为系数，根据标准GB/T 2406.2—2009确定（如表1所示），其中的“N_L前几次测量反应”是指最后五次之前的反应，在本实验中即改变初始氧气浓度重复测试中①的反应和改变初始氧气浓度重复测试中②中最后一个试样之前的测量反应。

表 1　由 Dixon “升-降法” 进行测定时用于计算氧指数浓度的 k 值

1	2	3	4	5	6
最后五次测定的反应	N_L 前几次测量反应如下时的 k 值				
	a)　O	OO	OOO	OOOO	
10　×OOOO	−0.55	−0.55	−0.55	−0.55	O××××
×OOO×	−1.25	−1.25	−1.25	−1.25	O×××O
×OO×O	0.37	0.38	0.38	0.38	O××O×
×OO××	−0.17	−0.14	−0.14	−0.14	O××OO
×O×OO	0.02	0.04	0.04	0.04	O×O××
×O×O×	−0.50	−0.46	−0.45	−0.45	O×O×O
×O××O	1.17	1.24	1.25	1.25	O×OO×
×O×××	0.61	0.73	0.76	0.76	O×OOO
××OOO	−0.30	−0.27	−0.26	−0.26	OO×××
××OO×	−0.83	−0.76	−0.75	−0.75	OO××O
××O×O	0.83	0.94	0.95	0.95	OO×O×
××O××	0.30	0.46	0.50	0.50	OO×OO
×××OO	0.50	0.65	0.68	0.68	OOO××
×××O×	−0.04	0.19	0.24	0.25	OOO×O
××××O	1.60	1.92	2.00	2.01	OOOO×
×××××	0.89	1.33	1.47	1.50	OOOOO
	N_L 前几次反应如下时的 k 值				最后五次测定的反应
	b)　×	××	×××	××××	
	对应第 6 栏的反应上表给出的 k 值，但符号相反，即 $OI=C_f-kd$				

五、预习和思考

1. 什么是氧指数值？
2. 氧指数测定的意义是什么？
3. 如何用氧指数值评价材料的燃烧性能？
4. 确定初始氧气浓度的依据是什么？
5. 氧指数测定仪适用于哪些材料的测定？
6. 实验中如何测得准确的氧指数值？

六、实验数据记录与处理

1. 实验数据记录

燃烧长度和时间的记录分别为：若氧过量（即烧过 50mm 的标线），则记录烧到 50mm 所用的时间；若氧不足，则记录实际熄灭的时间和实际烧掉的长度。燃烧结果记录为：氧过量记 “×”，氧不足记 “O”。实验数据记录表见表 2 和表 3。

表 2　初始氧浓度的测定（间隔≤1%的一对“×”和“O”反应的氧浓度）

实验时间：　　　环境温度：　　湿度：　　大气压：

试样名称：　　　　　　　　　仪器型号：　　仪器表压力：

氧浓度/%(体积分数)	燃烧时间/s	燃烧长度/mm	反应(“×”或“O”)
…			

表 3　氧指数的测定（连续改变氧浓度所用的步长 $d=0.2\%$）

实验阶段	氧浓度/%(体积分数)	燃烧时间/s	燃烧长度/mm	反应(“×”或“O”)	k
7①					
7②					
7③(最后一个数据即为 C_f)					

2. 数据处理

① 确定初始氧浓度值。

② 查取 k 值。

③ 计算氧指数值 OI。

由表 3 中实验数据，根据式(2) 计算试样的氧指数值 OI。

3. 计算示例

以表 4 的实验数据为例。

表 4　初始氧浓度的测定（间隔≤1%的一对“×”和“O”反应的氧浓度）（实例）

氧浓度/%(体积分数)	燃烧时间/s	燃烧长度/mm	反应(“×”或“O”)
25.0	10		O
35.0	>180		×
30.0	140		O
32.0	>180		×
31.0	>180		×

由此可确定材料的初始氧浓度 C_0 为 30.0%。

以此 C_0 为基准确定初始氧气浓度的改变进行测定的实验结果见表 5。

表 5　氧指数的测定（连续改变氧浓度所用的步长 $d=0.2\%$）（实例）

实验阶段	氧浓度/%(体积分数)	燃烧时间/s	燃烧长度/mm	反应(“×”或“O”)	k
7①	30.0	>180		×	−1.25
7②	29.8	>180		×	
	29.6	>180		×	
	29.4	150		O	

续表

实验阶段	氧浓度/%(体积分数)	燃烧时间/s	燃烧长度/mm	反应(“×”或“O”)	k
7③(最后一个数据即为 C_f)	29.6	>180		×	−1.25
	29.4	110		O	
	29.6	165		O	
	29.8(C_f)	>180		×	

由表 5 测量结果可知，最后 5 次测定的反应结果为“O×OO×”，“N_L 前几次测量反应”是“×××”，由表 1 可查得 $k=-1.25$，由此计算得 $OI=C_f+kd=(29.8-1.25\times0.2)\times100\%=29.5\%$。

七、结果与讨论

1. 处理实验数据，将实验结果列表。
2. 讨论影响氧指数值的因素。
3. 分析氧指数测定过程中产生误差的因素有哪些，如何提高测试精度？
4. 实验成败的原因及实验体会。

实验 19 超声波测厚实验

化工生产处理的介质种类繁杂多样，温度、压力、流量等工艺参数复杂多变，在如此复杂的工况下，长时间运行的设备及管道难免会出现冲刷、磨损、腐蚀等情况，这将导致设备、管道壁厚逐渐减薄，很可能发生难以预料的破损事故，直接影响装置的正常生产。因此在化工生产的规范化管理中，要求定期对设备、管道进行壁厚测量，以评估设备、管道的安全运行状况。

超声波测厚仪利用声波的传播进行测量，不损伤构件，可对各种板材和各种加工零件做精确测量，也可以监测生产中各种管道和压力容器在使用过程中受腐蚀后的减薄程度。由于操作简单，携带方便，测量数据准确度较高，超声波测厚仪广泛应用于石油、化工、冶金、造船、航空、航天等各个领域。

一、实验目的

1. 了解超声波测厚的原理。
2. 熟练掌握超声波测厚的实验方法。

二、实验原理

1. 超声波测厚的原理

超声波是一种频率高、方向性好、声能集中、穿透力强且在均匀介质中传播速度相同的声波。超声波检测厚度的方法有共振法、干涉法和脉冲回波法。应用较多的是脉冲回波法，利用超声波在传播过程中遇到另一种介质时产生反射现象来测量厚度。如图 1 所示，测量时超声波探头与被测物体表面接触，探头发射的超声波脉冲从被测材料表面穿过物体到达被测物体底面时，脉冲被反射回探头，超声波脉冲从发出到接收的时间间隔与材料的厚度成正比，通过精确测量超声波在材料中传播的时间和声速便可由式(1) 确定材料的厚度。凡能使超声波以一恒定速度在其内部传播的各种材料均可采用此原理测量。

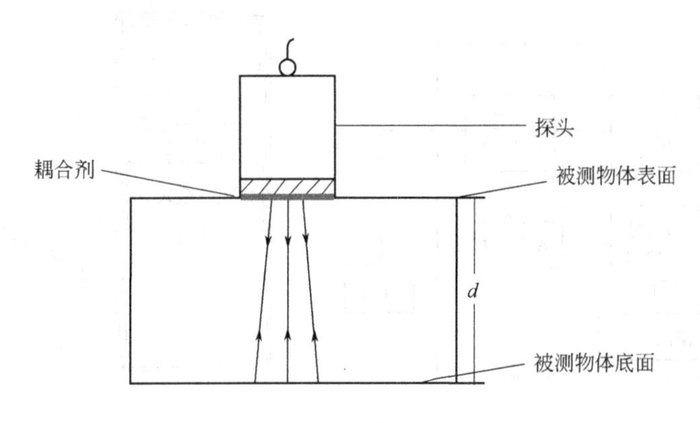

图 1 超声波测厚原理图

$$d = ct/2 \tag{1}$$

式中，c 为超声波的传播速度；t 为发射与接收超声波之间的时间间隔。

超声波测厚仪可用来测量由金属、塑料、玻璃等材料制作的管道、压力容器、各种零部件以及板材的厚度，也可用来测量工件表面油漆层等涂层材料的厚度。超声波在遇到空气时会急剧衰减而影响测量精度，因此需要使用耦合剂除去探头和工件之间的空气，使超声波能有效地穿入工件达到检测的目的。超声波测厚时，被测构件表面的粗糙度、表面与探头的贴合程度、被测构件上的沉积物、构件材料本身的缺陷（组织结构不均匀、夹杂、夹层等）以及测量时的温度、使用的耦合剂、声速选择等都会影响测定的准确性，测量时要综合考虑，选择合适的实验条件。

2. 超声波测厚仪的测量方法

（1）单点测量法

在被测物构件上任一点，利用探头进行测量，显示值即为厚度值。

（2）两点测量法

在被测构件的同一点用探头进行两次测量，在第二次测量中，探头的分割面成 90°，取两次测量中的较小值为厚度值。

（3）多点测量法

当测量值不稳定时，以一个测定点为中心，在直径约为 30mm 的圆内进行多次测量，取最小值为厚度值。

（4）连续测量法

用单点测量法，沿指定线路连续测量，其间隔不小于 5mm，取其中最小值为厚度值。

三、实验装置与流程

实验装置及试剂主要有：SW6U 超声波测厚仪、耦合剂、实验试件、游标卡尺。

超声波测厚仪主要由探头和主机两部分组成，如图 2 所示。主机电路包括发射电路、接收电路、计数显示电路三部分，由发射电路产生的高压冲击波激励探头，产生超声发射脉冲波进行探测。

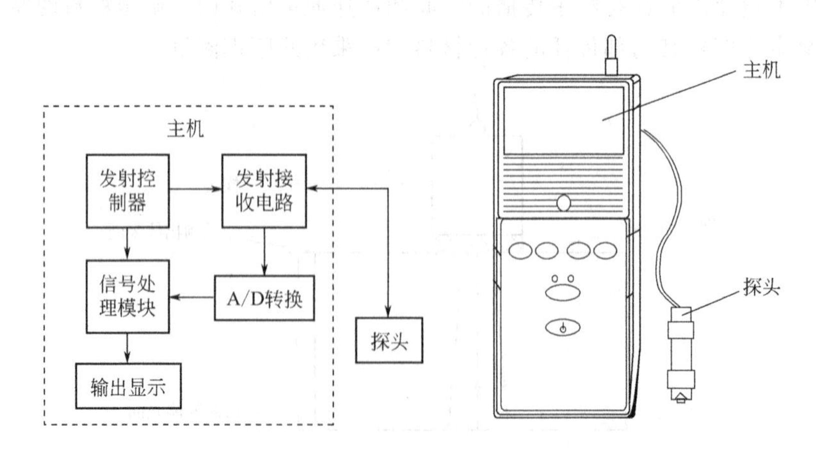

图 2　超声波测厚仪示意图

四、实验内容及步骤

1. 联机

将探头插头插入主机探头插座，按住“测量”键开机。

2. 零点校准

每次开机、更换探头和电池时应进行校准，如有必要，可重复多次。将声速调整到5920m/s后，在菜单中找到“零点校准”，进入校准状态。在随机试块上涂耦合剂并测量，直到屏幕显示3.0mm即完成校准。

3. 已知材料声速测量厚度

已知被测试件材料声速，选择或输入准确声速，按“测量”键，将耦合剂涂于被测处，探头与被测材料耦合即可测量，屏幕上将显示被测材料厚度。

测量时，要注意保持被测试件表面的清洁，仪器探头要始终平稳地放在被测件表面上，轻微移动探头，注意力度均匀，待数据稳定后读数。进行下一数据测量前要先将探头抬起，耦合标志断开后，再重新耦合进行测量。(注意，当探头与被测材料耦合时，显示耦合标志“⊥”。如果耦合标志闪烁或不出现，说明耦合不好，此时需要检查耦合剂涂抹量是否过多或过少。)

① 已知玻璃的声速为5440m/s，用曲面模式分别测量抽滤瓶上中下3个位置的厚度，每个位置测5组数据并求出平均值。

② 用标准模式和扫查模式测量抽滤瓶底部厚度值，其中标准模式要求测量底部中心和边缘这两个位置的厚度值，每个位置5组数据，并求出平均值。扫查模式，即在保证探头耦合良好的情况下，沿被测物体表面拖动探头，此时在界面正中显示被测物体厚度的最大值MAX和最小值MIN。

4. 未知材料声速测量厚度

(1) 单点校准

利用已知厚度材料试块进行测量。首先用游标卡尺或千分尺准确测量试块厚度，在菜单中选择“单点校准”，输入试块已知厚度，然后将探头与已知厚度的试块耦合，4s后，校准完成，仪器自动返回到待测试界面，界面顶部显示的声速即为测试材料的声速。

用游标卡尺量出200g砝码的厚度，利用“单点校准”法测出砝码材料的声速值，并利用该声速值分别用标准模式和扫查模式测量100g砝码A和100g砝码B的厚度。

(2) 两点校准

需要准备与被测试样材质完全相同的薄、厚两块试样，并且待测试样厚度在两块试样厚度之间，此校准方式可减少非线性的测量误差，得到高精度的测厚结果。

首先利用游标卡尺或千分尺准确测量试样200g砝码和100g砝码A的厚度，在菜单中选择“两点校准”，先后输入200g砝码和100g砝码A的厚度值，然后将探头与已知厚度的试样依次耦合，4s后，校准完成，仪器自动返回到待测试界面，界面顶部显示的声速即为测试的砝码材料的声速。利用该声速值，分别用标准模式和扫查模式测量100g砝码B的厚度。

5. 结束测试

记录、保存数据。测试完毕，关闭超声波测厚仪，整理器材。

五、预习与思考

1. 超声波测厚的原理是什么？
2. 超声波测厚有哪些实际应用，意义是什么？
3. 超声波测厚仪测厚为什么用耦合剂？
4. 声速未知时如何测厚？
5. 根据实验步骤 4，自己准备合适的样品进行测试。

六、实验数据记录与处理

1. 实验数据记录

（1）已知材料声速测量厚度

抽滤瓶厚度测定数据表见表 1。

表 1　抽滤瓶厚度测定数据表

实验时间：　　环境温度：　仪器型号：　探头频率：

探头直径：　试样材质：　　　　声速值：

测量位置	测量模式	测量厚度值/mm					
		1	2	3	4	5	平均

（2）未知材料声速测量厚度

未知材料声速测定厚度数据表见表 2。

表 2　未知材料声速测定厚度数据表

实验时间：　　环境温度：　仪器型号：　探头频率：　探头直径：

试样		游标卡尺测试厚度值/mm	声速/(m/s)	测厚仪测试值/mm			测量误差/mm
				扫查模式	标准模式		
					测试值	平均值	
单点校准	200g砝码			—	—		—
	100g砝码 A		—				
	100g砝码 B						
两点校准	200g砝码			—	—		—
	100g砝码 A			—	—		—
	100g砝码 B		—				

注：测量误差即游标卡尺测试厚度值与测厚仪测试值的差值。

2. 数据处理

① 计算多次测量的平均值。

② 计算测量值的平均偏差与标准偏差（见 1.3.2 实验数据分析）。

七、结果与讨论

1. 处理实验数据，将结果列表给出。

2. 比较抽滤瓶和砝码在标准模式和扫查模式中得到的被测物体的厚度值，分析砝码在扫查模式中最大值和最小值差距较大的原因。

3. 根据平均偏差与标准偏差值说明测试的准确程度。

4. 对比分析单点校准和两点校准测定 100g 砝码 B 厚度的结果。

5. 分析测试出现误差的原因。

6. 写出实验体会。

第7章 化工综合实验

化工专业实验以培养学生基本的工程技术研究能力为主，实验内容主要针对化工基础理论的验证和基本的实验操作训练。化工综合实验是一个相对完整的化工过程研究，旨在提升学生对化工生产过程的开发研究能力，培养严谨专注的科学素养，团结协作的发展理念，以及实事求是、积极创新的科研能力。

化工过程开发指化工新产品、新技术的研究开发，包括从实验室研究到建立化工生产装置的全过程。其中的实验室研究是以化学化工的理论为基础，探索新产品生产和新技术应用的方法、路线和可能性，在技术路线中要体现低碳、绿色、高效的可持续发展观。

综合实验即以化工过程开发的实验室研究为主，融合了各科专业知识，从收集、整理和分析资料开始，经过论证评价后筛选符合“双碳”目标的工艺路线、确定研究方案，再到实验方案的具体实施，包括测定必需的物性数据和化工单元操作的基础数据，最后分析整理实验结果，得到工程和工艺方面的重要信息和可靠数据，提出可行的化工生产过程。

实验20 碳酸二甲酯的生产工艺开发

碳酸二甲酯（dimethyl carbonate，DMC）是一种高效低毒的甲基化和羰基化有机化工产品，在医药、农药、香料、染料等中间体合成，以及各种高性能树脂、表面活性剂和润滑油等系列化工产品制备中，可以替代剧毒的硫酸二甲酯（DMS）和光气（$COCl_2$）进行各类羰基化、甲基化和甲氧基化反应，是一种很有发展前途的绿色化工原料，成为21世纪化工产品有机合成的“新基块”。

本实验以甲醇和碳酸丙烯酯为原料合成碳酸二甲酯，优化反应时间、反应温度、催化剂及其用量等合成条件，在此基础上，研究产物的分离方法，最终得到较优的碳酸二甲酯生产工艺。

一、实验目的

1. 初步了解和掌握化工产品开发的研究思路和实验研究方法。

2. 学会收集和筛选有关的信息和基础数据，灵活应用已掌握的实验技术和设备，完成从原料到产品的分析方法以及反应、分离与精制过程的研究。

3. 学会独立进行工艺实验全流程的设计、组织与实施，获取必要的工艺参数。

二、实验原理

1. 反应原理

碳酸二甲酯（DMC）的分子式为 $(CH_3O)_2CO$，常温下是一种无色透明的可燃性液体。沸点 90.1℃，熔点 2～4℃，闪点 18℃，相对密度 1.0718。不溶于水，与乙醇、乙醚混溶，略带香味，毒性轻微，对人体皮肤、眼睛和黏膜有刺激性。

碳酸二甲酯的生产方法主要有光气甲醇法、醇钠法、酯交换法、甲醇氧化羰基化法等。其中，酯交换法利用大宗石油化工产品环氧乙烷或环氧丙烷为原料来源，反应快速简单，生产过程无毒无污染，还可副产用途广泛的乙二醇或丙二醇，是一种比较有发展前途的方法。

酯交换法的生产原理是在碱性催化剂（甲醇钠、氢氧化钾、有机胺等）的作用下，碳酸乙烯酯（EC）或碳酸丙烯酯（PC）与甲醇进行酯交换反应，生成碳酸二甲酯和乙二醇或丙二醇产品。

以 PC 为原料时，反应方程式如下：

$$\text{PC} + 2CH_3OH \rightleftharpoons H_3CO\text{-}CO\text{-}OCH_3 + HO\text{-}CH_2\text{-}CH(OH)\text{-}CH_3 \tag{1}$$

该反应为可逆放热反应，从热力学角度分析，降低反应温度、提高原料浓度、及时移走反应的副产物，对提高平衡转化率有利。从动力学角度分析，提高温度、选择高效的催化剂，对提高反应速率有利。此外，体系的物性数据和气液平衡数据表明，虽然各物质的沸点相差颇大（甲醇 64.7℃、DMC 90.1℃、1，2-丙二醇 188.2℃、PC 242℃），但产品 DMC 与甲醇在 63.5℃有最低共沸物形成，共沸组成（摩尔分数）为：DMC 12.8%，甲醇 87.2%。因此反应可采用甲醇过量的方法，有利于产品 DMC 与甲醇以共沸物的形式从反应体系中分离出来。

2. 分离方法

产品 DMC 与原料甲醇以共沸物的形式存在，因此 DMC 分离精制的技术关键是解决共沸物的分离问题。

（1）低温结晶法

碳酸二甲酯的熔点是 2～4℃，甲醇的熔点是 −97℃。利用碳酸二甲酯与甲醇在熔点上的差异，可通过低温结晶来破坏共沸组成，实现两者的分离。

首先将共沸物在 −35～−30℃的温度下冷冻结晶，经固液分离得到富含 DMC 的固相（质量分数：DMC 62%，CH_3OH 38%），以及富含甲醇的母液。将固相熔化后精馏，于塔釜得到 DMC，收率为 95%～96%。将母液精馏后，于塔釜得到甲醇。两塔塔顶得到的共沸物返回结晶釜。

（2）加压精馏法

CH_3OH-DMC 共沸体系属于拉乌尔正偏差系统，可利用加压精馏的方法使之分离。由表 1 可见，随着操作压力的提高，共沸点温度提高，共沸组成向着 DMC 含量减少的方向移动。显然，若将精馏塔的压力控制在1.5MPa以上，则塔顶将获得甲醇质量分数大于93%的馏分，釜液可获得纯产品DMC。

表1　压力与共沸组成的关系

压力/MPa	共沸组成/%(质量分数)		共沸温度/℃
	CH_3OH	DMC	
0.1	70.0	30.0	63.5
0.2	73.4	26.6	82
0.4	79.3	20.7	104
0.6	82.5	17.5	118
0.8	85.2	14.8	129
1.0	87.6	12.4	138
1.5	93.0	7.0	155

(3) 共沸精馏法

共沸精馏是在CH_3OH-DMC共沸物中添加C_5～C_8的烷烃、环烷烃或芳烃类物质（称为夹带剂），使之与甲醇形成比CH_3OH-DMC的共沸温度更低的新的共沸物，利用两个体系共沸温度的差异，将甲醇共沸蒸出，从而在塔釜获得DMC产品。针对被分离对象的特点，新的共沸物的沸点应小于63℃，以40～55℃为宜。一般选择C_1～C_4的氯代烃、C_5烷烃等，这些夹带剂与甲醇所形成的共沸物在常温或低温下会分为部分互溶的两相，其中富含夹带剂的一相可作为共沸精馏塔的回流液，富含甲醇的一相可进一步精馏以回收甲醇。

可供选择的夹带剂及其共沸组成列于表2。

表2　夹带剂与共沸组成

夹带剂	共沸温度/℃	共沸物组成/%(质量分数)		
		夹带剂	CH_3OH	DMC
正己烷	50.6	67	33	0
正庚烷	59.1	43	45	7
环戊烷	30.8	81	19	0
环己烷	53	62	37	1

(4) 萃取精馏法

萃取精馏的分离原理是在CH_3OH-DMC共沸物中添加一种能选择性地与甲醇或者DMC形成非理想溶液的物质（称为萃取剂），利用萃取剂与甲醇和DMC之间作用力的差异，使甲醇与DMC的相对挥发度增大，破坏共沸物形成的条件，从而实现分离。

选择萃取剂的主要依据是萃取剂的物性和系统的气液平衡数据。萃取剂必须是系统中沸点最高的组分，且物理化学性质稳定，能有效地增大原组分的相对挥发度。图1为加入了几种不同的萃取剂后，系统中甲醇的气液平衡关系。

应用上述四种分离方法都能获得高纯度的DMC产品，且总收率均可达85%以上，但由于分离的原理不同，每种方法实现的过程和消耗也不同，从技术和经济角度分析，各有利弊，需权衡后选择。

3. 研究方案

通过对反应和分离过程的分析，可整理得到如下的研究思路：

① PC 和甲醇的酯交换反应是可逆放热反应，受平衡转化率限制，温度不宜过高。因此，提高反应速率的有效途径是选择高效的催化剂。

② 采取甲醇过量的方法对反应平衡有利，一方面可以有效地提高原料 PC 的平衡转化率，另一方面有助于产品 DMC 与甲醇以共沸物的形式与副产物 1,2-丙二醇分离。由反应方程和共沸物组成分析，过量摩尔比至少应在 CH_3OH ∶ PC＝8 ∶ 1 以上。

③ 选择合理的反应器型式和操作方式至关重要，理想的反应器应该能够实现反应分离一体化。

④ 产品 DMC 分离精制的技术关键是解决共沸物的分离问题。

⑤ 需从技术、设备、流程、能耗、安全与环保等方面综合考虑，选用最经济合理的工艺路线。

一个新产品开发的技术工作流程可以用图 2 表示，图中中试之前的研究工作，以碳酸二甲酯的生产为例，具体的研究内容见图 3。

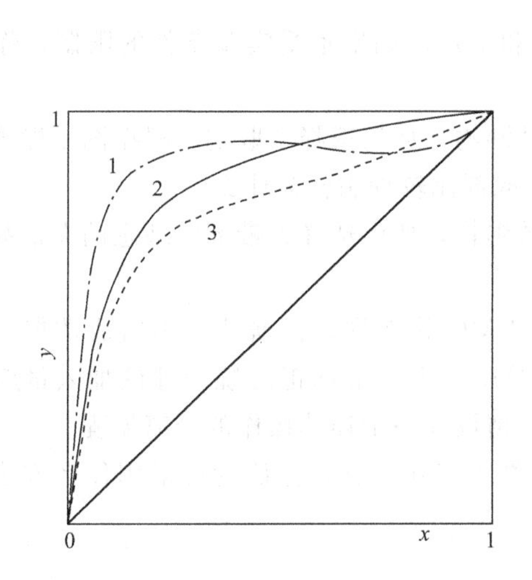

图 1　萃取剂存在时甲醇的相平衡

1—乙酸乙酯；2—乙酸戊酯；3—氯苯

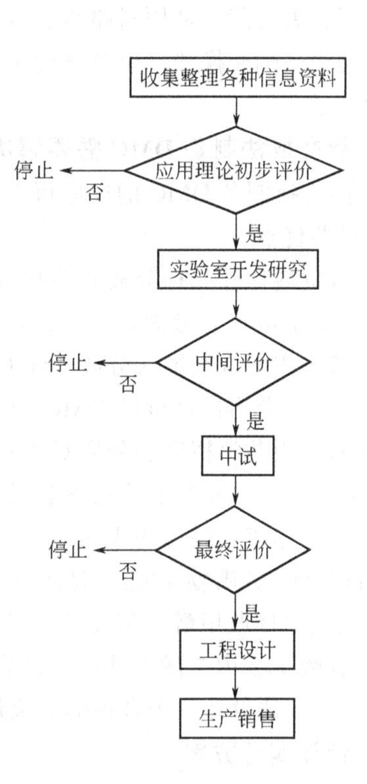

图 2　新产品的技术开发流程

图 3 是以 PC 和甲醇为原料，开发酯交换法生产碳酸二甲酯的研究过程框图，其中反应过程的研究包括：催化剂的制备和筛选、反应动力学参数测定、反应器的选型与设计、反应条件的优选等。共沸物的分离涉及分离方法的选择、相关热力学及传质数据的测定、分离过程及设备的设计、操作条件的优选等。综合实验将针对其中的主要内容开展研究工作。

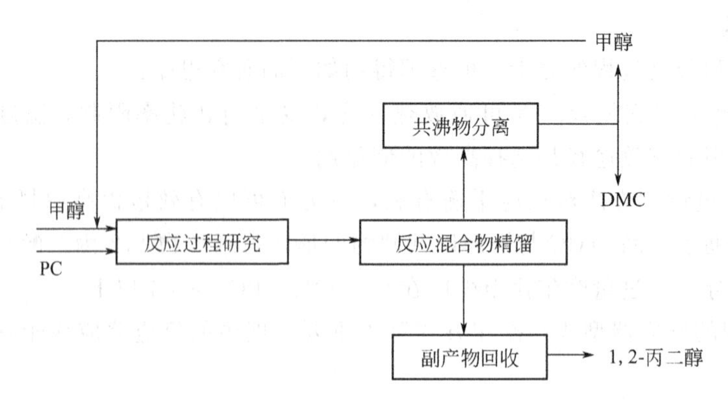

图 3　酯交换法生产碳酸二甲酯的工艺过程开发框图

三、预习与思考

1. 综述生产 DMC 的可行技术路线

查阅有关文献，从原料路线、技术方法、生产成本、能耗、环境保护等方面对光气甲醇法、醇钠法、酯交换法、甲醇氧化羰基化法四种生产 DMC 的技术路线进行比较与评价，列出参考文献。

2. 酯交换法制备 DMC 需要解决的技术问题

① 酯交换制备 DMC 的反应可以采用反应精馏的方法来实现吗？依据是什么？采用反应精馏有哪些优点？

② 查资料比较几种分离共沸物方法的优点和不足，如果不受实验条件的限制，你认为哪种分离方法应优先考虑，为什么？

③ 若采用萃取精馏法分离 CH_3OH-DMC 共沸物，如何选择萃取剂？根据图 1 提供的相平衡关系，要获得高纯度的 DMC 产品，哪些萃取剂比较理想？为什么？

④ 若采用共沸精馏法分离 CH_3OH-DMC 共沸物，如何选择夹带剂？理想的夹带剂应具有哪些特征？表 2 中哪种夹带剂比较理想？

⑤ 若选用正己烷作为夹带剂分离 CH_3OH-DMC 共沸物，根据共沸物组成数据，分离 CH_3OH-DMC 共沸物 100g，要在塔釜获得纯 DMC，则夹带剂正己烷的理论加入量应为多少？若要同时回收甲醇，需要几个塔联合操作？请设计一个连续操作的分离流程。

⑥ 查阅 1,2-丙二醇的性质，结合反应副产物的实际状况，你认为可采用什么方法回收 1,2-丙二醇？请设计一个合理的分离流程。

3. 设计实验方案

① 根据参考资料，若采用反应精馏完成酯交换反应，得到纯度较高的 DMC 产品，同时回收甲醇和 1,2-丙二醇，请设计一个比较完整的实验方案。

② 根据实验方案，设计实验数据记录表。

四、实验装置及分析方法

1. 实验装置

① 250mL 三口烧瓶、单口瓶、电热套、搅拌器，冷凝管等配套玻璃仪器一套。

② ϕ25mm×2000mm 组装式填料精馏塔，填料有 4mm×3.5mm 金属压延环、4mm×6mm 玻璃弹簧填料可供选择。精馏塔高度及进料位置可调节，回流比、加热量由仪表控制，操作可间歇可连续。

③ 气相色谱仪及数据分析处理系统一套。

2. 色谱分析条件

① 仪器：国产气相色谱仪，使用毛细管柱，氢火焰离子化检测器，载气为氮气。使用前在 180～220℃下活化 4h。

② 色谱条件：柱箱温度 90℃，进样器温度 150℃，检测器温度 120℃。程序升温条件：90℃恒温 2min，以 10℃/min 升至 100℃，再以 30℃/min 升至 220℃。

五、实验内容及步骤

1. 筛选催化剂

搭建一套间歇反应装置，如图 4 所示。

(1) 催化剂种类筛选

可供选择的催化剂为：甲醇钠、KOH、三乙胺、K_2CO_3 等。

反应条件：甲醇与 PC 的投料摩尔比为 CH_3OH∶PC＝9.0∶1；催化剂用量为 0.3%（以反应物总质量计）；回流温度下反应时间为 1h。

测定和比较采用不同催化剂时，PC 的转化率和 DMC 收率，选择最佳的催化剂种类。

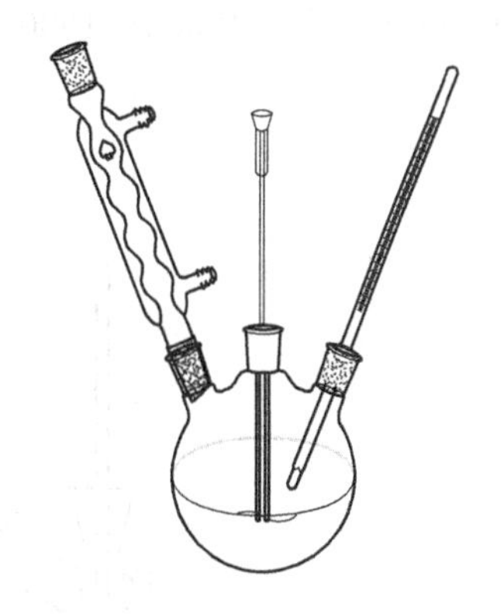

图 4 间歇反应装置示意图

(2) 催化剂用量筛选

可供选择的催化剂用量为 0.1%、0.2%、0.3%、0.5%（以反应物总质量计）等。

针对上一步优选出的催化剂，控制甲醇与 PC 的投料摩尔比为 CH_3OH∶PC＝9.0∶1。回流温度下反应时间为 1h，分别测定和比较不同催化剂用量下 PC 的转化率和 DMC 收率，确定催化剂的最佳用量。

(3) 合成实验步骤

搭好反应装置，在反应瓶内投入一定量的甲醇、PC、催化剂，接通冷凝管中冷却水，启动搅拌器。开启电加热器，缓慢升温至出现回流开始计时，到达指定反应时间后结束。待反应瓶内的液体冷却，取样约 1mL 待测，其余液体转入试剂瓶，可用于后续的精馏实验。若进行动力学数据测定，则在回流开始即取样，然后每隔一定时间取样分析组成，根据时间与浓度的关系得到动力学参数。

2. 反应精馏实验

(1) 搭建连续操作的反应精馏实验装置

塔体尺寸为 ϕ25mm×2000mm，其中反应段 1m，精馏段和提馏段各为 0.2m。反应段可选用填料塔或板式塔，填料为 4mm×3.5mm 金属压延环。

(2) 实验内容

以 PC 转化率和 DMC 收率为目标，研究回流比 R，甲醇与 PC 进料摩尔比，进料流量的影响，优选工艺条件。可供参考的条件范围：回流比 R 取 0.5～3.5；甲醇：PC（摩尔比）取（5：1）～(10：1)；PC 进料流量取 0.4～0.6mL/min。

（3）实验步骤

首先确定 PC 和甲醇的加料位置，并调节好进料计量泵的流量。然后在塔釜预先加入约 300mL 甲醇，打开塔顶冷却水，塔釜加热升温。待全回流操作稳定后，根据要求的催化剂浓度预先配制好甲醇溶液，以一定的速度由加料口加入，PC 按规定量进料，并调节回流比至规定值。操作稳定后，每隔一定时间，取样分析塔顶和塔釜组成。最后收集塔顶馏分作为分离实验的原料。

3. 共沸物分离实验

以正己烷为夹带剂，采用共沸精馏的方法分离来自反应精馏塔塔顶的 CH_3OH-DMC 共沸物，以获得 DMC 产品。若未进行反应精馏实验，可将筛选催化剂实验中所得的反应物进行简单蒸馏，分析馏出物组成，作为共沸精馏的原料。

（1）搭建共沸精馏实验装置

采用如图 5 所示的塔头，搭建一套间歇操作的填料精馏塔，塔体尺寸为 ϕ25mm×2000mm，塔釜为 500～1000mL 三口烧瓶。

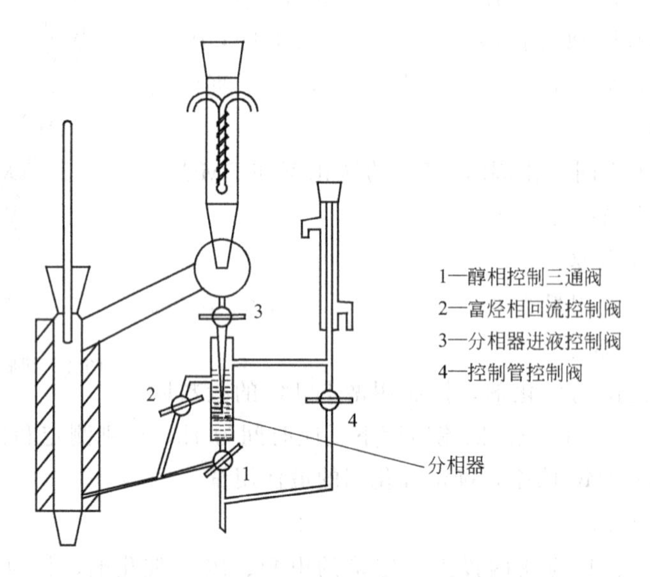

图 5 精馏塔塔头

（2）实验内容

考察夹带剂加入量及回流方式对 DMC 产品纯度和收率的影响。

（3）实验操作步骤

将反应精馏塔塔顶馏出液 150～250g 和计算好的正己烷加入釜内，打开塔顶冷却水，塔釜加热升温，将阀 2、3、4 置于开启状态，三通阀 1 置于全回流状态，待全回流至塔顶温度稳定。关闭三通阀 1，让馏出液在静置器内分相，富烷烃相经阀 2 回流，富醇相由三通阀 1 调节间歇采出以保证回流所需的液位。操作稳定后，跟踪记录塔顶、塔釜温度，定时分析塔顶、塔釜组成，当釜液中 DMC 浓度达到 99%时，停止实验，收集塔釜产品，称重，计算收率。

六、实验数据处理及结果讨论

1. 列出催化剂筛选实验数据记录及处理结果表，并分析讨论实验结果。

2. 列出反应精馏实验数据记录及处理结果表，讨论影响反应精馏效果的因素，如 PC 和甲醇加料的相对位置，催化剂的加入位置，回流比等。反应精馏的精馏段和提馏段分别起什么作用？

3. 列出共沸精馏实验数据记录及处理结果表，讨论影响分离效果的因素，如夹带剂量、回流方式等。共沸精馏实验中，夹带剂的理论加入量应如何确定？按本实验的操作方式，夹带剂的加入量应高于还是低于理论用量？为什么？

4. 列出色谱数据记录及处理结果，讨论影响气相色谱定量分析准确性的因素。考虑到不同类型的化合物的灵敏度因子并不相同，本实验采用了什么校正方法，校正的原理是什么？

5. 分析实验成败的原因及实验体会。

6. 绘制最终确定的 DMC 的生产工艺流程简图。

7. 以论文的形式，完成综合实验报告。

实验21　制备固体碱催化剂用于生产生物柴油

生物柴油（biodiesel），又称脂肪酸甲酯（fatty acid methyl ester），是由动植物油脂或废餐饮油脂经酯化或转酯化得到的一种绿色生物质燃料，具有与石化柴油相近的性能，且无污染、可降解。和普通柴油相比，生物柴油是由高含氧量的多种有机成分组成的混合物，燃烧时的耗氧量比普通柴油少。此外，生物柴油具有较高的十六烷值和闪点值，其燃烧性能和储存安全性均优于普通柴油。生物柴油与石化柴油混合可作为发动机的燃料，有效缓解石油供不应求的状况，在动力燃料方面具有广阔的应用前景。

本实验以甲醇和植物油脂为原料，采用固体碱为催化剂，经酯交换法制备生物柴油。主要研究内容有固体碱催化剂的制备及性能评价，催化酯交换反应的条件优化，产品分离方法研究及最终产品的性能检测。

一、实验目的

1. 初步了解和掌握化工产品开发的研究思路和实验研究方法。

2. 了解和掌握固体碱催化剂的制备方法和研究方法。

3. 学会查阅和分析文献，筛选有用的信息和基础数据，灵活应用已掌握的研究方法制订实验方案。

4. 能够独立进行工艺实验的全流程设计、组织与实施。

二、实验原理

1. 油脂的催化酯交换反应

生物柴油是经酯交换反应得到的脂肪酸甲酯类混合物，与石化柴油的性质相近，可单独或与石化柴油混合作为燃料使用。生物柴油的制备工艺，主要有直接混合法、微乳化法、高温裂解法和酯交换法等，前两种方法属于物理方法，后两种方法则属于化学方法。酯交换法又有酸催化酯交换法、碱催化酯交换法、生物酶催化酯交换法和超临界无催化酯交换法。

催化酯交换法的生产原理是在催化剂的作用下，动植物油脂与甲醇或乙醇等低碳链醇发生酯交换反应生成脂肪酸甲酯（或乙酯），经洗涤、分离、干燥后得到生物柴油。以甲醇的反应为例，酯交换反应如下：

$$\begin{array}{l} CH_2OCOR_1 \\ | \\ CHOCOR_2 \\ | \\ CH_2OCOR_3 \end{array} + 3CH_3OH \rightleftharpoons \begin{array}{l} CH_2OH \\ | \\ CHOH \\ | \\ CH_2OH \end{array} + \begin{array}{l} R_1COOCH_3 \\ \\ R_2COOCH_3 \\ \\ R_3COOCH_3 \end{array}$$

R_1、R_2 和 R_3 表示 $C_{11}\sim C_{17}$的烃链。

碱催化条件下的酯交换反应为羰基加成机理，反应机理如下：

$$ROH + B \rightleftharpoons RO^- + BH^+$$

$$\begin{array}{l} R_1COO-CH_2 \\ R_2COO-CH \\ H_2C-OCR_3 \ (C=O) \end{array} + {}^-OR \rightleftharpoons \begin{array}{l} R_1COO-CH_2 \\ R_2COO-CH \\ H_2C-O-C(OR)(O^-)-R_3 \end{array}$$

$$\begin{array}{l} R_1COO-CH_2 \\ R_2COO-CH \\ H_2C-O-C(OR)(O^-)-R_3 \end{array} \rightleftharpoons \begin{array}{l} R_1COO-CH_2 \\ R_2COO-CH \\ H_2C-O^- \end{array} + R_3COOR$$

$$\begin{array}{l} R_1COO-CH_2 \\ R_2COO-CH \\ H_2C-O^- \end{array} + BH^+ \rightleftharpoons \begin{array}{l} R_1COO-CH_2 \\ R_2COO-CH \\ H_2C-OH \end{array} + B$$

该酯交换反应是可逆放热反应，从热力学角度分析，降低温度、甲醇过量、及时移走反应副产物对提高平衡转化率有利。从动力学角度分析，提高温度、选择高效的催化剂，对提高反应速率有利。对于油脂的酯交换反应，副产物甘油的黏度和沸点很高，无法及时移出体系，这对正向反应的进行是不利的。

2. 酯交换反应催化剂的制备方法

（1）均相催化剂

酯交换反应的均相催化剂有液体酸或碱，常用的液体酸催化剂有硫酸、盐酸、苯磺酸等。常用的碱催化剂是能溶于甲醇的碱，如 NaOH、KOH、甲醇钠、甲醇钾等。氢氧化钠和甲醇反应能生成少量的水，引起碱催化剂中毒，所以甲醇钠要比氢氧化钠的活性高。但是，NaOH 价格较低，在工业生产中应用较普遍。为了达到好的催化效果，反应前要确保催化剂完全溶于甲醇中。

均相碱催化酯交换反应速率快，条件温和，收率高，副反应少，但也存在一些缺陷，如催化剂不能回收，当植物油中的游离脂肪酸含量较高时，容易发生中和反应生成副产物皂，使产物难以分离，后处理需消耗大量水，降低了生物柴油收率。

（2）非均相固体碱催化剂

固体碱催化反应的反应速率比均相碱催化反应速率低，较固体酸催化的反应速率高，但在使用时需注意水分和酸性物质中毒。固体碱催化制备生物柴油的工艺操作比较简单，催化剂很容易与产物分离，经过回收处理后可重复利用，有效降低了生产成本。反应过程中几乎没有“三废”产生，避免了对环境造成二次污染。

固体碱催化剂分为负载型和非负载型两类。负载型固体碱催化剂主要是碱金属负载型催化剂，包括碱金属氧化物和氢氧化物等。非负载型固体碱催化又可以分为水滑石类固体碱催化剂、强碱阴离子交换树脂固体碱催化剂、金属氧化物和氢氧化物固体碱催化剂。

① 碱金属和碱土金属氧化物型固体碱的制备　这种催化剂的制备方法是把碱金属氧化物或碳酸盐直接进行高温煅烧后使用。

② 以分子筛为载体的负载型催化剂的制备　负载型碱性分子筛催化剂的制备方法主要

有化学浸渍法、化学气相沉积法、微波辐射分散法和浸渍微波法等。

化学浸渍法是通过把分子筛负载物放到活性物质中进行吸附来制备催化剂，当达到吸附平衡后，把多余的活性物质除去，进行干燥、焙烧等操作就可以得到相应的催化剂。一般分为载体预处理、浸渍液配制、浸渍、干燥和焙烧等几个步骤。

化学气相沉积法是改性分子筛的常用方法，利用碱金属化合物或非金属化合物的挥发性使其在某一温度、压力下发生物理或化学变化附着在分子筛上，形成负载型分子筛催化剂。

微波辐射分散法是把分子筛和碱性物质按比例混合研磨后，微波辐射使碱性物质分散在分子筛上，形成负载型分子筛催化剂。

浸渍微波法和化学浸渍法的操作基本相同，只是在烘干后先研磨成粉末微波处理，然后再进行高温焙烧。

(3) 以 γ-Al_2O_3 为载体的负载型催化剂

由于 Al_2O_3 表面同时存在酸碱活性位，当把前驱体负载在 Al_2O_3 上时，催化剂的碱强度最多可以达到 37，机械强度比较高，有良好的热稳定性，常常被用作固体碱催化剂的载体。

用化学浸渍法制备 γ-Al_2O_3 负载型固体碱催化剂，常用的操作方法是把多孔的 γ-Al_2O_3 放到含有活性组分的溶液中，在一定条件下溶液进入载体的孔隙中，然后把浸渍的 γ-Al_2O_3 进行烘干和高温焙烧等处理，这样 γ-Al_2O_3 内外表面就会附着上金属氧化物或盐类颗粒物作为催化中心，起到增加转化率，加快反应速率的作用。

化学浸渍法制备的催化剂催化活性一般与浸渍液的性质、竞争吸附剂、浸渍后处理、载体性质、载体预处理和浸渍条件有关。

3. 固体碱催化剂的表征

(1) 碱强度的测定

碱强度是指固体碱表面使电中性吸附酸转化为其共轭碱的能力，即固体碱表面授予吸附酸分子一对电子的能力。固体上的碱量通常用固体单位质量或单位表面上的碱中心数（或 mmol）表示，有时也称之为碱度，固体碱催化剂表面的碱性直接决定催化性能。测定表面碱性的方法主要有吸附指示剂滴定法、程序升温热脱附法、红外光谱法、热分析法和核磁共振等方法。每种方法各有所长，目前还没有一种方法绝对可靠，因此几种方法混合使用更有利于催化剂的表征。

CO_2-TPD 技术是程序升温脱附法，利用酸性物质吸附在碱性中心上，随着程序升温，吸附在弱碱中心上的酸性分子先脱附下来，吸附在强碱中心上的酸性分子后脱附，根据脱附温度的高低即可判断碱强度的大小，根据脱附量的多少即可判断碱量的大小。测定时先将一定量的催化剂样品放置于石英 U 形管反应器中，然后将反应器放置于程序升温加热炉内，定量吸附 CO_2 至饱和后，以惰性气体作载气，热导为检测器，以一定的升温速率进行 CO_2 的脱附，由气相色谱记录各温度脱除的 CO_2 量，经数据处理得到碱强度和碱密度。

吸附指示剂法的原理是：当非极性溶剂中某一电中性酸指示剂被吸附到固体碱上时，如果固体碱中心强度足可以将一对电子给吸附酸，那么酸指示剂的颜色就由酸型色变成其相应共轭碱的颜色，由此可通过该酸在一定 pH 值范围内的颜色变化来确定固体碱强度 H 值。当固体表面碱与给定 pK_a 的指示剂作用后，若固体碱表面呈酸型色，说明 $H<pK_a$；若固体碱表面呈过渡色，说明 $H=pK_a$；若固体碱表面呈碱型色，说明 $H>pK_a$。

对于无色固体碱碱强度的测定，可采用溴百里酚蓝、酚酞、2,4,6-三硝基苯胺、2,4-二硝基苯胺、4-硝基苯胺等哈米特（Hammett）试剂进行测定。表1给出了几种Hammett指示剂的变化。

表1　测定固体催化表面碱强度的Hammett指示剂

指示剂	指示剂颜色		碱强度 H 值
	酸型	碱型	
溴百里酚蓝	黄色	绿色	7.2
酚酞	无色	红色	9.3
2,4,6-三硝基苯胺	黄色	红橙色	12.2
2,4-二硝基苯胺	黄色	紫色	15.0
4-氯-2-硝基苯胺	黄色	橙色	17.2
4-硝基苯胺	黄色	橙色	18.4
4-氯苯胺	无色	粉红色	26.5
二苯基甲烷	无色	黄橙色	35

（2）催化剂结构表征

固体催化剂的孔结构、表面元素组成、体相结构和物相通常采用吸附比表面积测试（BET）、X射线衍射（XRD）、红外吸收光谱（IR）、X射线光电子能谱（XPS）等现代分析技术进行表征。

4. 研究方案

根据酯交换反应的特点，以及催化剂的基础知识，整理得到如下的研究思路：

① 酯交换反应为可逆反应，采取甲醇过量的方法可以提高原料油脂的平衡转化率，此外还可适当降低反应体系的黏度，使物料充分混合接触，有利于反应进行。

② 反应混合物中，除甲醇外，其余组分均为高沸物，常规的精馏方法能耗较高。

③ 副产物甘油很难从反应体系中及时移出，选择高效的催化剂是提高反应转化率和反应速率的关键。

④ 均相催化与非均相催化各有利弊，非均相催化有利于催化剂的分离和再利用，固体碱催化剂较易制备。

由此可知，催化剂和酯交换反应条件的研究是生物柴油生产工艺开发的重点，研究内容和过程可由图1表示。

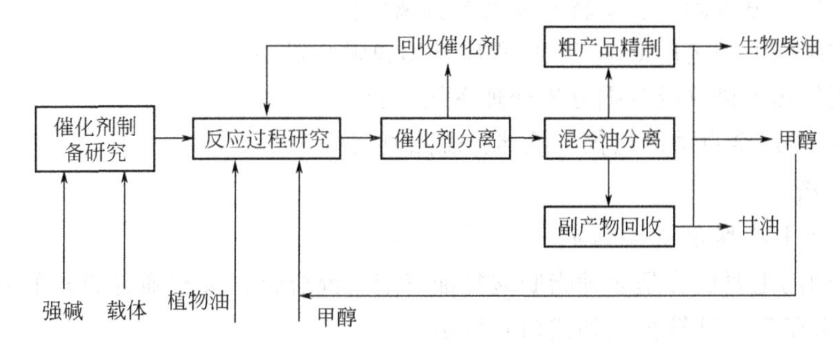

图1　固体碱催化酯交换法生产生物柴油的工艺开发框图

本实验针对工艺开发过程中的主要问题展开。首先制备负载型固体碱催化剂，对碱的种类和负载量进行优选，然后将优选的催化剂用于植物油和甲醇的催化酯交换反应，通过对醇油比、催化剂碱性、催化剂用量、反应时间等因素的优化，确定制备生物柴油的最佳工艺条件。

三、预习与思考

1. 综述生物柴油的生产方法

查阅相关文献，从原料路线、技术方法、生产成本、能耗、环境保护等方面对生物柴油的生产方法进行比较与评价，列出参考文献。

2. 酯交换法制备生物柴油需要解决的技术问题

① 查阅资料了解固体碱催化剂的性质，比较制备固体碱催化剂的不同方法的优点和不足，说明本次实验中选择的固体碱催化剂制备方法的依据。

② 影响催化剂活性和选择性的因素主要有哪些？固体催化剂表面酸碱性如何表征？了解程序升温脱附技术在催化领域中的应用。

③ 影响生物柴油制备的因素有哪些？如何确定油脂的转化率？请设计正交实验优化酯交换反应的工艺参数。

④ 查阅资料确定生物柴油的精制方法。

⑤ 有哪些国标方法可以检测柴油的品质？如何测定生物柴油的闪点、燃点？

⑥ 油脂甲醇酯交换反应的副产物是什么，可采用什么方法回收，请设计一个合理的分离流程。

3. 设计实验方案

① 固体碱催化剂的制备与评价的实验方案。

② 采用酯交换反应得到品质较高的生物柴油，同时回收甲醇和甘油，应用正交实验设计一个比较完整的优化工艺参数的实验方案。

四、实验装置及分析方法

1. 实验装置

① 催化剂制备用坩埚、烘箱、马弗炉、80～120 目筛、石臼等。

② 酯交换反应用 250mL 三口烧瓶、电热套、搅拌器、冷凝管等配套玻璃仪器一套。

③ 抽滤装置、分液漏斗、旋转蒸发器等分离用仪器。

④ 催化剂碱强度测定用 CO_2-TPD 程序升温脱附装置一套。

⑤ 分析用气相色谱仪及数据分析处理系统一套。

⑥ 开/闭口闪点全自动测量仪、液体自燃点测定仪。

2. 分析方法

（1）原料油平均摩尔质量测定

原料植物油的主要成分是多种脂肪酸甘油三酯的混合物，没有确定的分子量，可通过皂化值估算平均分子量，计算公式如式(1) 所示。

$$M=\frac{56.1\times 1000\times 3}{SV} \tag{1}$$

式中，M 为原料油的平均摩尔质量；SV 为原料油的皂化值，mg(KOH)/g（油），是指在规定的条件下，皂化1g样品消耗的氢氧化钾质量。

（2）反应转化率测定

由酯交换反应可知，每生成1mol甘油，必有1mol油脂参与反应，因此反应转化率可通过甘油的收率确定。甘油的测定方法有化学分析法、比色法、色谱法等。

① 高碘酸氧化法 在强酸介质中，甘油被高碘酸钠冷氧化，生成甲醛与甲酸，过量的高碘酸钠被乙二醇还原为碘酸钠和乙二醛，产生的甲酸以酚酞为指示剂，用氢氧化钠标准溶液滴定，反应原理如下：

$$C_3H_8O_3 + 2NaIO_4 \longrightarrow 2HCHO + HCOOH + 2NaIO_3 + H_2O$$

$$C_2H_6O_2 + 2NaIO_4 \longrightarrow C_2H_2O_2 + 2NaIO_3 + 2H_2O$$

$$HCOOH + NaOH \longrightarrow HCOONa + H_2O$$

② 甘油铜比色法 在碱性条件下，甘油与Cu^{2+}生成深蓝色甘油铜络合物，该络合物在630nm波长下有最大吸收，可用比色法进行测定。

具体的反应为氢氧化钠与硫酸铜生成浅蓝色的氢氧化铜沉淀，碱性条件下氢氧化铜溶于甘油得到深蓝色的甘油铜络合物。

$$CuSO_4 + 2NaOH = Cu(OH)_2 \downarrow + Na_2SO_4$$

$$\begin{array}{l} CH_2OH \\ | \\ CHOH \\ | \\ CH_2OH \end{array} + \begin{array}{l} OH \\ \quad \rangle Cu \\ OH \end{array} \longrightarrow \begin{array}{l} CH_2O \\ | \quad \rangle Cu \\ CHO \\ | \\ CH_2OH \end{array} + 2H_2O$$

（3）固体碱催化剂碱强度测定

应用吸附指示剂法测定H值，CO_2-TPD法测定碱强度和碱密度值。

① H值测定 采用酚酞、2,4-二硝基苯胺、溴麝香草酚蓝、2,4,6-三硝基苯胺四种Hammett试剂，根据指示剂的颜色，确定碱强度H值。

将指示剂配制成浓度为1%的环己烷或无水乙醇溶液，将适量的催化剂放入Hammett试剂溶液中，搅拌2h，观察溶液颜色，根据表1判定H值范围。若颜色呈现指示剂碱型色，则催化剂的碱强度大于该指示剂pK_a；若呈现指示剂的酸型色，则碱强度小于指示剂的pK_a。依次进行下去，确定催化剂的碱强度范围。

② CO_2-TPD法 称取0.1g100～120目的样品置于石英U形管反应器中，将石英U形管反应器放于程序升温加热炉中，以氩气作载气，流量50mL/min，以热导为检测器。样品首先在100℃预处理1h，脱除催化剂样品表面的水分，然后降温至室温，通过六通阀定量吸附CO_2直到催化剂样品吸附CO_2至饱和，室温吹扫1h，然后以10℃/min的升温速率进行CO_2的脱附，用热导记录各温度脱除的CO_2。根据CO_2的脱附峰位表征碱强度，脱附峰位对应的温度越高，碱强度越大。由CO_2的脱附面积值计算碱密度，如式(2)所示。

$$\sigma = \frac{Af}{M} \tag{2}$$

式中，σ为碱密度，mmol/g；A为CO_2的脱附峰面积积分值；M为固体碱样品质量，g；f为校正因子（不同浓度的CO_2气体进入色谱，得到在一定浓度范围内线性的CO_2浓度与峰面积的对应关系，斜率即为校正因子f）。

（4）产品闪点、自燃点测试

实验方法参见第6章实验16和实验17中闪点、自燃点的测定。

五、实验内容及步骤

1. 催化剂制备

以 γ-Al_2O_3 为载体，浸渍法负载 LiOH、NaOH、KOH。将 γ-Al_2O_3 破碎成细小颗粒，取 6～10g 氢氧化物配成 10mL 溶液，密闭浸渍 10g γ-Al_2O_3 3h，然后在 120℃下烘干 3h，取出固体放入真空干燥器冷却至室温，最后研磨筛分 60～80 目，得负载量 60～100g(碱)/100g(γ-Al_2O_3）的固体碱催化剂。用 Hammett 指示剂法和 CO_2-TPD 测定碱强度和碱密度。

2. 原料油平均摩尔质量测定

测定油脂皂化值，由式(3）计算得原料油平均摩尔质量。

皂化值 SV 的测定步骤为：准确称取 1g（精确到 0.0001g）样品于 250mL 锥形瓶中，用移液管加入 0.5mol/L 氢氧化钾乙醇溶液 25mL，然后装上回流冷凝管，加热维持微沸状态 1h，勿使蒸气逸出冷凝管。完成皂化反应后，加入酚酞指示剂 6～10 滴，趁热用 0.5mol/L 盐酸标准溶液滴定至红色恰好消失为止，同时在相同条件下作空白实验。

SV 值的计算见式(3)。

$$SV=\frac{(V_0-V_1)C\times 56.1}{m} \tag{3}$$

式中，V_0 为空白实验所消耗的盐酸标准溶液体积，mL；V_1 为试样所消耗的盐酸标准溶液体积，mL；C 为盐酸标准溶液浓度，mol/L；m 为试样质量，g；56.1 为氢氧化钾摩尔质量，g/mol。

3. 甘油含量测定

反应转化率可由甘油的收率确定，反应产物中甘油的量由甘油铜比色法测定。

① 配制浓度为 0.05g/mL 的 $CuSO_4$ 溶液，浓度为 0.05g/mL NaOH 溶液。

② 准确配制质量浓度分别为 0.002g/mL、0.003g/mL、0.004g/mL、0.005g/mL、0.006g/mL、0.008g/mL、0.01g/mL 的甘油标准溶液。移取 0.05g/mL 的 $CuSO_4$ 溶液 1mL 及 0.05g/mL NaOH 溶液 3.5mL 于试管中，混合均匀后加入 10mL 配制的标准甘油溶液，振荡显色反应 15min，过滤（或离心分离）后在 630nm 测定吸光度，作甘油浓度-吸光度标准曲线。

③ 样品甘油含量测定。准确称取甘油样品，配成浓度在 0.006g/mL 左右的溶液。移取 0.05g/mL 的 $CuSO_4$ 溶液 1mL 及 0.05g/mL NaOH 溶液 3.5mL 于试管中，混合均匀后加入 10mL 配制的甘油样品溶液，振荡显色反应 15min，过滤（或离心分离）后在 630nm 测定吸光度，查标准曲线得到甘油含量。

4. 催化酯交换反应

重点考察醇油比、催化剂用量、反应时间、碱强度 H 值对反应转化率的影响，由此得到优化的生物柴油制备工艺。

参考表 2 设计四因素三水平正交实验。醇油摩尔比可选 6∶1、8∶1、10∶1，催化剂用量可选为原料油质量的 1%、3%、5%，反应时间可选 1h、2h、4h，碱强度 H 值为 Hammett 实验测定值。

按正交表对应的实验条件将原料和催化剂置于 250mL 三口烧瓶中，接通冷却水，开启搅拌，开启加热缓慢升温，当反应体系开始出现回流时计时，达到设定的反应时间后停止加热，冷却后抽滤，分离固体催化剂，滤液倒入 125mL 分液漏斗中静置分层，上层液为粗生物柴油层，下层为甘油层。取下层样称量并用比色法测定甘油含量，计算转化率。

表 2　$L_9(3^4)$ 正交表

实验号	列号			
	1	2	3	4
1	1	1	1	1
2	1	2	2	2
3	1	3	3	3
4	2	1	2	3
5	2	2	3	1
6	2	3	1	2
7	3	1	3	2
8	3	2	1	3
9	3	3	2	1

5. 分离提纯及产品检测

根据正交实验的极差分析结果，在较优的反应条件下进行重复实验，抽滤分离出固体催化剂，滤液倒入 125mL 分液漏斗中静置分层，上层液为粗生物柴油层，下层为甘油层。上层液进行旋转蒸发除去残留的甲醇，用热水清洗至油层清澈，得到纯度较高的生物柴油，称重记为 $m_{上层}$，取样测定闪点和自燃点值。下层进行旋转蒸发除去残留的甲醇后，得到纯度较高的甘油，称重记为 $m_{下层}$，取样测定纯度值。

实验亦可选择不同类型的碱催化剂，如选择碱土金属氧化物 MgO、CaO、BaO 等制备固体碱催化剂，结合催化活性确定适合的碱强度 H 值，然后再改变负载量讨论碱密度的影响。选定催化剂种类和碱密度后再进行酯交换工艺条件的优化实验。

六、实验数据处理及结果讨论

1. 列出固体碱催化剂制备实验数据记录及处理结果表，并讨论影响 H 值测定的因素。
2. 列出酯交换反应正交实验数据记录表，做极差分析，并将结果列表。分析酯交换反应中各因素对反应转化率影响的大小，确定较优的工艺条件。
3. 列出分离提纯的实验数据记录及处理结果表，计算生物柴油和甘油的收率，进行物料平衡计算。
4. 列出闪点和自燃点测试实验数据记录及处理结果，评价所得油品的质量。
5. 分析实验成败的原因及实验体会。
6. 绘制实验所采用的生物柴油的生产工艺流程简图。
7. 以论文的形式，完成综合实验报告。

实验22 连续流微通道反应器特性研究

微化工过程是以微结构设备为核心，在受限空间内进行化工生产的过程。微化工技术作为化工过程强化的重要手段之一，兼具过程强化和小型化的优势，相对于传统化工过程，微结构设备具有传热传质性能优异、放大效应小、过程易于控制等优点，可实现化工过程的高效、绿色和安全。

微化工过程的研究始于20世纪90年代，特别是利用连续流微通道反应器进行化学反应过程的研究发展迅速，已应用于化学、化工、材料、能源和环境等诸多研究领域中，并在纳米颗粒大规模可控制备、萃取分离过程强化和精细化学品生产等领域实现了工业化。国外，德国拜耳、巴斯夫、瑞士龙沙、美国康宁等公司均成立了专门负责微化工技术的部门；国内，中国科学院大连化学物理研究所和清华大学等在微反应技术方面取得了重要进展。

本实验以康宁连续流微反应器为平台，研究微尺度下流体的混合与传热特性，并以wittig反应为模型，进行微尺度下反应动力学的研究。

一、实验目的

1. 了解微化工过程与传统化工过程的特性。

2. 掌握连续流微通道反应器中的混合、传热、传质等特性的研究方法。

3. 掌握连续流微通道反应器中反应动力学的研究方法。

4. 初步掌握化学反应工程中的共性问题的研究思路和实验研究方法，学会独立进行反应动力学研究的实验设计、组织与实施。

二、基本原理

微通道反应器的最新发展使反应能够在控制反应时间的同时安全地进行，强化的传质传热过程大大提高了反应转化率，减少或消除了副反应的发生。随着工业对连续流工艺需求的增加，从管道和泵组件到一体化反应器系统的微控流技术已经商业化。与许多新兴技术一样，关于连续流微反应器在新工艺中应用的一些必要参数如反应动力学参数、传热/传质速率和特定操作条件下的流体力学参数等缺失，影响新技术的有效利用。因此研究特定条件下的流体流动和反应特性参数至关重要。

1. 适于微反应器内进行的反应

(1) 瞬间反应

反应半衰期小于1s，这类反应主要受微观混合效果控制，即受传质过程控制，如氯化、硝化、溴化、磺化、氟化、金属有机反应和生成微-纳米颗粒的反应等。由于传统尺度反应器内的传质效果较差，导致过程难以控制，影响产品质量。

(2) 快反应

反应半衰期介于1～600s之间，处于传质过程和本征动力学共同控制区域。混合效果对反应的影响较小，但当反应热很大时，常规尺度反应器的传热效率较低，不能及时把热量移出而造成局部温度过高，导致副反应的发生或反应过程失控造成安全事故。而微反应器的高效传热性能则可以使反应在较低温度梯度下平稳进行，反应过程易控，可提高目的产物的选择性和产率。

(3) 慢反应

反应半衰期大于10min，处于本征动力学控制区域，如需要在苛刻反应条件进行，如高温、高压或反应物、产物剧毒，或反应剧烈放热等，从过程安全角度考虑，适于在微反应器内进行，保证过程的安全性。

2. 微通道反应器特性

通道结构、尺度等微反应器特征参数对流体流动、传热、传质和反应等过程在时空尺度上的耦合有不同的影响，由于微化工系统的高度集成化，在尺寸受限的空间中，传递对反应的影响更加显著、复杂。

康宁 Advanced-Flow™Lab Reactor(AFR) 反应器可以实现实验室研究到工业放大的无缝衔接，其心形微通道具有高效的传质特性，可视化的数据采集有助于微通道反应器的实验室研究，心形微通道结构如图1所示。

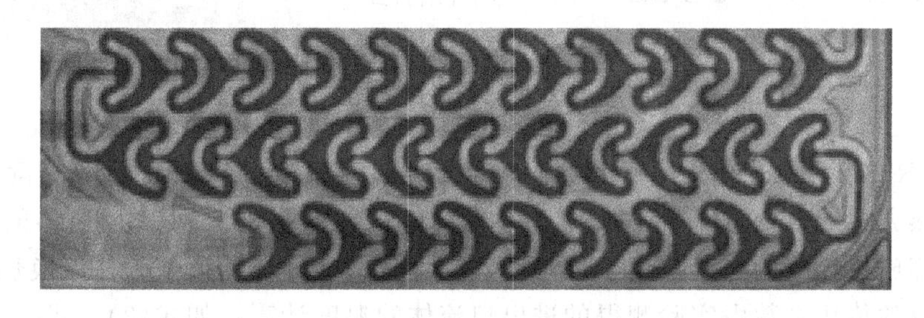

图1　心形微通道结构

(1) 心形微通道的混合特性

反应物的混合程度越高，分子的接触越充分，可以有效提高反应的转化率和选择性。流体的流型常用雷诺数 Re 来表征。

$$Re=\frac{uD_h\rho}{\mu} \tag{22-1}$$

式中，Re 为雷诺数，无量纲；u 为流速，m/s；D_h 为管径，m；ρ 为流体密度，kg/m^3；μ 为流体黏度，Pa·s。

当 Re 大于4000时，流动类型为湍流，流体混合最好，是理想的高效反应状态。Re 在2000～4000之间为过渡区流型，对流体的混合反应较好。Re 小于2000时，流动类型为层流，几乎没有混合。微通道反应器的心形结构设计有利于流体的快速混合，由图2可见，流道水力学半径的改变对应了流体 Re 和流型的改变，实验测得该反应器 Re 的范围在460～3700，即全反应器中流型可在层流到接近湍流之间改变。

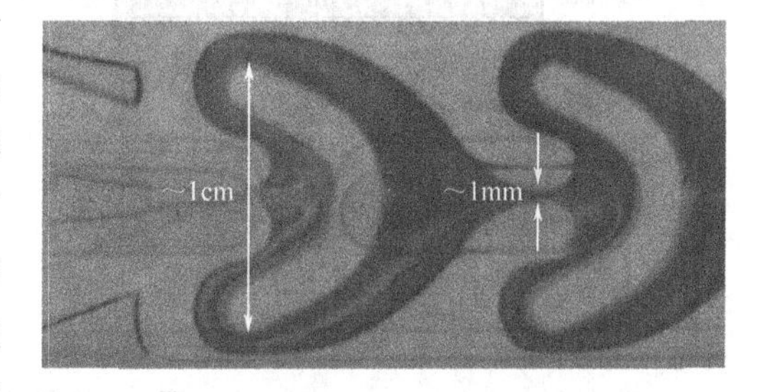

图2　流道中的心形单元结构

(2) 传热过程

反应器设计中，最大限度的传热能够确保反应体系中没有能量的积累。如图 3 所示，微流动反应器中单位体积具有较大的传热面积，增强了反应器的热传递，使得反应过程能够更精确地控制，以提高过程的安全性、效率和产品的转化率。

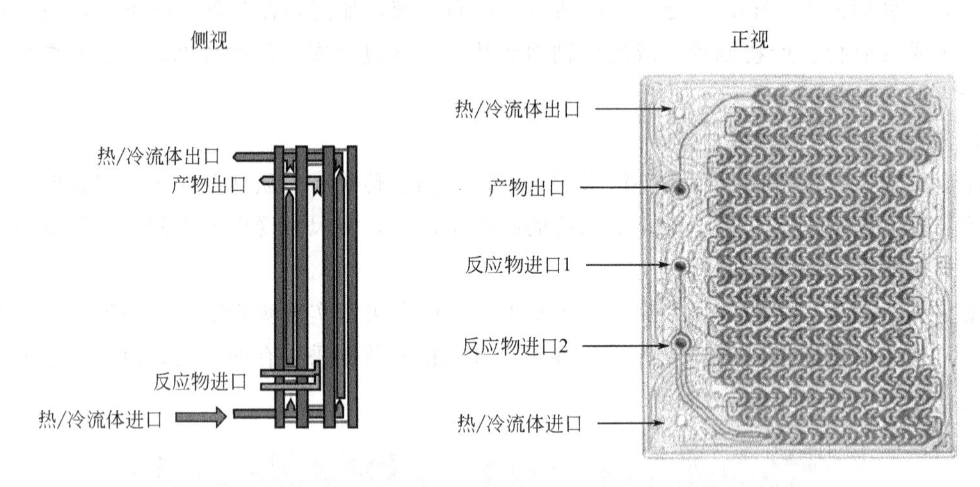

图 3　AFR 换热流体流动模式

康宁 AFR 的传热强化使得每一个流体单元可快速改变温度，而不是等待整个容器加热，这种传热方式的改变意味着强放热反应也可以实现工业化。AFR 反应器的有效传热系数可用于计算放热反应的温升并用于过程的安全性分析，其传热模型为并流换热，如图 3 和图 4 所示，有效传热系数由实验测得的进出口流体的温度计算，如式(2)、式(3) 所示。

$$UA=\frac{mC_p(\Delta T_1-\Delta T_2)}{\Delta T_{\mathrm{lm}}} \tag{2}$$

$$\Delta T_{\mathrm{lm}}=\frac{\Delta T_1-\Delta T_2}{\ln\dfrac{\Delta T_1}{\Delta T_2}} \tag{3}$$

式中，UA 为有效传热系数；m 为流体的质量流量，C_p 为流体的比热容；ΔT_1、ΔT_2 如图 4 所示。

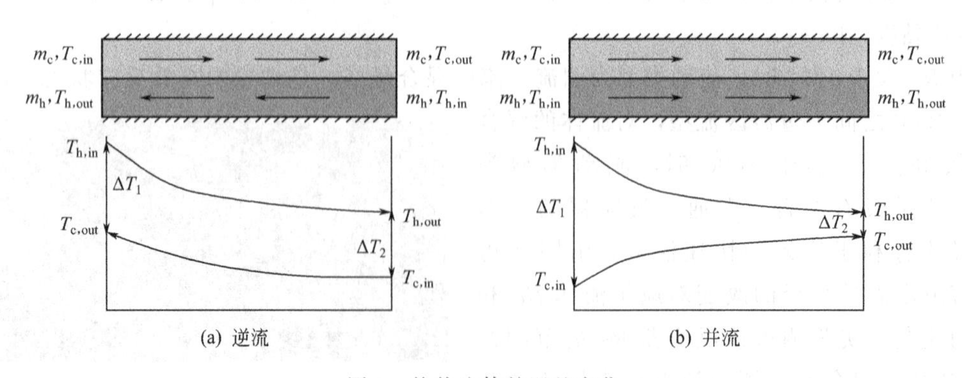

图 4　换热流体的温差变化

并流传热的好处是两种流体在出口处接近相同的温度。在 AFR 反应器中，入口的工艺流体的温度是反应进行所需的温度，反应过程释放或消耗的热能通过冷却或加热进行传递，从而使反应体系保持安全的温度。

（3）停留时间分布

停留时间分布（RTD）是流体分子在流动反应器中停留的时间的概率分布，可用来描述系统的非理想性。在理想的平推流反应器（PFR）中，每个分子在反应器中停留的时间相同，RTD 图中入口浓度的尖峰与出口浓度的尖峰是相同的，如图 5(a）所示。然而在实际连续流动的反应器内，流体的非理想流型会产生不同停留时间的物料之间的混合，即返混，在 RTD 图中可见出口浓度的尖峰变宽，如图 5(b）所示。

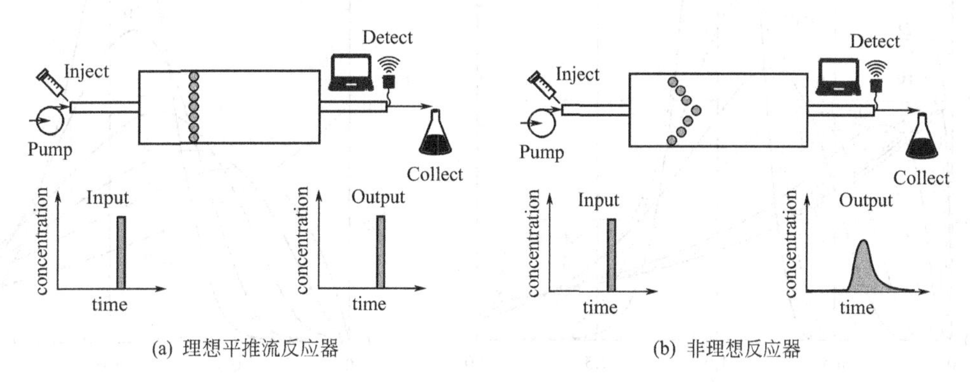

(a) 理想平推流反应器　　(b) 非理想反应器

图 5　停留时间分布示意图

实验采用弥散模型（dispersion model）和串联釜模型（tanks-in-series model，简称 TIS）定量研究 AFR 相对理想 PFR 的差异以及影响的效应。

弥散模型考虑了流体轴向和径向返混引起的非理想性。对比时间分布通过求解微分方程式(4）得到，停留时间分布密度由式(5）计算。

$$\frac{\partial C}{\partial \theta}=\left(\frac{D}{uL}\right)\frac{\partial^2 C}{\partial \bar{l}^2}-\frac{\partial C}{\partial \bar{l}}=\frac{1}{P_e}\frac{\partial^2 C}{\partial \bar{l}^2}-\frac{\partial C}{\partial \bar{l}} \tag{4}$$

$$E(\theta)=\frac{1}{2\sqrt{\pi\theta^3/P_e}}\exp\left[-\frac{(1-\theta)^2}{4\theta/P_e}\right] \tag{5}$$

$$\sigma_\theta^2=\frac{2}{P_e}-2\left(\frac{1}{P_e}\right)^2\ (1-e^{-P_e}) \tag{6}$$

式中，θ 为对比时间；D 为轴向混合弥散系数，是模型参数；P_e 为 Peclet 数，是轴向对流流动与轴向弥散流动的相对大小，其倒数是表征返混大小的无量纲数。$1/P_e=0$ 时，表示无轴向返混，即为平推流型；$1/P_e=\infty$时，表示轴向返混达最大，即为全混流型；其余则为不同返混程度的分布函数，见图 6。

串联釜模型是基于将 PFR 视为无限级的连续搅拌槽式反应器（continuous stirred tank reactor，CSTR）的理论模型，是将一个实际反应器中的返混情况作为与若干个全混釜串联时的返混程度等效。反应器越接近于 PFR，则 CSTR 的数量越多，RTD 图中的峰形越尖，见图 7。串联釜模型的停留时间分布密度由式(7）计算，串联釜模型参数 N 通过无量纲方差 σ_θ^2 计算，如式(8)。

$$E(\theta)=\frac{N^N}{(N-1)!}\theta^{N-1}e^{-N\theta} \tag{7}$$

$$\sigma_{\theta}^{2}=\frac{1}{N} \tag{8}$$

当 $\sigma_{\theta}^{2}=1$，$N=1$，为全混釜特征；

当 $\sigma_{\theta}^{2}\to 0$，$N\to\infty$，为平推流特征。

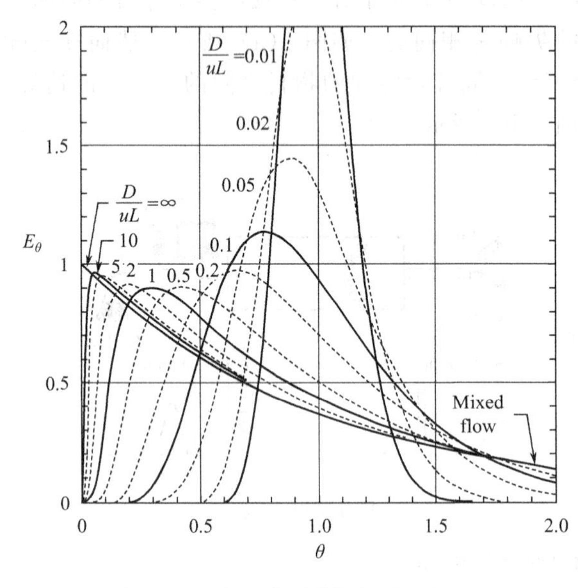

图 22-6　离散模型的停留时间分布

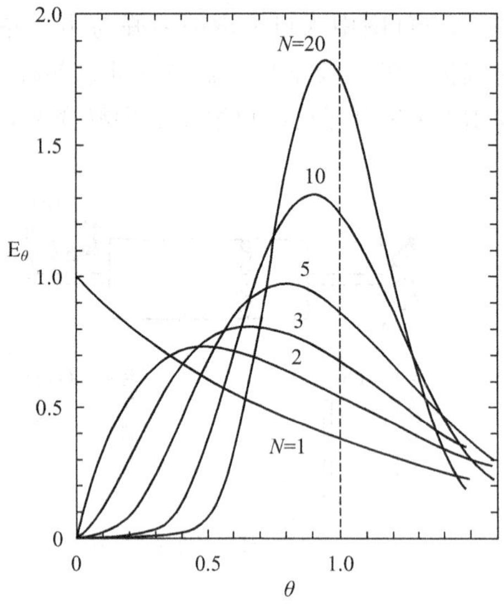

图 22-7　串联釜模型的停留时间分布

（4）反应动力学

一定的温度、压力下，化学反应速率与各反应组分浓度之间的函数关系即为反应动力学方程或速率方程。基元反应的动力学方程可由质量作用定律直接写出，但大多数的化学反应为非基元反应，其动力学方程需要由实验确定。通过测定不同反应时间对应的反应物浓度（或产物浓度），即可得反应速率方程，以反应物 A 的浓度变化为例，如式(9) 所示。

$$r_{A}=-\frac{dC_{A}}{dt}=kC_{A}^{\alpha} \tag{9}$$

式中，C_A 为反应物 A 的瞬时浓度；α 为反应级数；k 为反应速率常数。若反应为一级反应，则动力学方程可表达为式(10)。

$$\frac{C_{A}}{C_{A}^{0}}=e^{-kt} \tag{10}$$

给定反应体积 V_R 和初始反应混合物体积流量 V_0，空时 τ 可由式(11) 给出，并进一步计算出 Damkohler 准数（Da），如式(12) 所示。在包含传质过程的反应系统中，Da 也定义为化学反应速率与传质速率的比值，用以描述反应过程是传质控制还是动力学控制，Da 随温度和流量的变化而变化。

$$\frac{V_{R}}{V_{0}}=\tau \tag{11}$$

$$Da=\tau k \tag{12}$$

此外，通过改变温度，可以得到速率常数随温度的变化关系，由 Arrhenius 方程即可求得反应的活化能 E_a 和指前因子 A，见式(13)。

$$k(T)=A\exp\left(-\frac{E_a}{RT}\right) \tag{13}$$

反应物浓度的测定可采用化学分析法、仪器分析法、物理法等多种方法。对于康宁独有的透明玻璃 AFR 反应器，可实现反应过程的可视化，尤其是对具有颜色变化的反应，如 Wittig 反应，可通过图像分析得到时间与浓度的关系，见图 8。

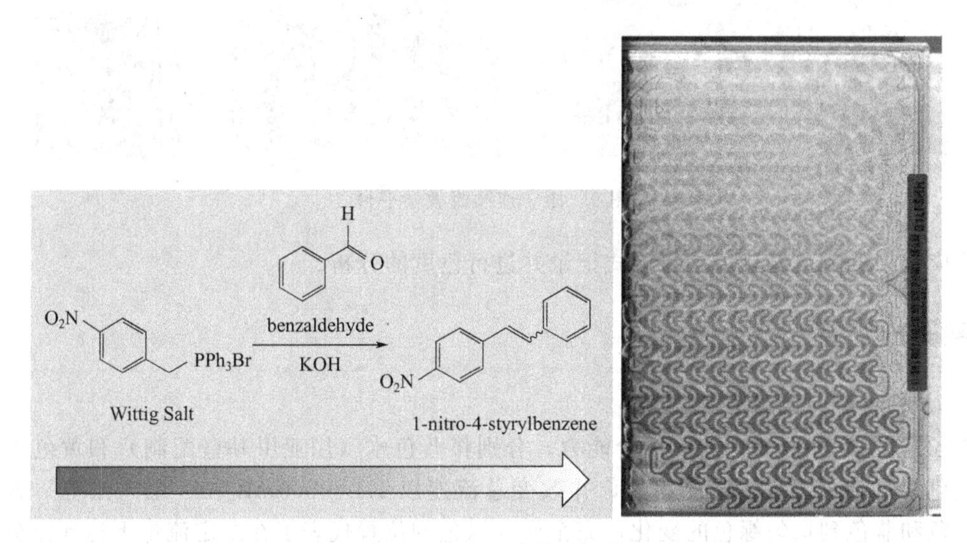

图 8　Wittig 反应的可视化

由以上几个方面的分析可知，微尺度下的流体特性是影响反应过程的主要因素。通过研究流体在微尺度下的混合、传质、传热、反应等过程，逐渐形成基于微化工技术的基本理论，最终完成对反应过程的有效控制和强化，为实现高性能的微化工系统提供技术支持和理论指导。

实验以康宁连续流微反应器 AFR 为平台，探讨新的化工过程开发中主要问题的解决方法。研究内容主要包括：流体混合特性、停留时间模型研究、传热模型、反应动力学参数测定。

三、预习与思考

1. 查阅相关文献，对微化工过程与传统化工过程进行比较与评价。
2. 微化工过程需要解决的技术问题有哪些？
3. 微反应器与传统反应器有何差别？
4. 微通道的结构有哪些形式？

四、实验装置及分析方法

1. 实验装置

康宁连续流微反应器 AFR，结构如图 9 所示。

仪器主要参数：反应器单板分布有 197 个心形结构单元，总体积 2.7mL。

2. 分析方法

根据实验所用的示踪剂选择合适的在线分析方法。

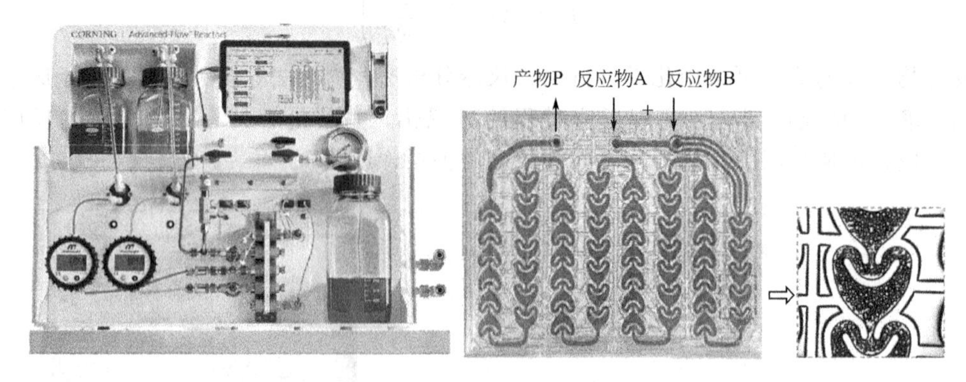

图 9　康宁连续流教学平台

反应过程的颜色变化以拍摄方式记录并进行色度的分析。

五、实验内容及方法

1. 心形通道的混合性能

为了定性描述 AFR 的流体混合能力，分别将蓝色水（用亚甲基蓝配制）和黄色水（用食用黄色素配制）装入不同的容器，并改变总流速以 1.0～5.0mL/min 泵入系统。观察颜色从黄色和蓝色到均匀绿色的变化，完全变为绿色的位置代表了在给定流量下达到充分混合所需的心形结构单元的数量，见图 10。

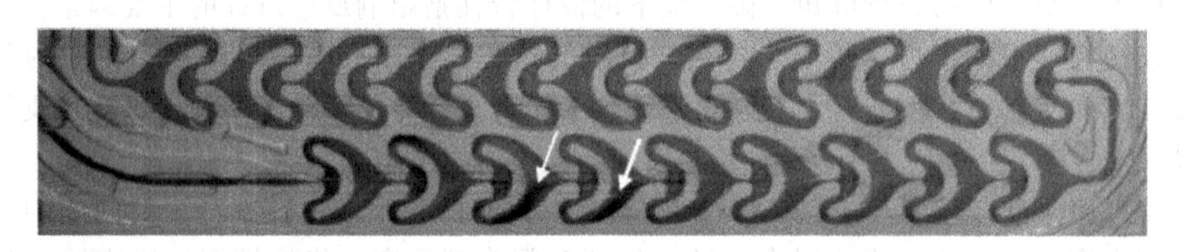

图 10　混合过程颜色变化

混合过程颜色的变化轨迹可用高分辨率的数码相机记录下来，在合适的放大倍数下分析图像即可得到流体的混合模式。

混合时间由式(14) 计算。

$$t_{\text{mix}}=\frac{V_{\text{total}}}{197}\times\frac{1}{v_0} \tag{14}$$

AFR 的混合时间很短，而快速混合有利于传质，湍流流型可最大限度地提高分子间的接触。仔细观察流速改变时，流体间颜色的变化情况，这种变化与流型有密切关系。

2. 有效传热系数测定

AFR 反应器的有效换热系数由式(2) 确定。AFR 设定为并流换热模型，使用数字温度计或热电偶对进出口的换热介质（HEF，此处为甲基硅油）和进出口的工艺流体（此处为水）的温度进行测量。

HEF 的进口温度由内置 AFR 热电偶测量，工艺流体的进口温度由泵前的数字温度计测量，HEF 的出口温度由换热介质出口通道中的热电偶测量，工艺流体的出口温度由反应器板出口处的热电偶测量。

3. 反应器单板的停留时间分布 RTD 研究

RTD 测量需在 AFR 中加装一个示踪剂注入点和一个检测点。根据示踪剂的检测需求配备合适的在线检测仪器。本实验以稀释的亚甲基蓝水溶液为示踪剂，在系统中增加了 Ocean Optics DH2000-BAL 6 通道泵的旁路示踪剂注射口和流体出口处的分光光度计检测口，如图 11 所示。亚甲基蓝水溶液由样品进口通路注射入系统，泵送染料的单一短脉冲进入反应器，同时分光光度计开始检测出口流体的吸光度。实验在环境温度（20℃）下以不同的流速（1～10mL/min）进行。出口流体的吸光度数值作为时间的函数保存在 Lab-View（2015）中，可以导出数值应用 Microsoft Excel 和 MATLAB 进行分析。

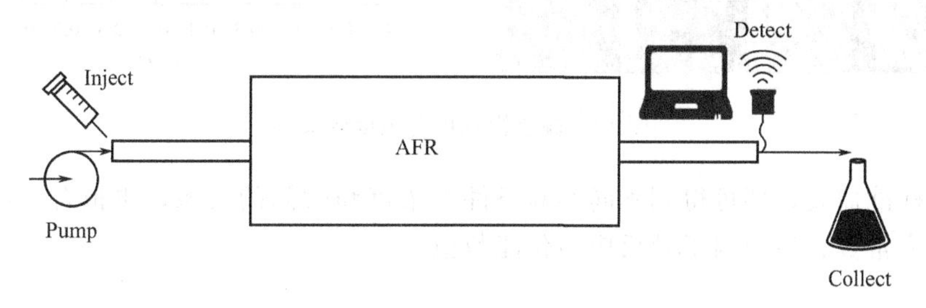

图 11 RTD 测定实验装置示意图

在弥散模型中，AFR 看作一个除了注入的示踪剂流体以外没有其它扰动进入系统的敞开容器，E_θ 由式(5) 得到。RTD 实验结果的处理通过赋值弥散模型参数并迭代达到最佳弥散模型。

TIS 模型的数据处理也是类似的方法，准确测量进口反应器和 AFR 板的体积，设定初值为等效的 CSTR，通过迭代 CSTR 的数量，得到最佳拟合的 TIS 模型。

4. 反应动力学研究

以物料颜色在反应中由红到无色变化明显的 Wittig 反应为模型，通过成像分析进行反应动力学研究。

AFR 的透明玻璃板可以很方便地对伴随颜色变化的反应进行成像分析，应用拍摄装置，通过图像分析技术研究温度和流率对反应动力学的影响。

首先制备反应用溶液：在 100mL 的容量瓶中，将 478mg(1mmol) 的（4-硝基苄基）三苯基溴化膦溶于乙醇配成 100mL 的溶液，再加入 127mg(1.2mmol) 苯甲醛，充分混合。另取一个 100mL 容量瓶，将 122mg(2.17mmol) 的氢氧化钾溶于乙醇配成 100mL 溶液，约溶解 1h。每种溶液由导管插入并连接到 AFR 上的 HPLC 泵。

实验中温度的改变范围为 50～100℃，总流量在 1.0～5.0mL/min 之间变化，数据点选择的范围应确保反应在平板内完成，以方便拍照分析。

反应溶液泵入 AFR 直到达到稳定状态和颜色梯度恒定。反应器平板后放置一个能够保持光线一致的 LED 版，尼康 D5300 数码相机对每组实验拍摄多个图片。为了保持光线的一致性，所有的图片都在同一天拍摄，原图以 .raw 和 .jpg 格式存储，以便在 MATLAB 中进行处理。

颜色饱和度与浓度的标准曲线通过稀释实验测得，每种稀释液的总体积为 25mL，以 2.0mL/min 的流速在 5℃的温度下泵入 AFR，以确保没有反应发生，并保持整个平板的颜色饱和度不变。每稀释一次，相机会拍摄反应器板的多个图像，并以.raw 和.jpg 格式存储，以便在 MATLAB 中处理。在给定稀释条件下，心形通道中的平均饱和度与浓度的关系可点绘为标准曲线，并拟合为关于 C/C_0 的三次多项式，如图 12 所示。

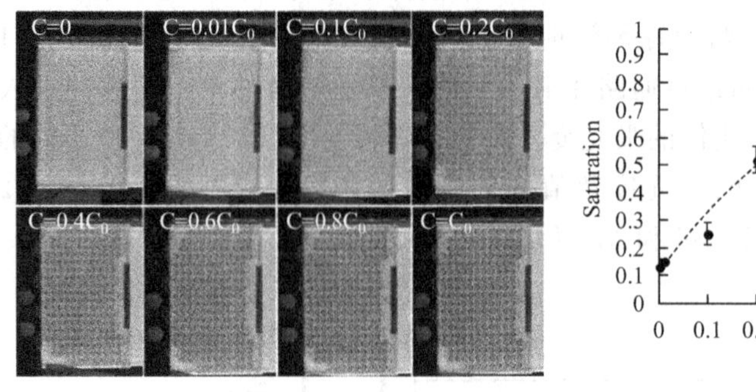

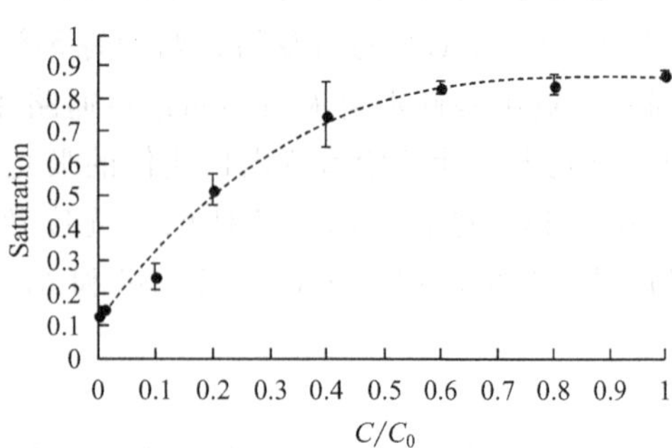

图 12　颜色饱和度与浓度的关系

利用此标准曲线，即可得到不同实验条件下浓度和时间的关系，再拟合一级反应方程，即可得到速率常数、指前因子及反应活化能数值。

六、实验数据处理及结果讨论

1. 列出混合时间与总流率的实验数据表，并讨论流率对流体混合的影响。

2. 列出不同设定温度下换热介质和工艺流体进出口温度值，计算有效传热系数。

3. 绘制不同流率下停留时间分布曲线，应用两种模型计算不同流率时的模型参数（数据处理过程可参见实验 5），并讨论实验结果。

4. 讨论颜色饱和度与浓度的关系。

5. 按一级反应模型拟合实验数据，求取反应速率常数 k、指前因子 A、反应活化能 E_a 及 Damkohler 准数 Da，对动力学实验结果进行分析和讨论。

6. 分析实验成败的原因及实验体会。

7. 以论文的形式，完成连续流微反应器性能研究的报告。

参考文献

[1] 乐清华．化学工程与工艺专业实验［M］.3版．北京：化学工业出版社，2018.

[2] 孙中亮，张德拉．化学工程与工艺专业实验［M］. 北京：化学工业出版社，2015.

[3] 徐鸽，杨基和．化学工程与工艺专业实验［M］.2版．北京：中国石化出版社，2013.

[4] 邱挺，马沛生，王良恩，等．醋酸甲酯-甲醇-水三元物系液液平衡数据的测定与关联［J］. 化学工程，2004，32（4）：62-66.

[5] 王菊，钟思青，张成芳，等．氧化铝上乙醇脱水制乙烯的动力学［J］. 化学反应工程与工艺，2015，31（3）：277-281.

[6] 张莉，丁瑶．液膜分离H酸废水三级萃取工艺的优化研究［J］. 膜科学与技术，2011，31（2）：120-124.

[7] 马鸿宾，李淑芬，王瑞红，等．酯交换法制备生物柴油的催化剂研究进展［J］. 现代化工，2006，26（S2）：51-54.

[8] 卢艳杰，龚院生，张连富．油脂检测技术［M］. 北京：化学工业出版社，2004.

[9] Xie W L，Peng H，Chen L G. Transesterification of soybean oil catalyzed by potassium loaded on alumina as a solid-base catalyst［J］. Applied Catalysis A General，2006，300（1）：67-74.

[10] 全国塑料标准化技术委员会塑料树脂通用方法和产品分会．塑料 用氧指数法测定燃烧行为 第2部分：室温试验：GB/T 2406.2—2009［S］. 北京：中国标准出版社，2010.

[11] 全国信息与文献标准化技术委员会．信息与文献 参考文献著录规则：GB/T 7714—2015［S］. 北京：中国标准出版社，2015.

参考文献